"十一五"国家重点图书出版规划项目

湿法炼铜工艺·设备与控制

中国有色金属工业协会组织编写

杨国才　编著

内容简介

本书主要介绍湿法炼铜的有关知识，以刚果(金)SMCO的实际资料为蓝本，参考了一些其他的资料，全面介绍了湿法炼铜厂各车间的工艺流程、所用设备、主要设备的工作原理与构造，各车间操作规程，操作点检注意事项，还介绍了各工序的自动控制和联锁系统等。另外，在本书的附录中还收集了几家湿法铜冶炼厂的设计工艺流程，供对此感兴趣的读者参考。

本书适合于湿法铜冶炼行业的操作工人，机、电、仪维修人员使用，还可以作为铜冶炼专业大专院校学生的参考书。

图书在版编目(CIP)数据

湿法炼铜工艺·设备与控制/杨国才编著.
—长沙:中南大学出版社,2014.2
ISBN 978-7-5487-1025-7

Ⅰ.湿... Ⅱ.杨... Ⅲ.湿法冶金-炼铜 Ⅳ.TF811

中国版本图书馆CIP数据核字(2013)第302228号

湿法炼铜工艺·设备与控制

杨国才 编著

□责任编辑 秦瑞卿
□责任印制 易红卫
□出版发行 中南大学出版社
社址:长沙市麓山南路 邮编:410083
发行科电话:0731-88876770 传真:0731-88710482
□印 装 长沙市宏发印刷有限公司

□开 本 787×1092 1/16 □印张14.5 □字数360千字
□版 次 2014年2月第1版 □2014年2月第1次印刷
□书 号 ISBN 978-7-5487-1025-7
□定 价 45.00元

中国有色金属丛书
NMS 编委会

王海东	中南大学出版社
乐维宁	中铝国际沈阳铝镁设计研究院
许　健	中冶葫芦岛有色金属集团有限公司
刘同高	厦门钨业集团有限公司
刘良先	中国钨业协会
刘柏禄	赣州有色冶金研究所
刘继军	茌平华信铝业有限公司
李　宁	兰州铝业股份有限公司
李凤轶	西南铝业(集团)有限责任公司
李阳通	柳州华锡集团有限责任公司
李沛兴	白银有色金属股份有限公司
李旺兴	中铝郑州研究院
杨　超	云南铜业(集团)有限公司
杨文浩	甘肃稀土集团有限责任公司
杨安国	河南豫光金铅集团有限责任公司
杨龄益	锡矿山闪星锑业有限责任公司
吴跃武	洛阳有色金属加工设计研究院
吴锈铭	中国有色金属工业协会镁业分会
邱冠周	中南大学
冷正旭	中铝山西分公司
汪汉臣	宝钛集团有限公司
宋玉芳	江西钨业集团有限公司
张　麟	大冶有色金属有限公司
张创奇	宁夏东方有色金属集团有限公司
张洪国	中国有色金属工业协会
张洪恩	河南中孚实业股份有限公司
张培良	山东丛林集团有限公司
陆志方	中国有色工程有限公司
陈成秀	厦门厦顺铝箔有限公司
武建强	中铝广西分公司
周　江	东北轻合金有限责任公司
赵　波	中国有色金属工业协会
赵翠青	中国有色金属工业协会
胡长平	中国有色金属工业协会
钟卫佳	中铝洛阳铜业有限公司
钟晓云	江西稀有稀土金属钨业集团公司
段玉贤	洛阳栾川钼业集团有限责任公司
胥　力	遵义钛厂
黄　河	中电投宁夏青铜峡能源铝业集团有限公司
黄粮成	中铝国际贵阳铝镁设计研究院
蒋开喜	北京矿冶研究总院
傅少武	株洲冶炼集团有限责任公司
瞿向东	中铝广西分公司

中国有色金属丛书
CNMS
学术委员会

王林生	赣州有色冶金研究所
尹晓辉	西南铝业(集团)有限责任公司
邓吉牛	西部矿业股份有限公司
吕新宇	东北轻合金有限责任公司
任必军	伊川电力集团
刘江浩	江西铜业集团公司
刘劲波	洛阳有色金属加工设计研究院
刘昌俊	中铝山东分公司
刘侦德	中金岭南有色金属股份有限公司
刘保伟	中铝广西分公司
刘海石	山东南山集团有限公司
刘祥民	中铝股份有限公司
许新强	中条山有色金属集团有限公司
苏家宏	柳州华锡集团有限责任公司
李宏磊	中铝洛阳铜业有限公司
李尚勇	金川集团有限公司
李金鹏	中铝国际沈阳铝镁设计研究院
李桂生	江西稀有稀土金属钨业集团公司
吴连成	青铜峡铝业集团有限公司
沈南山	云南铜业(集团)公司
张一宪	湖南有色金属控股集团有限公司
张占明	中铝山西分公司
张晓国	河南豫光金铅集团有限责任公司
邵　武	铜陵有色金属(集团)公司
苗广礼	甘肃稀土集团有限责任公司
周基校	江西钨业集团有限公司
郑　莆	中铝国际贵阳铝镁设计研究院
赵庆云	中铝郑州研究院
战　凯	北京矿冶研究总院
钟景明	宁夏东方有色金属集团有限公司
俞德庆	云南冶金集团总公司
钱文连	厦门钨业集团有限公司
高　顺	宝钛集团有限公司
高文翔	云南锡业集团有限责任公司
郭天立	中冶葫芦岛有色金属集团有限公司
梁学民	河南中孚实业股份有限公司
廖　明	白银有色金属股份有限公司
翟保金	大冶有色金属有限公司
熊柏青	北京有色金属研究总院
颜学柏	陕西有色金属控股集团有限责任公司
戴云俊	锡矿山闪星锑业有限责任公司
黎　云	中铝贵州分公司

总序

中国有色金属丛书 CNMS

有色金属是重要的基础原材料，广泛应用于电力、交通、建筑、机械、电子信息、航空航天和国防军工等领域，在保障国民经济建设和社会发展等方面发挥了不可或缺的作用。

改革开放以来，特别是新世纪以来，我国有色金属工业持续快速发展，已成为世界最大的有色金属生产国和消费国，产业整体实力显著增强，在国际同行业中的影响力日益提高。主要表现在：总产量和消费量持续快速增长，2008 年，十种有色金属总产量 2 520 万吨，连续七年居世界第一，其中铜产量和消费量分别占世界的 20% 和 24%；电解铝、铅、锌产量和消费量均占世界总量的 30% 以上。经济效益大幅提高，2008 年，规模以上企业实现销售收入预计 2.1 万亿以上，实现利润预计 800 亿元以上。产业结构优化升级步伐加快，2005 年已全部淘汰了落后的自焙铝电解槽；目前，铜、铅、锌先进冶炼技术产能占总产能的 85% 以上；铜、铝加工能力有较大改善。自主创新能力显著增强，自主研发的具有自主知识产权的 350 kA、400 kA 大型预焙电解槽技术处于世界铝工业先进水平，并已输出到国外；高精度内螺纹铜管、高档铝合金建筑型材及时速 350 km 高速列车用铝材不仅满足了国内需求，已大量出口到发达国家和地区。国内矿山新一轮找矿和境外矿产资源开发取得了突破性进展，现有 9 大矿区的边部和深部找矿成效显著，一批有实力的大型企业集团在海外资源开发和收购重组境外矿山企业方面迈出了实质性步伐，有效增强了矿产资源的保障能力。

2008 年 9 月份以来，我国有色金属工业受到了国际金融危机的严重冲击，产品价格暴跌，市场需求萎缩，生产增幅大幅回落，企业利润急剧下降，部分行业已出现亏损。纵观整体形势，我国有色金属工业仍处在重要机遇期，挑战和机遇并存，长期发展向好的趋势没有改变。今后一个时期，我国有色金属工业发展以控制总量、淘汰落后、技术改造、企业重组、充分利用境内外两种资源，提高资源保障能力为重点，推动产业结构调整和优化升级，促进有色金属工业可持续发展。

实现有色金属工业持续发展，必须依靠科技进步，关键在人才。为了全面提高劳动者素质，培养一大批高水平的科技创新人才和高技能的技术工人，由中国有色金属工业协会牵头，组织中南大学出版社及有关企业、科研院校数百名有经验的专家学者、工程技术人员，编写了《中国有色金属丛书》。《丛书》内容丰富，专业齐全，科学系统，实用性强，是一套好教材，也可作为企业管理人员和相关专业大学生的参考书。经过编写、编辑、出版人员的艰辛努力，《丛书》即将陆续与广大读者见面。相信它一定会为培养我国有色金属行业高素质人才，提高科技水平，实现产业振兴发挥积极作用。

2009 年 3 月

前　言

铜的湿法冶炼技术是采用各种浸出方法（堆浸、搅拌浸出、生物浸出、地下浸出等）直接从难采选的铜矿或低品位铜矿中提取铜，用特定的萃取剂从含铜溶液萃取铜、去除杂质，然后采用电积的办法生产出高品位的阴极铜。由于该项技术的投资和成本远低于传统的炼铜工艺以及不污染环境等，所以得到了迅速的发展。该方法在国外已达到了很大的生产规模和很高的机械化、自动化水平。近年来处理硫化铜矿的生物冶金技术也得到了迅速的发展，为铜湿法冶炼的进一步发展提供了广阔的前景。

湿法炼铜由浸出、萃取、电积三个工序组成。企业通常把整个过程分为三个生产车间进行管理。

浸出：用硫酸溶液溶解矿石中的铜，生成硫酸铜溶液。浸出的方法有搅拌浸出、堆浸浸出、生物浸出、地下浸出等。一般高品位矿石用搅拌浸出，低品位矿石用堆浸浸出。有条件的工厂则搅拌浸出和堆浸浸出同时进行，对提高金属的回收率、降低生产成本、环境保护等都有好处。

在一些特殊的条件可以采用生物浸出和地下浸出，但相对要少些。

堆浸浸出工序比较简单，只要将矿石破碎成一定大小的块矿，堆成一定的形状，往矿堆上喷洒一定量的稀硫酸溶液，慢慢地进行化学反应，然后从矿堆下面就会流出硫酸铜溶液。

搅拌浸出的工艺则要复杂得多，一般先要将大块矿石破碎成中、小形块矿，再进行筛分，然后放到半自磨机或球磨机里加水研磨，再进行粗细分离，将其中 -200 目的矿浆，用浓密机进行脱水，最后再进到浸出槽里，加入硫酸进行化学反应，2 小时左右就可以完成浸出反应，生成硫酸铜溶液。因此，搅拌浸出工艺比较复杂，必须有矿石破碎系统、筛分系统、磨矿系统、脱水系统，最后才能进入浸出工序。后面还有尾矿清洗回收系统、酸性水处理、尾矿水回收等环保系统。有的工厂还要对有些矿石进行浮选。

萃取：实质上是将浓度比较低的浸出液进行浓缩（富集），以达到电积工序所需要的浓度条件的硫酸铜溶液。

萃取由萃取和反萃两个部分组成。

萃取，即采用一种萃取剂把铜萃入有机相；反萃就是用硫酸溶液再把有机相中的铜反萃到另一种水相中。一般将萃取工序纳入一个单位管理，称为“萃取车间”。

电积：将反萃液（即高浓度硫酸铜溶液）用电积法生产阴极铜。一般将电积工序纳入一个单位管理，称为“电积车间”。

湿法炼铜知识根据上述说明的选矿车间、萃取车间、电积车间顺序进行介绍。当然，后面还简单介绍了一些配套的供电系统和供水系统等。

位于非洲刚果（金）的铜矿贮藏量占世界的10%，居世界第二位，号称“中非宝石”，刚果（金）南部的加丹加省和赞比亚相邻的地区是世界著名的加丹加铜钴矿带。

目前，由于国内铜矿储量日趋减少，远远不能满足国内铜的需求，不少企业响应国家走出去的号召，纷纷来到这个世界著名的加丹加铜钴矿带。现在，在这一地区已经聚集有数十家的各种中国公司和企业，从业人员数万人，他们都是来进行铜的采选和冶炼，除了极少数的公司采用小型火法炼铜外，绝大多数公司都是采用湿法冶炼方法炼铜。

上海鹏欣公司组建的“刚果(金)希图鲁矿业公司”(简称 SMCO)位于加丹加铜钴矿带的利卡西市，是目前刚果(金)最大的湿法炼铜企业，设计年产电积铜 4 万吨，自动化程度非常高。刚果(金)希图鲁矿业公司就是采用“浸出—萃取—电积”工艺生产电积铜。

笔者长期从事铜冶炼行业的工作，在工作中发现到目前为止，湿法炼铜方面还没有一本实用的培训资料。刚参加工作的新职工对铜的湿法冶炼更是一无所知，无法很好地自学，若有一本这方面的培训资料，对他们的学习、成长和工作都是非常有利的。

笔者自 2010 年初加盟刚果(金)希图鲁矿业公司以来，参加了从设计到施工、安装调试和试生产的全过程。公司董事长何昌明先生经常说：“我们应该对社会做点贡献。”于是，笔者根据多年的工作经验，结合设计院的有关资料和在 SMCO 的工作实践，编写了这本培训教材——《湿法炼铜工艺・设备与控制》，作为湿法炼铜行业职工的培训教材。

本书主要介绍湿法炼铜的有关知识，以刚果(金)希图鲁矿业公司的设计资料为蓝本，参考了一些其他的资料，根据湿法炼铜生产工艺流程的顺序分章介绍。

每个工序的内容是一章，每章介绍的内容分别是：工序功能、带检测点的工艺流程图(P&I 图)、工艺流程描述、工序设备、主要设备介绍、自动控制系统介绍、监测仪表介绍、设备联锁系统介绍、操作规程、操作点检注意事项等。后面还有 SMCO 在生产过程中遇到的各种问题和进行改造以解决问题的方法。

为了加强对本书的学习和理解，本书的附录特别地介绍了一些有关自动控制方面的基础知识。

另外，在本书的附录中还收集了几家湿法铜冶炼厂的设计工艺流程图，对其设计特点进行了一些介绍，供对此感兴趣的读者参考。

本书对湿法炼铜企业生产一线的操作工人、机电维修人员都有重要的参考价值，尤其是对刚参加工作的新职工，通过自学将会得到事半功倍的效果，对新建的湿法铜冶炼厂将有更大的益处，会给他们的培训工作提供极大的方便。

本书的读者是湿法铜冶炼企业的操作工人，机、电、仪维修人员。但它也可以作为铜冶炼专业大专院校学生的参考书。

本书在编写的过程中得到了上海鹏欣集团董事局主席姜照柏先生的肯定和支持，希图鲁矿业公司董事长何昌明先生和总经理何寅先生多次表示关心，SMCO 不少员工都提供了大量的帮助，另外，还得到了中国瑞林工程技术有限公司等单位有关人员的大力协助，在此向他们表示衷心的感谢！

但愿此书的出版能为我国湿法铜冶炼行业的发展、壮大贡献自己的一点微薄之力。

由于笔者水平有限，文中难免有叙述不清、解释不明，甚至有一些错误的地方，敬请各位读者批评指正。

编者

目 录

CNMS

绪论 铜及铜冶炼的有关知识 1

第 1 章 矿石破碎工序 3

1.1 工艺流程 3
1.2 工序设备 3
1.3 自动控制与设备联锁系统 7
1.4 生产操作 11
1.5 投产以来的技术改造 12

第 2 章 磨矿工序 13

2.1 工艺流程 13
2.2 工序设备 13
2.3 自动控制与设备联锁系统 18
2.4 生产操作 31
2.5 投产以来的技术改造 33

第 3 章 浸前脱水工序 35

3.1 工艺流程 35
3.2 工序设备 35
3.3 自动控制、仪表监测、设备联锁系统 39
3.4 生产操作 42
3.5 投产以来的技术改造 44

第 4 章 浆化浸出工序 46

4.1 工艺流程 46
4.2 工序设备 52
4.3 自动控制、仪表监测、设备联锁系统 54
4.4 生产操作 55
4.5 投产以来的技术改造 59
4.6 以后要解决的问题 60

第 5 章 逆流洗涤工序 61

5.1 工艺流程 61
5.2 工序设备 63
5.3 自动控制与设备联锁系统 64

5.4 生产操作 64
5.5 投产以来的技术改造 65

第6章 中和剂制备工序 66
6.1 工艺流程 66
6.2 工序设备 67
6.3 自动控制与设备联锁系统 68
6.4 生产操作 68

第7章 尾矿中和工序 76
7.1 工艺流程 76
7.2 工序设备 76
7.3 自动控制系统 78
7.4 生产操作 78
7.5 投产以来的技术改造 79

第8章 萃取工序 80
8.1 工艺流程 80
8.2 工序设备 90
8.3 自动控制系统 95
8.4 仪表监测系统 99
8.5 设备联锁系统 101
8.6 生产操作 102
8.7 生产中应注意的几个问题 110
8.8 投产以来的技术改造 112

第9章 电积工序 115
9.1 工艺流程 115
9.2 工序设备 119
9.3 自动控制、仪表监测、设备联锁系统 132
9.4 生产操作 137
9.5 生产中应注意的几个问题 138

第10章 硫酸系统 145
10.1 熔硫工序 145
10.2 焚硫转化工序 150
10.3 干燥、吸收、成品工序 157
10.4 生产操作 164

第11章 动力系统 167
11.1 供电系统 167
11.2 供水系统 169

附录 174

附录 1 自动控制的基础知识 174

附录 2 几个湿法铜冶炼厂工艺流程特点介绍 188

附录 3 矿浆浓度计 213

附录 4 铜冶炼生产的安全环保 215

参考文献 218

绪论　铜及铜冶炼的有关知识

0.1　铜的物理化学性质

铜是紫红色金属，密度是 8.96 g/cm^3，熔点是 1083.4℃，沸点是 2325℃。铜的导热性和导电性在所有金属中仅次于银。铜在干燥的空气中不易氧化，但在含有二氧化碳的潮湿空气中，表面易生成一层有毒的碱式碳酸铜（俗称铜绿），这层薄膜能保护铜不再被腐蚀。铜在盐酸和稀硫酸中不易溶解，但能溶于有氧化作用的硝酸和含有氧化剂的盐酸中。铜还能溶于氨水。铜易加工，可制成管、棒、线、带以及箔等型材。

铜易与许多元素形成合金，如青铜（铜锡合金）、黄铜（铜锌合金）、白铜（铜镍合金）等等。地壳中铜的含量仅占 0.01%。铜的矿物常见的有黄铜矿、斑铜矿和孔雀石，前两者属于硫化铜矿，后者属于氧化铜矿。

0.2　铜的用途

铜是一种重要的有色金属，也是人类最先发现和最早使用的金属之一。远在史前时代，人类就用天然铜及其合金制造各种劳动工具、兵器及生活用具、装饰品等。现在，铜及其合金在国民经济各部门仍然起着非常重要的作用，其消耗量仅次于钢铁和铝。

由于铜具有良好的导电性、传热性、延展性、较强的抗拉和耐腐蚀性，所以，在电力工业、机械制造业、国防工业以及国民经济其他各部门都有广泛的用途，特别是在国防工业和电力工业中，尤其突出。在国防工业上，制造枪弹、飞机、大炮、坦克、战车、兵舰都要使用到铜；在电气、电子工业中，可制造电缆、导线、电机及输电、电讯器材、精密电器等。

0.3　铜的冶炼

铜一般以化合物的形式存在于地下的矿藏中。铜矿石经过采、选得到铜精矿。铜精矿除含有一定量的铜外，还伴生有一些其他的元素，如金、银、铂、钯、铋、镍、铁、铅、硫、砷等。相对于铜来说，这些都是杂质，都是要除去的。所谓铜冶炼，就是想办法将铜元素以外的其他杂质去掉，得到高品位的纯净铜。

在这些杂质中，金、银、铂、钯等属于贵重金属，是不能随意扔掉的，要想法回收；为了加强资源的再利用，还要想法回收这些杂质中的铋、镍等；而这些杂质中的铁、铅、砷等由于品位不高，不具备回收价值，是真正的杂质，要尽量去掉；硫在燃烧的过程中会产生大量的热量，这是火法铜冶炼的基本能源。

现代的铜冶炼方法分为火法冶炼和湿法冶炼两种，火法冶炼在铜的冶炼中约占 90%，湿法冶炼在铜冶炼中只占10%多一点。火法冶炼多用于硫化矿，而湿法冶炼则多用于氧化矿和低品位的铜矿石。

随着富矿逐渐枯竭、矿石品位下降，矿物原料综合利用程度的提高、环境保护标准的日趋严格，湿法冶炼得到了迅速的发展。在国外已达到了很大的生产规模和很高的机械化、自动化水平。近年来处理硫化铜矿的生物冶金技术也得到了迅速的发展，为铜湿法冶炼的进一步发展提供了广阔的前景。

第 1 章　矿石破碎工序

将采矿场送来的大块矿石经颚式破碎机破碎成小于 150 mm 的块矿，经皮带运输机送到中间矿堆堆存。这是为磨矿工序准备原料的工序。

1.1　工艺流程

破碎工序的工艺流程见图 1－1。

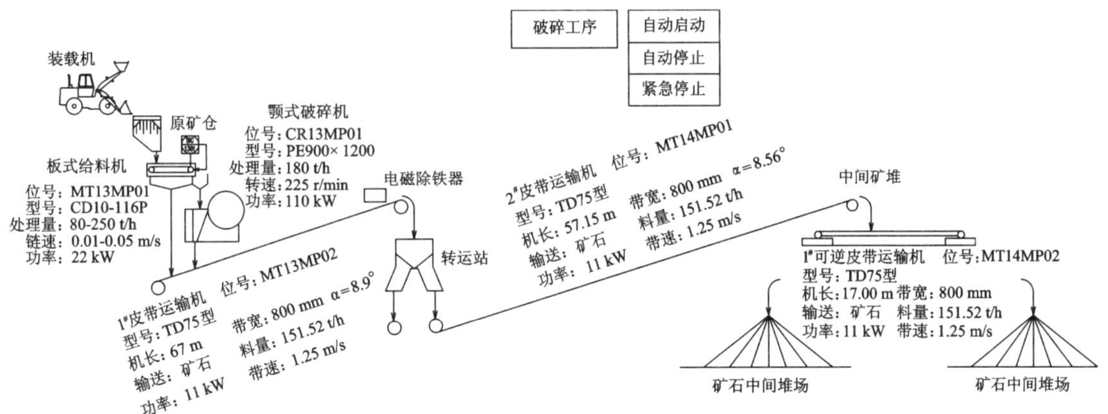

图 1－1　矿石破碎工序工艺流程图

铲车将堆放在原矿堆场内不同品位的矿石倒运至原矿仓，矿仓底下设有一台板式给料机。板式给料机是由变频器控制的电机驱动的，可以任意调节给料速度（即可以任意调节颚式破碎机的给料量），将配好的矿石送给颚式破碎机进行破碎。原矿石是不大于 650 mm 的块状粗矿，经破碎后产品的粒度不大于 150 mm；板式给料机的粉料与颚式破碎机排料合并，经 1#皮带运输机运至转运站。转运站下有两个排料口：一个是用于白云石排料，将其通过 6#皮带运输机运送到中和剂仓；另外一个是用于矿石排料，通过 2#皮带运输机转运到处于高位置的 1#可逆皮带运输机，再分别送到两个矿石中间堆场堆存。

1.2　工序设备

1.2.1　主要设备

1. 重板给料机

工位号：MT13MP01；生产厂家：北方重工集团有限公司。型号：CD10－116P；给料能力：80 ~ 250 t/h；链速：0.01 ~ 0.05 m/s；功率：22 kW；电机由西门子公司的 MM440 系列变频器控制。

2. 颚式破碎机

工位号：CR13MP01；生产厂家：北方重工集团有限公司。型号：PE900 × 1200，进口矿石小于 600 mm，出口小于 150 mm。生产能力：180 t/h；转速：225 r/min；功率：110 kW。

3. 1#皮带运输机

工位号：MT13MP02；生产厂家：湖南衡阳运输机械公司。型号：TD75 型；矿石输送量：151.52 t/h；机长：67 m；皮带宽：800 mm；皮带速度：1.25 m/s；$\alpha = 8.9°$；功率：11 kW。

4. 2#皮带运输机

工位号：MT14MP01；生产厂家：湖南衡阳运输机械公司。型号：TD75 型；矿石输送量：151.52 t/h；机长：57.15 m；皮带宽：800 mm；皮带速度：1.25 m/s，$\alpha = 8.56°$；功率：11 kW。

5. 1#可逆皮带运输机

工位号：MT14MP02；生产厂家：湖南衡阳运输机械公司。型号：TD75 型；矿石输送量：151.52 t/h；机长：17 m；皮带宽：800 mm；皮带速度：1.25 m/s；功率：11 kW。

1.2.2 主要设备介绍

1. 重板给料机

(1) 重板给料机的结构

重板给料机由上料斗、链板、下料斗和驱动系统等组成，如图 1－2 所示。

图 1－2 重板给料机

图 1－3 重板给料机的现场控制盘

上料斗和水泥料仓连接在一起，起矿石的承上启下作用。链板由变频电机驱动，通过链板的移动，将上料斗内的矿石送到下面的颚式破碎机。下料斗由两部分组成：前头的下料斗使大块矿石通过溜板滑落到下面的颚式破碎机；中间下部的料斗用于承接从链板中间缝隙中漏下的粉料，直接下落到 1#皮带运输机上。

(2)重板给料机的启动与控制

重板给料机的链板是由变频电机驱动的，可以在现场手动启动和控制，也可以由远方的DCS系统自动启动和控制，这一功能由安装在现场的机旁控制箱来实现。当将机旁控制箱上的转换开关切换在机旁(本地)时，由机旁控制箱上的启动、停止按钮操作，由机旁控制箱上的调速开关对重板给料机进行调速；当将机旁控制箱上的转换开关切换在自动(远程)时，由中央控制室的DCS系统自动启动和调速。

无论是在现场操作或是远程控制，一定要先空载启动，然后再进行加速；停车时要先将转速降低到最低，然后再停止。

2. 颚式破碎机

(1)颚式破碎机的构造

颚式破碎机主要是由破碎矿石的工作机构、使动颚运动的动作机构、排矿口的调整装置和轴承等部分组成，其构造如图1-4所示。

碎矿机的工作机构是指固定颚板1和可动颚板2构成的碎腔。它们分别衬有高锰制成的破碎齿板5和6，用螺栓分别固定在可动颚扳和固定颚板上。为了提高碎矿效果，两破碎衬板的表面通常都带有纵向波纹齿形，齿形排列方式是动颚碎齿板的齿峰正好对准固定颚板的齿谷，这样有利于破碎腔的破碎作用。破碎齿板的磨损是不均匀的，靠近给矿口部分磨损较慢，接近排矿口部分磨损较快，特别是固颚板齿板的下部磨损更快。为了延长破碎齿板的使用寿命，往往把破碎齿扳做成上下对称形式，以便下部磨损后，将破碎齿板倒向互换使用。另外，动颚破碎齿板两端采用曲面形状，造成排口部分接近平行，这样可使破碎产品粒度均匀，排矿不易堵塞。破碎腔的两个侧壁也装有锰钢衬板7，其表面是平滑的，采用螺栓固定在侧壁上，磨损后更换。

可动颚板的运动是借助偏心轴3，肘板8等机构来实现的。它是由飞轮、偏心轴、肘板组成。飞轮分别装在偏心轴的两端，偏心轴支承在机架侧壁的主轴承4中。动颚的下端由一块肘板支撑。肘板的一端嵌入肘座9中，另一端嵌入动颚下端的衬瓦中。当电动机通过皮带轮带动偏心轴旋转时，偏心轴带动动颚做往复摆动。当动颚向前摆动时，水平拉杆通过弹簧10来平衡动噪声所产生的惯性力，使动颚和肘板连接点的张力减弱，当动颚后退时，弹簧又可起协助作用。

由于颚式破碎机是间断工作的，即有工作行程(破碎)和空转行程(排矿)，它的电动机的负荷极不均衡。为使负荷均匀，就在偏心轴两端各装设一个飞轮。当动颚向后移动时，把空转行程的能量储存起来，利用惯性原理，在工作行程时，再将能量全部释放出去。为了简化设备结构，通常都把其中一个飞轮兼作传递动力用的皮带轮。

调整装置是调节破碎机排矿口尺寸的机构。随着破碎齿板的磨损，排矿口逐渐增大，破碎产品粒度不断变粗，为了保证产品粒度的要求，必须利用调整装置，定期地调整排矿口尺寸，排矿口大小的调整是通过增减垫片的数量来实现的。

垫片调整方法是：停车时，卸松肘板支座拉杆的弹簧，使用手动油压泵将肘座往前推，使肘座和机架的后壁之间间隙增大，放入一定厚度的垫片，利用增加或减少垫片的数量，使破碎机的排矿口尺寸减小或增大。

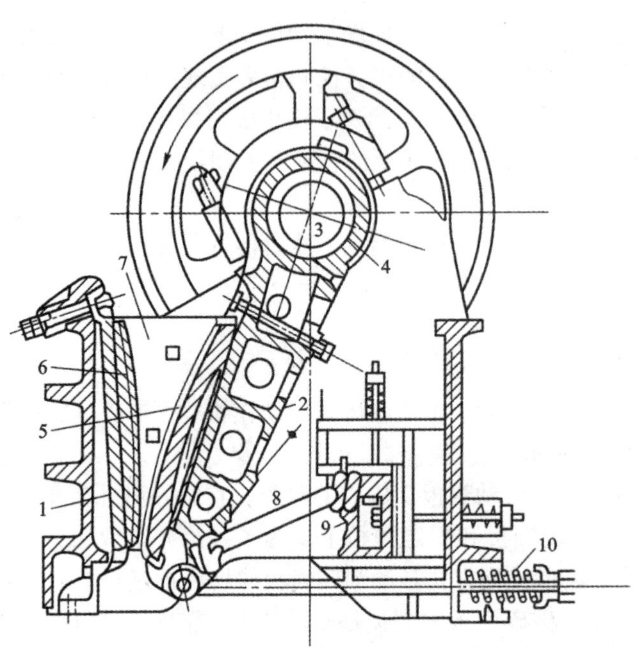

1—固定颚板；
2—可动颚板；
3—偏心轴；
4—主轴承；
5—固定颚破碎齿板；
6—可动颚破碎齿板；
7—锰钢衬板；
8—肘板；
9—肘座；
10—弹簧

图 1－4　颚式破碎机的构造

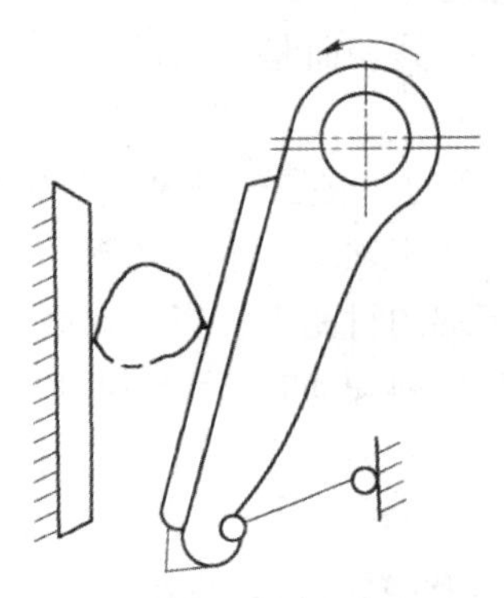

图 1－5　颚式破碎机工作示意图

图 1－6　颚式碎矿机实物照片

(2) 颚式破碎机的工作原理

颚式破碎机工作过程中，可动颚板围绕悬挂轴对固定颚板做周期性的往复运行，时而靠近时而离开，就在可动颚板靠近固定颚板时，处在两颚板之间的矿石，受到压碎、劈裂和弯曲折断的联合作用而破碎；当可动颚板离开固定颚板时，已破碎的矿石在重力作用下，经破碎机的排矿口排出。

(3) 颚式破碎机的操作注意事项

- 在颚式破碎机启动前，必须检查破碎腔内有无矿石和杂物，若有大块矿石和杂物，必须取出。

● 检查联接螺栓是否松动，防护罩是否完整，三角皮带和拉杆弹簧的松紧程度是否合适。

● 破碎机必须空载启动，运转正常后方可给矿，给入的矿石应逐渐增加，直到满载为止。

● 操作中应做到均匀给矿，防止矿石挤满破碎腔，若发生堵塞，应该暂停给矿。在设备继续运转的同时，使用工具疏通破碎腔内的矿石，待排空以后，再开始给矿。

● 给矿时严防装载机的铲齿和大铁块、铜块进入破碎机。

● 处理破碎机卡矿时，应使用工具进行，严禁直接用手去破碎腔内取物。

● 定期检查破碎动、定齿板的磨损情况，调整好排矿口的间隙尺寸。

● 定时检查颚式破碎机各部件的工作状况和轴承温度，发现异常敲击声后，应立即停车，查明原因，及时处理。

1.3　自动控制与设备联锁系统

本系统的监控和联锁都由设立在选矿仪表室的 DCS 系统进行，控制柜设立在矿石破碎系统配电室，通过光纤和设立在选矿仪表室的 DCS 系统进行通信，进行数据交换。

1.3.1　SIC0101 板式给料机速度控制系统

该系统由下列部分组成。

1. 检测仪表(速度指示仪)

将板式给料机变频器输出的频率信号反馈到 DCS 系统，作为板式给料机的速度信号：0～50 Hz。

2. 指示调节器

指示、控制板式给料机的给料速度，量程：0～50 Hz，调节器的动作方向为反作用(RA)。

3. 执行机构

执行机构由变频器控制的板式给料机。

1.3.2　设备联锁系统

本工序有 5 台主要设备，从后向前是顺序进行联锁的。

1#可逆皮带运输机和 2#皮带运输机、1#皮带运输机、颚式破碎机、板式给料机联锁。

2#皮带运输机和 1#皮带运输机、颚式破碎机、板式给料机联锁。

1#皮带运输机和颚式破碎机、板式给料机联锁。

颚式破碎机和板式给料机联锁。

联锁逻辑参见图 1－7、图 1－8、图 1－9。

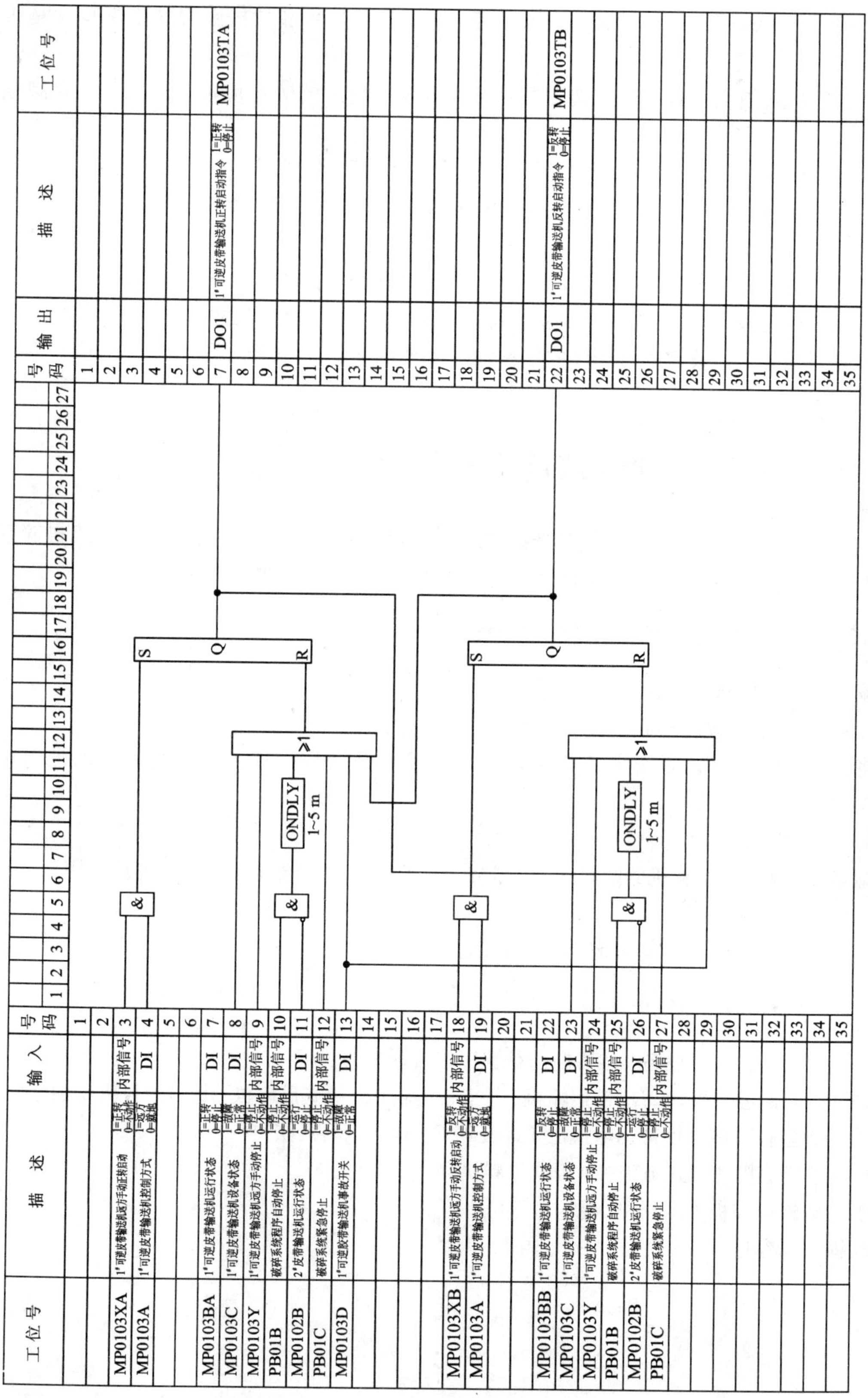

工位号	描述		输入	号码
				1
				2
MP0103XA	1#可逆皮带输送机远方手动正转启动	1=正转 0=不动作	内部信号	3
MP0103A	1#可逆皮带输送机控制方式	1=远方 0=就地	DI	4
				5
				6
MP0103BA	1#可逆皮带输送机运行状态	1=正转 0=停止	DI	7
MP0103C	1#可逆皮带输送机设备状态	1=故障 0=正常	DI	8
MP0103Y	1#可逆皮带输送机远方手动停止	1=停止 0=不动作	内部信号	9
PB01B	破碎系统程序自动停止	1=停止 0=不动作	内部信号	10
MP0102B	2#皮带输送机运行状态	1=运行 0=停止	DI	11
PB01C	破碎系统紧急停止	1=停止 0=不动作	内部信号	12
MP0103D	1#可逆胶带输送机事故开关	1=故障 0=正常	DI	13
				14
				15
				16
				17
MP0103XB	1#可逆皮带输送机远方手动反转启动	1=反转 0=不动作	内部信号	18
MP0103A	1#可逆皮带输送机控制方式	1=远方 0=就地	DI	19
				20
				21
MP0103BB	1#可逆皮带输送机运行状态	1=反转 0=停止	DI	22
MP0103C	1#可逆皮带输送机设备状态	1=故障 0=正常	DI	23
MP0103Y	1#可逆皮带输送机远方手动停止	1=停止 0=不动作	内部信号	24
PB01B	破碎系统程序自动停止	1=停止 0=不动作	内部信号	25
MP0102B	2#皮带输送机运行状态	1=运行 0=停止	DI	26
PB01C	破碎系统紧急停止	1=停止 0=不动作	内部信号	27
				28
				29
				30
				31
				32
				33
				34
				35

号码	输出	描述		工位号
1				
2				
3				
4				
5				
6				
7	DO1	1#可逆皮带输送机正转启动指令	1=正转 0=停止	MP0103TA
8				
9				
10				
11				
12				
13				
14				
15				
16				
17				
18				
19				
20				
21				
22	DO1	1#可逆皮带输送机反转启动指令	1=反转 0=停止	MP0103TB
23				
24				
25				
26				
27				
28				
29				
30				
31				
32				
33				
34				
35				

图1-7 1#可逆皮带输送机控制逻辑图

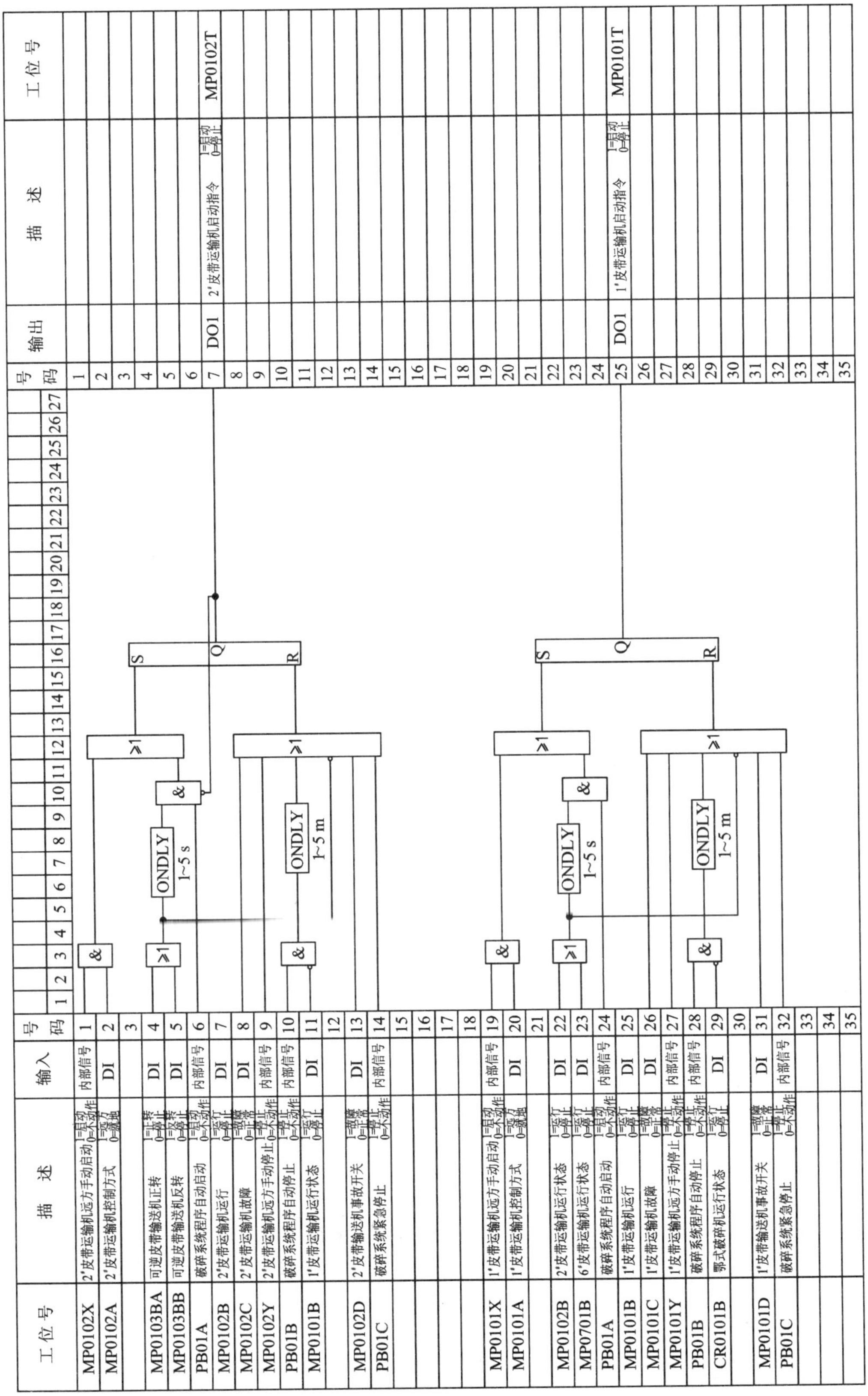

工位号	描述		输入	号码	号码	输出	描述		工位号
MP0102X	2"皮带运输机远方手动启动	1=启动 0=不动作	内部信号	1	1				
MP0102A	2"皮带运输机控制方式	1=远方 0=就地	DI	2	2				
				3	3				
MP0103BA	可逆皮带输送机正转	1=正转 0=停止	DI	4	4				
MP0103BB	可逆皮带输送机反转	1=反转 0=停止	DI	5	5				
PB01A	破碎系统程序自动启动	1=启动 0=不动作	内部信号	6	6				
MP0102B	2"皮带运输机运行	1=运行 0=停止	DI	7	7	DO1	2"皮带运输机启动指令	1=启动 0=停止	MP0102T
MP0102C	2"皮带运输机故障	1=故障 0=正常	DI	8	8				
MP0102Y	2"皮带运输机远方手动停止	1=停止 0=不动作	内部信号	9	9				
PB01B	破碎系统程序自动停止	1=停止 0=不动作	内部信号	10	10				
MP0101B	1"皮带运输机运行状态	1=运行 0=停止	DI	11	11				
				12	12				
MP0102D	2"皮带输送机事故开关	1=故障 0=正常	DI	13	13				
PB01C	破碎系统紧急停止	1=停止 0=不动作	内部信号	14	14				
				15	15				
				16	16				
				17	17				
				18	18				
MP0101X	1"皮带运输机远方手动启动	1=启动 0=不动作	内部信号	19	19				
MP0101A	1"皮带运输机控制方式	1=远方 0=就地	DI	20	20				
				21	21				
MP0102B	2"皮带运输机运行状态	1=运行 0=停止	DI	22	22				
MP0701B	6"皮带运输机运行状态	1=运行 0=停止	DI	23	23				
PB01A	破碎系统程序自动启动	1=启动 0=不动作	内部信号	24	24				
MP0101B	1"皮带运输机运行	1=运行 0=停止	DI	25	25	DO1	1"皮带运输机启动指令	1=启动 0=停止	MP0101T
MP0101C	1"皮带运输机故障	1=故障 0=正常	DI	26	26				
MP0101Y	1"皮带运输机远方手动停止	1=停止 0=不动作	内部信号	27	27				
PB01B	破碎系统程序自动停止	1=停止 0=不动作	内部信号	28	28				
CR0101B	鄂式破碎机运行状态	1=运行 0=停止	DI	29	29				
				30	30				
MP0101D	1"皮带输送机事故开关	1=故障 0=正常	DI	31	31				
PB01C	破碎系统紧急停止	1=停止 0=不动作	内部信号	32	32				
				33	33				
				34	34				
				35	35				

图1-8 1"、2"皮带输送机控制逻辑图

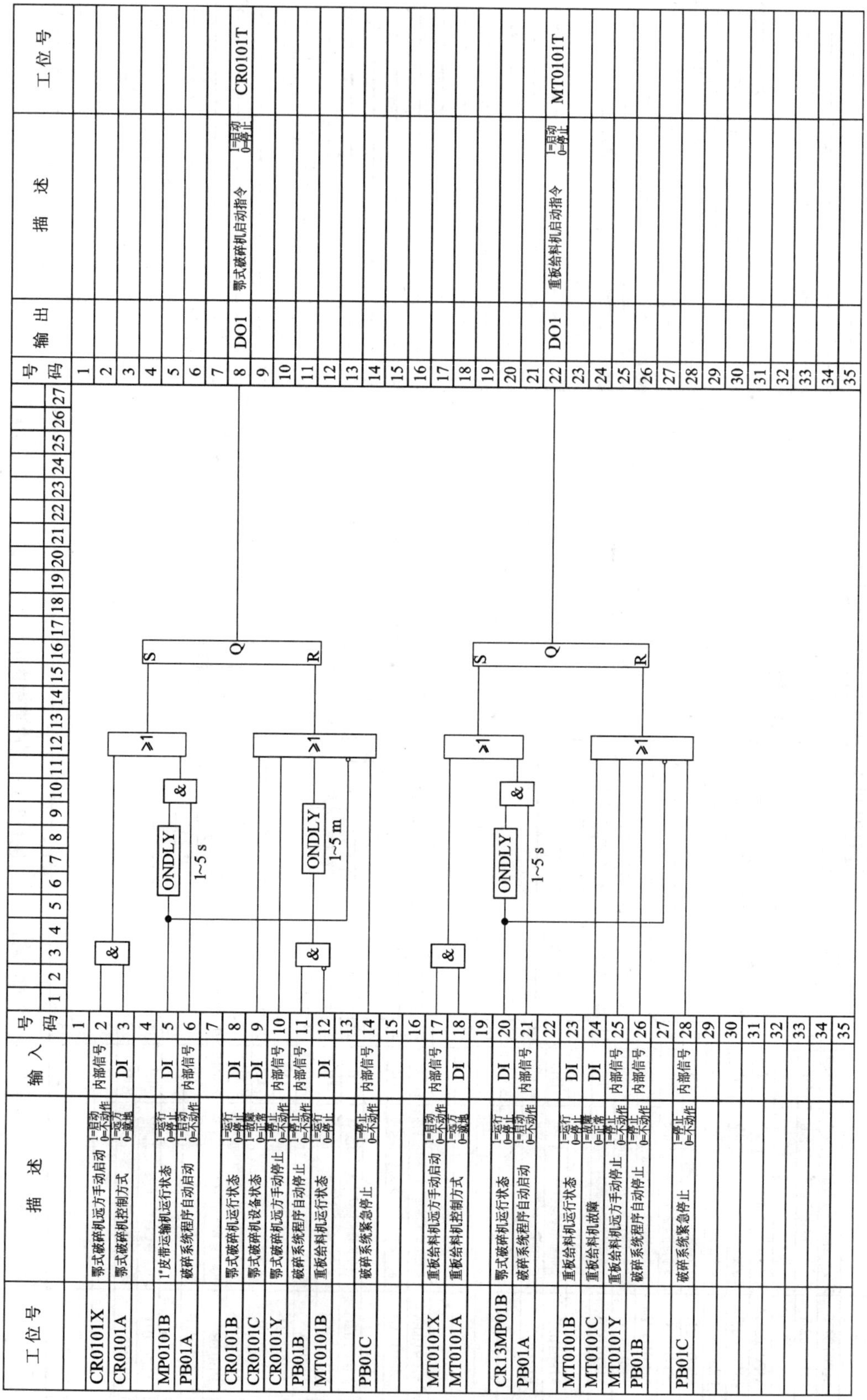

工位号	描述		输入	号码
				1
CR0101X	鄂式破碎机远方手动启动	1=启动 0=不动作	内部信号	2
CR0101A	鄂式破碎机控制方式	1=远方 0=就地	DI	3
				4
MP0101B	1#皮带运输机运行状态	1=运行 0=停止	DI	5
PB01A	破碎系统程序自动启动	1=启动 0=不动作	内部信号	6
				7
CR0101B	鄂式破碎机运行状态	1=运行 0=停止	DI	8
CR0101C	鄂式破碎机设备状态	1=故障 0=正常	DI	9
CR0101Y	鄂式破碎机远方手动停止	1=停止 0=不动作	内部信号	10
PB01B	破碎系统程序自动停止	1=停止 0=不动作	内部信号	11
MT0101B	重板给料机运行状态	1=运行 0=停止	DI	12
				13
PB01C	破碎系统紧急停止	1=停止 0=不动作	内部信号	14
				15
				16
MT0101X	重板给料机远方手动启动	1=启动 0=不动作	内部信号	17
MT0101A	重板给料机控制方式	1=远方 0=就地	DI	18
				19
CR13MP01B	鄂式破碎机运行状态	1=运行 0=停止	DI	20
PB01A	破碎系统程序自动启动	1=启动 0=不动作	内部信号	21
				22
MT0101B	重板给料机运行状态	1=运行 0=停止	DI	23
MT0101C	重板给料机故障	1=故障 0=正常	DI	24
MT0101Y	重板给料机远方手动停止	1=停止 0=不动作	内部信号	25
PB01B	破碎系统程序自动停止	1=停止 0=不动作	内部信号	26
				27
PB01C	破碎系统紧急停止	1=停止 0=不动作	内部信号	28
				29
				30
				31
				32
				33
				34
				35

号码	输出	描述		工位号
1				
2				
3				
4				
5				
6				
7				
8	DO1	鄂式破碎机启动指令	1=启动 0=停止	CR0101T
9				
10				
11				
12				
13				
14				
15				
16				
17				
18				
19				
20				
21				
22	DO1	重板给料机启动指令	1=启动 0=停止	MT0101T
23				
24				
25				
26				
27				
28				
29				
30				
31				
32				
33				
34				
35				

图1-9 颚式破碎机、重板给料机控制逻辑图

1.4　生产操作

1.4.1　开车前的准备

(1)检查所有设备是否准备就绪。

(2)检查要运行的设备供电是否正常(操作箱内电源指示灯是否亮)。

(3)检查所有皮带运输机上是否有杂物。

(4)根据破碎后的矿石是堆到南边矿堆还是北边矿堆，来决定 2[#]皮带运输机下料斗下的转运站的挡板方向：若是堆到南边矿堆，则将转运站的挡板切向南边(挡板把手向上)，若是堆到北边矿堆，则将转运站的挡板切向北边(挡板把手向下)。

假设该班领导要求将破碎后的矿石堆到南边矿堆，就要将转运站的挡板切向南边(挡板把手向上)。

(5)将 1[#]皮带运输机下料斗下的转运站的挡板切向 2[#]皮带运输机(挡板把手切向左侧)。

1.4.2　设备启动(逆向启动)

本系统有 5 台运行设备，要严格按照“逆向启动”的原则进行操作。

启动顺序：1[#]可逆皮带输送机→2[#]皮带输送机→1[#]皮带输送机→颚式破碎机→板式给料机。

操作说明：

(1)一般每台运行设备的旁边都有一个“现场操作箱”，或一个现场控制机柜，上面有一个控制转换开关，启动、停止按钮和运行、停止指示灯等。

停车时，要将该转换开关掷于“停止”位置(中间)。

(2)若是现场手动操作，要将该开关掷于“手动”(机旁)位置，按下现场操作箱内的绿色启动按钮，该设备就启动运行，同时现场操作箱内的运行灯亮。

(3)现场观察，该设备运行正常后再启动下一台设备。

(4)在启动板式给料机时，先将机旁控制柜上的转换开关掷于“本地”位置(中间)，再将速度控制开关掷向右边(速度设定值最低)，然后按下绿色启动按钮，板式给料机空载启动，控制柜上的绿灯亮；板式给料机运行正常后再给板式给料机加速，将速度控制开关掷向左边，板式给料机开始加速，在机旁控制柜上的频率显示表上显示速度上升。

板式给料机的加料速度一般不要超过 20 Hz(与颚式破碎机的工作能力有关)。

(5)若是远方自动控制，则要将该开关掷于“自动”(远程)位置，由仪表控制室的 DCS 系统进行自动控制：

- 仪表操作员在 DCS 系统画面上调出“破碎系统”。
- 用鼠标左键双击“自动启动”“ON”“确认”。
- 用鼠标左键双击 1[#]可逆皮带运输机旁边的“正转(反转)”“ON”“确认”。
- 1[#]可逆皮带运输机启动，30 秒后 2[#]皮带输送机自动启动，30 秒后 1[#]皮带输送机自动启动，30 秒后颚式破碎机自动启动，30 秒后板式给料机自动启动。
- 仪表操作员可以在 DCS 系统画面上看见这些运行的设备变成了绿色，说明所有设备都已经正常运行。
- 仪表操作员在 DCS 系统画面上双击板式给料机旁边频率显示图标，则会出现一幅频率设定画面，键入需要的值后回车，板式给料机就根据设定的频率运行。

自此，矿石破碎工序全面投入自动运行。

1.4.3 正常停车(顺向停止)

停车顺序：

板式给料机→颚式破碎机→1#皮带输送机→2#皮带输送机→1#可逆皮带输送机。

操作说明：

(1)确认设备内没有矿石物料后才可以停止该设备。

(2)按下现场操作箱(机旁控制柜)内的红色“停止”按钮，运行设备停止，现场操作箱内的停止灯亮。

(3)将转换开关掷于“停止”位置(中间)。

(4)在停止板式给料机时，要先将速度控制开关掷向右边，使板式给料机速度最低，然后才能按下停止按钮，使板式给料机停止运行。

(5)自动控制停止操作：

- 仪表操作员在 DCS 系统画面上调出“破碎工序”。
- 用鼠标左键双击“自动停止”“ON”“确认”。
- 板式给料机首先停止运行，5 分钟后颚式破碎机自动停止运行，5 分钟后 1#皮带输送机自动停止运行，5 分钟后 2#皮带输送机自动停止运行，5 分钟后 1#可逆皮带运输机自动停止运行。

自此，矿石破碎工序全面停止运行。

1.4.4 日常检查内容

(1)矿石破碎系统全面停止运行后，要将所有设备上漏下的矿石清理干净。

(2)除铁器上若吸有铁块等杂物，要停电清除。

(3)板式给料机的下料口处因水分太多容易堵塞，注意观察及时清除。

(4)在板式给料机的下料口处发现异物要及时清除。

(5)防止皮带跑偏。

(6)运行设备有无不正常的声音等。

(7)在皮带运输机上有杂物要及时清除，防止划破皮带。

(8)遇到紧急情况可拉皮带边的拉绳开关，使运行的皮带机马上停止运行。

(9)所有设备的现场操作箱或机旁控制柜上都有紧急停止按钮，遇到紧急情况可以按下这些紧急停止按钮，运行设备马上自动停止。

1.5 投产以来的技术改造

(1)SMCO 矿山产出的铜矿中含有不少泥土，它们混在一团，尤其是雨季，情况更为严重，堵在原矿仓的格栅上，易造成下料困难。在这里接上压缩空气管，用高压压缩空气吹扫，较好地解决了下料堵塞的问题；同样的问题还发生在从板式给料机下料到颚式破碎机的斜坡上，用高压压缩空气对其进行吹扫，也很好地解决了此处下料堵塞的问题。

(2)将板式给料机变频器的输出频率信号反馈到 DCS 系统，使生产工人在仪表室就可以对板式给料机的频率进行监视和控制。

第2章 磨矿工序

本工序功能是将经过颚式破碎机破碎成小于150 mm的矿石再加水后磨成小于0.5 mm的矿浆。

2.1 工艺流程

磨矿工序的工艺流程图见图2－1。

中间堆场的矿石经底部设置的隧道，自流进下部的板式给料机。板式给料机是由变频器控制的电机驱动的，可以任意调节给料速度(即可以任意调节半自磨机的给料量)。矿石经安装在3#皮带输送机上的电子皮带秤计量后下落到半自磨机的进料小车，再滚落到半自磨机里；与此同时，在半自磨机的进料端还加入一定量的水，使半自磨机成为湿式半自磨机。

由于湿式半自磨机里装了耐磨钢球和"L"形衬板，磨机在转动的过程中，"L"形衬板将磨机内的钢球和矿石从磨机下面带到磨机顶上，因自由落体而摔下来，钢球将矿石砸碎(大块矿石也互相碰撞，故称之为半自磨机)，从磨机的排料口排入到泵池中。再用渣浆泵将矿浆送至高频振动筛进行闭路筛分(筛孔尺寸0.5 mm)，筛上颗粒较大的产品直接自流返回半自磨机的进口，再次进行研磨；筛下产品即为合格的矿浆(磨矿细度为0.5 mm占80%)，自流至矿浆池，然后用筛下输送泵送到浸前脱水系统的浸前浓密机。

SMCO的设计生产能力是4万吨电积铜/年，矿石的铜品位平均为4.716% Cu，要求处理矿石量为90万吨/年，即3000吨/天，故设计了两台规模一样的半自磨机，相应的中间矿堆场有两个，中板给料机有四台，运输皮带也是两条。

2.2 工序设备

2.2.1 主要设备

由于单台半自磨机产量不大，不能满足生产需要，故设计了两台半自磨机。这样，和半自磨机配套的设备就全部都是两套。

另外，这里的泵输送的是矿浆，对泵体磨损严重，故一般都是设置两台泵，即一用一备。

1. 板式给料机(4台)

工位号：MT14MP03A～D；生产厂家：北方重工集团有限公司。型号：CD10－117P；给料能力：50～150 t/h；链速：0.02～0.06 m/s；功率：11 kW，电机由西门子公司的MM440系列变频器控制。

2. 皮带运输机(2台)

工位号：MT15MP01A～B；生产厂家：湖南衡阳运输机械公司。型号：TD75型；矿石输送量：56.82 t/h；机长：96 m；皮带宽：800 mm；皮带速度：1.25 m/s，$\alpha = 12°$；功率：15 kW。

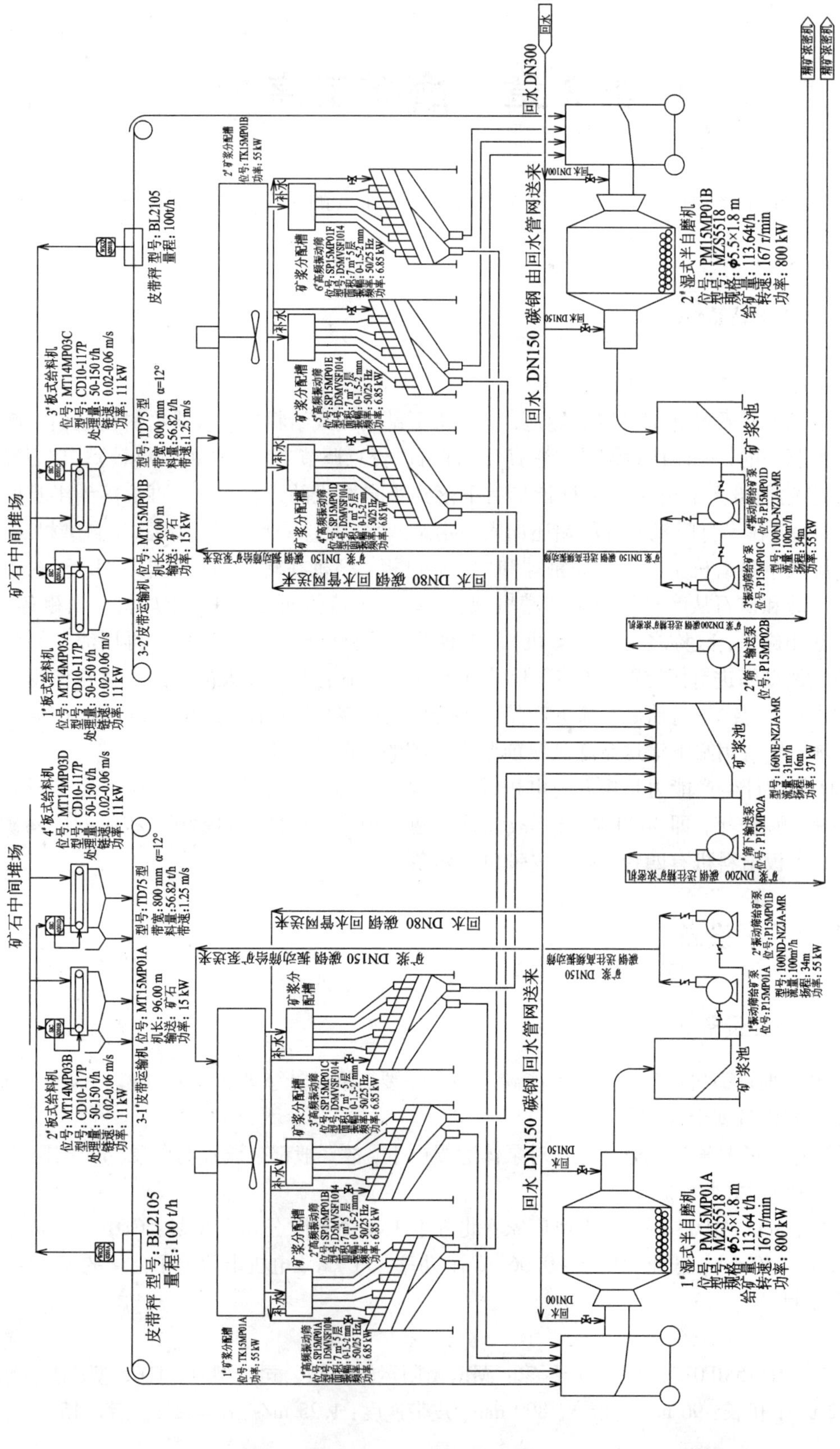

图2-1 磨矿工序工艺流程图

3. 湿式半自磨机(2 台)

工位号：PM15MP01A ~ B；生产厂家：北方重工集团有限公司。型号：MZS5518；规格：ϕ5.5 m × 1.8 m；给料能力：113.64 t/h；转速：167 r/min；功率：800 kW；10 kV 供电的高压电机。由西门子公司的 S7 – 300 系列 PLC 系统控制。

湿式半自磨机是一台比较复杂的设备，由多台设备组合而成。下面对各组成部分及其作用进行简单介绍。

(1) 润滑油系统

该系统由下列部分组成：

- 油箱：长方形油箱中间有块隔板，右边是冷却后的低温油，左边是磨机轴承回油(高温油)。
- 高压油泵(2 台，一用一备)

安装在油箱的低温侧，给磨机轴承提供约 5.0 MPa 压力的润滑油，运行过程中油温会上升。

- 低压油泵(2 台，一用一备)

安装在油箱的高温侧，将磨机轴承回油(高温油)压到油/水冷却器，经水冷却降温后再送到低温油箱。

- 油冷却器：用水将升温后的高温油进行强制冷却降温。
- 油过滤器：润滑油在循环使用过程中会变脏，油过滤器用于过滤油中的杂质。过滤器堵塞报警时要及时更换过滤器。
- 水过滤器：用于过滤冷却水中的杂质。过滤器堵塞报警要及时清理过滤器中的杂质。
- 油站加热器：开车时若油温太低，油流动性差，就要启动加热器(刚果地区温度高，用不着)。

(2) 磨机慢传系统

它由下列部分组成。

- 慢传电机：磨机启动前或调试时要先启动慢传电机。
- 慢传电机油泵：启动慢传电机前要先启动慢传电机油泵。

(3) 离合器系统

它由下列部分组成。

- 空压机：将空气压缩到 0.7 MPa。
- 贮气罐：贮存压缩空气，供空气离合器用。

在贮气罐上有一个电磁阀，当将其掷于手动位置时(将电磁阀下面的开关向下)，给空气离合器供气，使高压电机和磨机主体连接。

- 空气离合器：用于高压电机和磨机主体的连接。

(4) 大齿轮自动润滑装置(喷射装置)：由空压机和油泵等组成，是一个独立的设备。作用是向半自磨机的大齿轮喷射一些润滑油，喷射时间是 2 秒，喷射周期是 1 小时，全自动进行，半自磨机运行时一定要将其投用。

(5) 主电机

- 高压同步电机，供电电压是 10 kV。
- 主电机加热器：空气湿度大，电机的线圈容易发生短路，在停用时要启动主电机加热器。

(6)磨机主体

ϕ5.5 m×1.8 m，内壁装满“L”形衬板，内装各种不同规格的钢球，主要是磨矿用。

(7)进料小车

可以移动。正常生产时推向磨机进口侧，以便矿石进入磨机内；停产检修时就推离磨机，以便检修人员进入磨机内。

(8)电气控制柜

- 同步电机励磁柜：给高压同步电机提供励磁电源。
- PLC 监控柜：磨机各参数监控及低压设备远程控制用。
- 低压电气控制柜：低压电机设备开关柜。

4. 高频振动筛(6 台)

工位号：SP15MP01A ~ F；生产厂家：河北唐山陆凯科技有限公司。型号：D5MVSF1014；面积：7 m^2，5 层；振动频率：50/25 Hz；振幅：0 - 1.5 - 2(mm)；功率：6.85 kW。由 PLC 系统控制。

5. 振动筛给矿泵(4 台)

工位号：P15MP01A ~ D；生产厂家：江西耐普实业有限公司。型号：100ND - NZJA - MR；流量：100 m^3/h；扬程：34 m；功率：55 kW。

6. 筛下输送泵(2 台)

工位号：P15MP02A ~ B；生产厂家：江西耐普实业有限公司。型号：160NE - NZJA - MR；流量：31 m^3/h；扬程：16 m；功率：37 kW。

2.2.2 主要设备介绍

1. 湿式半自磨机

(1)湿式半自磨机的结构

湿式半自磨机是用厚钢板加工成的一个圆筒体；壳体内壁上衬装多块由特殊耐磨材料加工的呈“L”形衬板；磨机内装有各种不同规格的耐磨钢球(最大装球量 18.8 t)。

湿式半自磨机筒体支承在两个滚圈上，高压电机(10 kV)通过驱动系统的大齿圈带动磨机筒体旋转，筒体从供料端向出料端倾斜。

磨机的头部有一台进料小车，可以前后移动。生产时，进料小车的头部伸进磨机，将待磨矿石和水送进磨机，矿石是小于 150 mm 的块状物。进料小车的底板上也安装了多块耐磨衬板，处在高处的给料皮带将块状待磨矿石通过加料仓抛到下面的进料小车，然后滚进磨机。在磨机的进料端口还接有一根进水管，在进料的同时还加进净化水。当停产检修更换衬板时，将进料小车移开，维修人员就可以自由进出磨机。

湿式半自磨机是边进料、边磨、边排料，由于待磨的块矿比较大，一次难以磨细，故在磨机的出口安装了多台高频振动分级筛，筛下物进入下一道工序，而筛上的粗物料则返回到磨机里再次进行研磨。

(2)湿式半自磨机的工作原理

湿式半自磨机的筒体内装了各种不同规格的耐磨钢球和“L”形衬板，磨机在转动的过程中，“L”形衬板将磨机内的钢球和铜矿石从磨机下面带到磨机上面，当提升到一定高度后，由于钢球和铜矿石受到地心引力，将会脱离筒体而自由落下，在铜矿石的升起和下落过程中，它们会互相碰撞，再加上钢球对铜矿石的撞击，都会对筒体内的被磨物料起粉碎作用。在磨机里，铜矿石之间还会互相碰撞而破碎，故称之为半自磨机。

当湿式半自磨机转动时，筒体内研磨介质（铜矿石），例如钢球上升的高度要随筒体自身的转速而变，转速愈大，钢球提升的高度愈大。但转速增至一定高度后，钢球自身将由于惯性离心力的增大与磨机筒体一块运转，在这种情况下湿式半自磨机将失去磨矿作用。

磨机的给料要求均匀连续，较大的波动会导致严重问题。若给料量太少，磨机内下落的磨碎介质会直接打在衬板上，使磨损加剧，过粉碎严重；而给料量过大时，又容易产生"胀肚"现象，此时磨机内的磨碎介质和被磨物料黏结在一起，使磨碎作用大大降低，它是磨机的常见故障之一，严重时需要停止生产，进行专门处理。

图 2－2　湿式半自磨机

图 2－3　高频振动筛

2. 溢流型球磨机

溢流型球磨机和湿式半自磨机的结构形式和工作原理差不太多，但还有不同之处。

两者的不同点如下：

（1）湿式半自磨机磨的是块状料，是从颚式破碎机出来的直径小于 150 mm 的块状物，在研磨的过程中，大块矿石会互相碰撞，故称之为半自磨机，在进料的同时用一根水管加水；溢流型球磨机磨的是由分级旋流器下部出来的沉砂状料，是连水带渣一起进去的。

（2）湿式半自磨机的工作方式是边进料、边磨、边排料。在自磨机的下级安装了多台分级振动筛，筛下物进入下一道工序，而筛上的粗物料则返回到磨机里再次进行研磨；溢流型球磨机的排料方式是溢流型，中空轴颈衬套内表面铸成螺纹线，它能阻止小钢球及大颗粒矿石随矿浆排出，只有磨好了的合格产品才能出磨。

3. 水力旋流器

（1）水力旋流器的构造

水力旋流器是一种离心分级设备，它的上部是一个中空的圆体，直径在 50 ~ 500 mm 之间；下部是一个与圆柱体相通的锥体，两者焊接成一个整体。锥体的锥角为 15° ~ 60°，一般为 20° ~ 30°。圆柱体上端切向装有给矿管，上端中心装有溢流管，圆锥的下端装有沉砂口，在设备最上部装有溢流导流管。

（2）水力旋流器的分级原理

浆体在一定压力下通过给料管沿切向进入旋流器后，在旋流器内形成回转流，其切向速度在溢流管下口附近达最大值。同时，在后面浆体的推动下，进入旋流器内的浆体一面向下运动，一面向中心运动，形成轴向和径向流动速度，即浆体在旋流器内的流动属于三维运动。

浆体在旋流器内向下运动的过程中，因流动断面逐渐减小，所以内层浆体转而向上运动，即浆体在水力旋流器轴向上的运动是外层向下，内层向上，在任意一个高度断面上均存在着一个速度方向的转变点，在该点上浆体的轴向速度为零。把这些点连接起来，即构成一个近似锥形面，称为零速包络面。

位于浆体中的固体颗粒，由于离心惯性力的作用而产生向外运动的趋势，但由于浆体由外向内流动的阻碍，使得细小的颗粒因所受离心惯性力太小，不足以克服液流的阻力，而只能随向内的浆体一起进入零速包络面以内，并随向上的液流一起由溢流管排出，形成溢流产物。而较粗的颗粒则借较大的离心惯性力克服向内流动浆体流的阻碍，向外运动至零速包络面以外，随向下的液流一起由沉砂口排出，形成沉砂产物。

4. 高频振动筛

(1)高频振动筛的结构

高频振动筛就是叠层复振筛，由5层振动筛叠层组合而成。振筛由筛框、筛箱、筛网(各5层)、机架、给料箱、物料收集槽及电控器等组成。电控分电磁振动器和直线振动器，安装在筛框侧板上的方箱内，筛上有进料管，筛下有筛上物回收管和筛下物回收管。

(2)高频振动筛的工作原理

在筛框侧板上的方箱内安装有一个电磁激振器，通电时交变电磁力通过主振弹簧、传力螺栓、振动杆和振动轴使筛网下面的振动臂做往复运动，振动臂上端的振动帽托住并击打筛网，从而使筛网产生上下振动，振幅达1～2 mm，频率是50 Hz，而筛箱基本不动。

另外，在筛上还有一个直线振动系统，当启动电机时，横向固定在筛箱组合上的一对振动电机相向运动，产生同步合力，此合力通过“上筛箱座板”传递给“筛箱组合”，使其产生前后振动。

这两种振动系统可以单独启动工作，也可以同时启动工作，这样就使得筛箱形成复合振动，很容易分离筛上颗粒大小不一的料浆。

每层筛的上方有一个长方形的给料箱，给料箱的出料宽度和筛箱一样，当从高处来的料浆通过进料管进入给料箱时，均匀的分布在筛网上，由于筛网的复合振动，使得料浆中粗细不同的两种物料被分离，分别流进筛上物回收管和筛下物回收管。筛上物回收管返回湿式半自磨机再次研磨，筛下物则流进矿浆池，进入下一道工序。

2.3 自动控制与设备联锁系统

2.3.1 自动控制系统

本系统的监控和联锁都由设立在选矿仪表室的DCS系统进行，控制柜设立在磨矿系统配电室，通过光纤和设立在选矿仪表室的DCS系统通信，进行数据交换。

湿式半自磨机是用西门子公司的S7－300系列PLC进行自动控制的，对磨机的润滑油流量、油压、油温、轴承振动等进行监控，当达到其设定值时联锁停机。

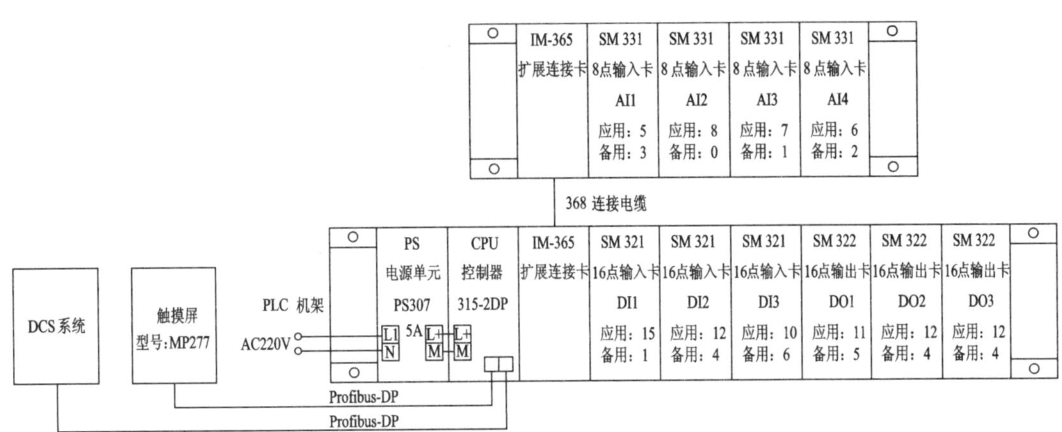

图 2－4　湿式半自磨机 PLC 系统配置图

湿式半自磨机的 PLC 系统见图 2－4。

PLC 系统由一个主机架和 1 个扩展单元组成。

电源单元（PS307）为整个 PLC 系统提供 DC24V 的电源（电源单元通常安装在主机架的第一个卡的位置）。

控制器（CPU315－2DP）是 PLC 系统的核心，安装在主机架上（控制器通常安装在电源单元的右边）。

主机架和扩展单元之间用扩展单元连接卡（IM－365）连接，扩展单元上各卡的信号都通过 IM－365 传递到控制器（CPU315－2DP）上。

操作面板（触摸屏）（人机接口单元）通过 Profibus－DP 通信协议和控制器通信，湿式半自磨机的各种信号和参数都在触摸屏上显示，方便生产工人操作。

控制器还通过 Profibus－DP 通信协议和 DCS 系统进行通信，使生产工人在中央仪表室的 DCS 系统上就可以对湿式半自磨机的各种信号、状态和参数进行监控。

在主机架上装有：

3 个 DI 卡（16 点数字输入卡，型号：SM321），用了 37 个点，备用 11 点。

3 个 DO 卡（16 点数字输出卡，型号：SM322），用了 35 个点，备用 13 点。

在扩展单元上装有 4 个 AI 卡（8 点模拟输入卡，型号：SM331），用了 26 个点，备用 6 点。

模拟信号是油压：5 点；油流量：4 点；振动：4 点；温度：13 点。

4 台中板给料机是采用西门子公司的 MM440 系列变频器进行无级调速，即可以在现场进行手动启动和调速，也可以在仪表室进行自动启动和调速，中板给料机还可以根据皮带秤的重量进行自动调速。

1. SIC0201A 1# 中板给料机速度控制系统

该系统由下列部分组成。

（1）检测仪表（速度指示仪）

其作用是将 1# 中板给料机变频器输出的频率信号反馈到 DCS 系统，作为 1# 中板给料机的速度信号(0～50 Hz)。

(2)指示调节器

它指示、控制1#中板给料机的给料速度，量程：0～50 Hz，调节器的动作方向为反作用(RA)。

(3)执行机构

由变频器控制的1#中板给料机。

2. SIC0201B 2#中板给料机速度控制系统

该系统由下列部分组成。

(1)检测仪表：(速度指示仪)

它将2#中板给料机变频器输出的频率信号反馈到DCS系统，作为2#中板给料机的速度信号(0～50 Hz)。

(2)指示调节器

它指示、控制2#中板给料机的给料速度，量程：0～50 Hz，调节器的动作方向为反作用(RA)。

(3)执行机构

由变频器控制的2#中板给料机。

3. SIC0201C 3#中板给料机速度控制系统

该系统由下列部分组成。

(1)检测仪表(速度指示仪)

它将3#中板给料机变频器输出的频率信号反馈到DCS系统，作为3#中板给料机的速度信号：0～50 Hz。

(2)指示调节器

它指示、控制3#中板给料机的给料速度，量程：0～50 Hz，调节器的动作方向为反作用(RA)。

(3)执行机构

它由变频器控制的3#中板给料机。

4. SIC0201D 4#中板给料机速度控制系统

该系统由下列部分组成。

(1)检测仪表：(速度指示仪)

将4#中板给料机变频器输出的频率信号反馈到DCS系统，作为4#中板给料机的速度信号：0～50 Hz。

(2)指示调节器

指示、控制4#中板给料机的给料速度，量程：0～50 Hz，调节器的动作方向为反作用(RA)。

(3)执行机构

由变频器控制的4#中板给料机。

5. WICQ0201A 1#湿式半自磨机进料量控制系统

该系统由下列部分组成。

(1)检测仪表

电子皮带秤，型号：ICS－ST－800，徐州衡器厂生产，将1#湿式半自磨机进料量变换成4～20 mA DC电流信号。

(2)指示调节器

指示、控制1#湿式半自磨机进料量，量程：0～100 t/h，控制值是56.82 t/h，调节器的动作方向为反作用(RA)。

(3)执行机构

由于是串级调节系统的主调节器，故没有执行机构。

注：WICQ0201A与SIC0201A和SIC0201B分别组成串级控制系统，控制1#湿式半自磨机的进料量。WICQ0201A是主调，SIC0201A和SIC0201B是副调。

当SIC0201A或SIC0201B设定为单回路调节时，只是分别调整中板给料机的转速，WICQ0201A只是指示3#皮带上矿石的重量；当SIC0201A或SIC0201B设定为串级调节时，主调节器WICQ0201A的输出作为副调节器SIC0201A或SIC0201B的外部设定值，副调节器SIC0201A或SIC0201B就根据电子皮带秤上的矿石量来控制中板给料机的转速，从而达到控制1#湿式半自磨机进料量的作用。

由于中板给料机有两台，一用一备，所以，正在使用的那一台就和WICQ0201A组成串级控制系统，可以用该设备的运行信号作为切换信号。

6. WICQ0201B 2#湿式半自磨机进料量控制系统

该系统由下列部分组成。

(1)检测仪表

电子皮带秤，型号：ICS－ST－800，徐州衡器厂生产，将2#湿式半自磨机进料量变换成4～20 mA DC电流信号。

(2)指示调节器

指示、控制2#湿式半自磨机进料量，量程：0～100 t/h，控制值是56.82 t/h，调节器的动作方向为反作用(RA)。

(3)执行机构

由于是串级调节系统的主调节器，故没有执行机构。

注：同样，WICQ0201B与SIC0201C和SIC0201D分别组成串级控制系统，控制2#湿式半自磨机的进料量。WICQ0201B是主调，SIC0201C和SIC0201D是副调。

2.3.2 设备联锁系统

本工序有6台主要设备，从后向前是顺序进行联锁的：

筛下输送泵和高频振动筛、振动筛给矿泵、半自磨机、3#皮带运输机、板式给料机联锁。

高频振动筛和振动筛给矿泵、半自磨机、3#皮带运输机、板式给料机联锁。

振动筛给矿泵和半自磨机、3#皮带运输机、板式给料机联锁。

半自磨机和3#皮带运输机、板式给料机联锁。

3#皮带运输机和板式给料机联锁。

联锁逻辑参见图2－5至图2－13。

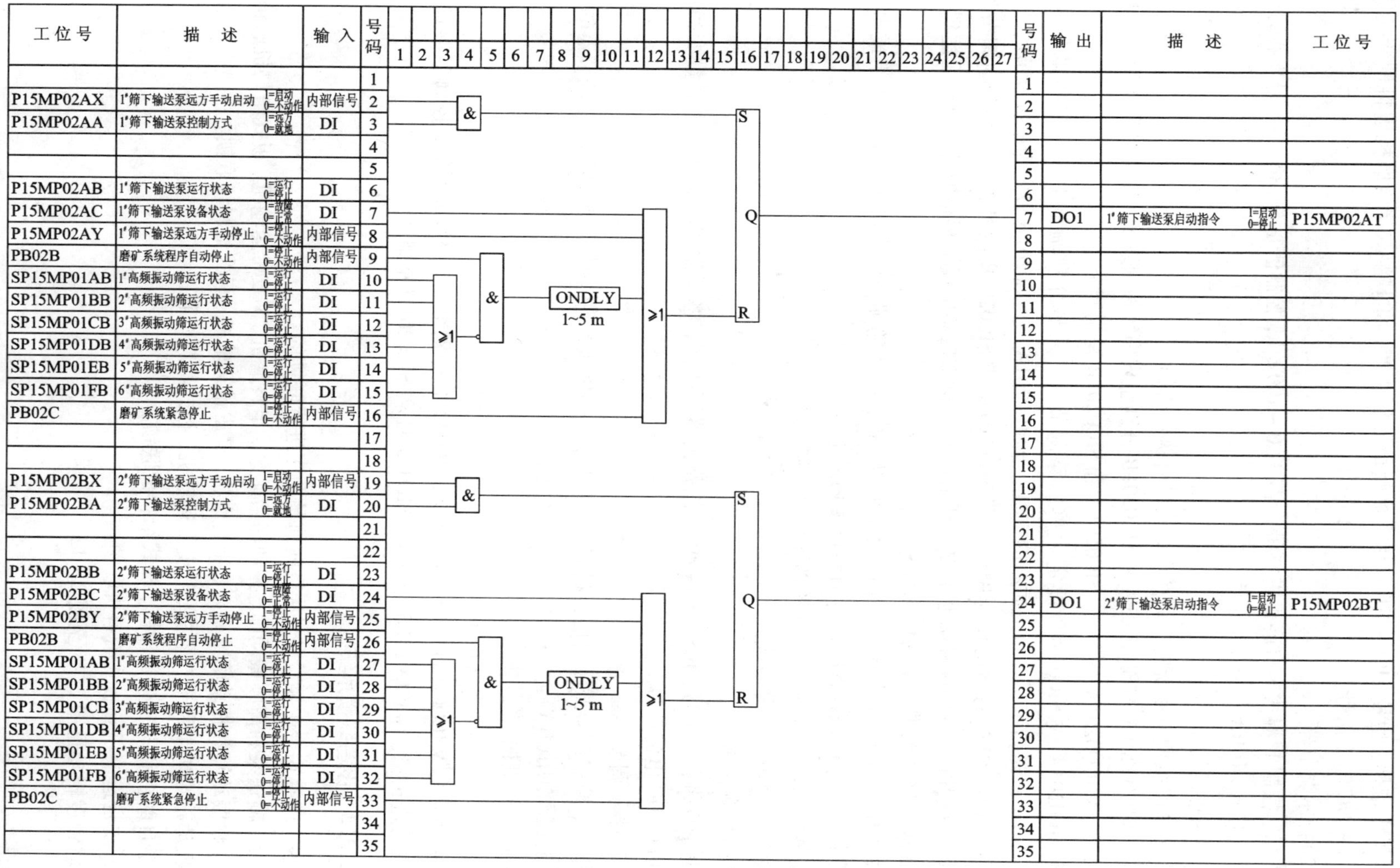

工位号	描述		输入	号码
				1
P15MP02AX	1#筛下输送泵远方手动启动	1=启动 0=不动作	内部信号	2
P15MP02AA	1#筛下输送泵控制方式	1=远方 0=就地	DI	3
				4
				5
P15MP02AB	1#筛下输送泵运行状态	1=运行 0=停止	DI	6
P15MP02AC	1#筛下输送泵设备状态	1=故障 0=正常	DI	7
P15MP02AY	1#筛下输送泵远方手动停止	1=停止 0=不动作	内部信号	8
PB02B	磨矿系统程序自动停止	1=停止 0=不动作	内部信号	9
SP15MP01AB	1#高频振动筛运行状态	1=运行 0=停止	DI	10
SP15MP01BB	2#高频振动筛运行状态	1=运行 0=停止	DI	11
SP15MP01CB	3#高频振动筛运行状态	1=运行 0=停止	DI	12
SP15MP01DB	4#高频振动筛运行状态	1=运行 0=停止	DI	13
SP15MP01EB	5#高频振动筛运行状态	1=运行 0=停止	DI	14
SP15MP01FB	6#高频振动筛运行状态	1=运行 0=停止	DI	15
PB02C	磨矿系统紧急停止	1=停止 0=不动作	内部信号	16
				17
				18
P15MP02BX	2#筛下输送泵远方手动启动	1=启动 0=不动作	内部信号	19
P15MP02BA	2#筛下输送泵控制方式	1=远方 0=就地	DI	20
				21
				22
P15MP02BB	2#筛下输送泵运行状态	1=运行 0=停止	DI	23
P15MP02BC	2#筛下输送泵设备状态	1=故障 0=正常	DI	24
P15MP02BY	2#筛下输送泵远方手动停止	1=停止 0=不动作	内部信号	25
PB02B	磨矿系统程序自动停止	1=停止 0=不动作	内部信号	26
SP15MP01AB	1#高频振动筛运行状态	1=运行 0=停止	DI	27
SP15MP01BB	2#高频振动筛运行状态	1=运行 0=停止	DI	28
SP15MP01CB	3#高频振动筛运行状态	1=运行 0=停止	DI	29
SP15MP01DB	4#高频振动筛运行状态	1=运行 0=停止	DI	30
SP15MP01EB	5#高频振动筛运行状态	1=运行 0=停止	DI	31
SP15MP01FB	6#高频振动筛运行状态	1=运行 0=停止	DI	32
PB02C	磨矿系统紧急停止	1=停止 0=不动作	内部信号	33
				34
				35

号码	输出	描述		工位号
1				
2				
3				
4				
5				
6				
7	DO1	1#筛下输送泵启动指令	1=启动 0=停止	P15MP02AT
8				
9				
10				
11				
12				
13				
14				
15				
16				
17				
18				
19				
20				
21				
22				
23				
24	DO1	2#筛下输送泵启动指令	1=启动 0=停止	P15MP02BT
25				
26				
27				
28				
29				
30				
31				
32				
33				
34				
35				

图2-5 1#、2#筛下输送泵控制逻辑图

工位号	描　述		输　入	号码
				1
SP15MP01AX	1#高频振动筛远方手动启动	1=启动 0=不动作	内部信号	2
SP15MP01AA	1#高频振动筛控制方式	1=远方 0=就地	DI	3
				4
P15MP02AB	1#筛下输送泵运行状态	1=运行 0=停止	DI	5
P15MP02BB	2#筛下输送泵运行状态	1=运行 0=停止	DI	6
PB02A	磨矿系统自动启动	1=自动 0=不动作	内部信号	7
SP15MP01AB	1#高频振动筛运行状态	1=运行 0=停止	DI	8
SP15MP01AC	1#高频振动筛设备状态	1=故障 0=正常	DI	9
SP15MP01AY	1#高频振动筛远方手动停止	1=停止 0=不动作	内部信号	10
PB02B	磨矿系统程序自动停止	1=停止 0=不动作	内部信号	11
P15MP01AB	1#高频振动筛给料泵运行状态	1=运行 0=停止	DI	12
P15MP01BB	2#高频振动筛给料泵运行状态	1=运行 0=停止	DI	13
				14
PB02C	磨矿系统紧急停止	1=停止 0=不动作	内部信号	15
				16
				17
SP15MP01BX	2#高频振动筛远方手动启动	1=启动 0=不动作	内部信号	18
SP15MP01BA	2#高频振动筛控制方式	1=远方 0=就地	DI	19
				20
P15MP02AB	1#筛下输送泵运行状态	1=运行 0=停止	DI	21
P15MP02BB	2#筛下输送泵运行状态	1=运行 0=停止	DI	22
PB02A	磨矿系统自动启动	1=自动 0=不动作	内部信号	23
SP15MP01BB	2#高频振动筛运行状态	1=运行 0=停止	DI	24
SP15MP01BC	2#高频振动筛设备状态	1=故障 0=正常	DI	25
SP15MP01BY	2#高频振动筛远方手动停止	1=停止 0=不动作	内部信号	26
PB02B	磨矿系统程序自动停止	1=停止 0=不动作	内部信号	27
P15MP01AB	1#高频振动筛给料泵运行状态	1=运行 0=停止	DI	28
P15MP01BB	2#高频振动筛给料泵运行状态	1=运行 0=停止	DI	29
				30
PB02C	磨矿系统紧急停止	1=停止 0=不动作	内部信号	31
				32
				33
				34
				35

1 2 3 4 5 6 7 8 9 10 11 12 13 14 15 16 17 18 19 20 21 22 23 24 25 26 27

&　≥1　ONDLY 1~5 s　&　≥1　S　Q　R　&　≥1　ONDLY 1~5 m　≥1

&　≥1　ONDLY 1~5 s　&　≥1　S　Q　R　&　≥1　ONDLY 1~5 m　≥1

号码	输　出	描　述		工位号
1				
2				
3				
4				
5				
6				
7				
8	DO	1#高频振动筛启动指令	1=启动 0=停止	SP15MP01AT
9				
10				
11				
12				
13				
14				
15				
16				
17				
18				
19				
20				
21				
22				
23				
24	DO	2#高频振动筛启动指令	1=启动 0=停止	SP15MP01BT
25				
26				
27				
28				
29				
30				
31				
32				
33				
34				
35				

图2-6　1#、2#高频振动筛控制逻辑图

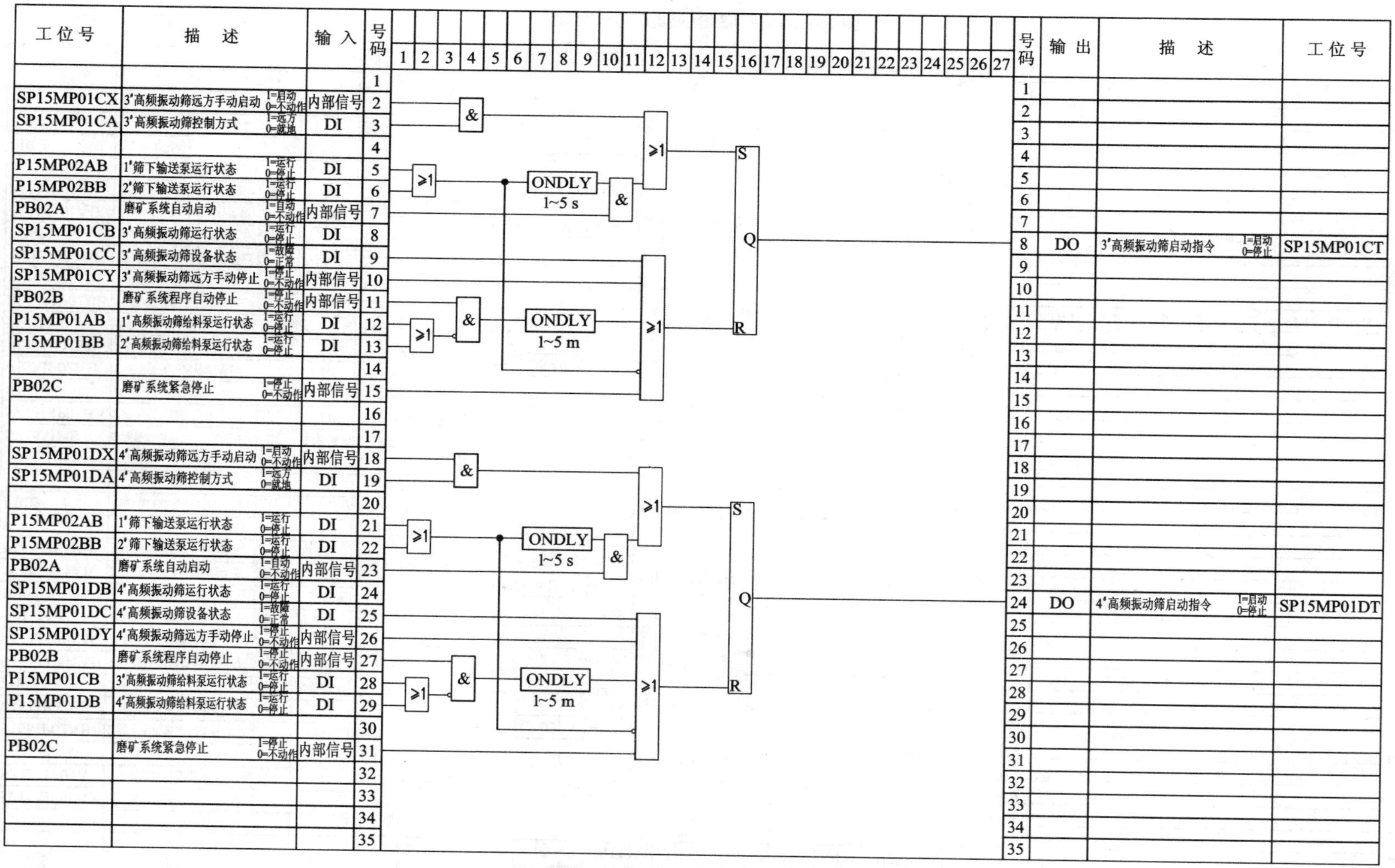

工位号	描述		输入	号码
				1
SP15MP01CX	3#高频振动筛远方手动启动	1=启动 0=不动作	内部信号	2
SP15MP01CA	3#高频振动筛控制方式	1=远方 0=就地	DI	3
				4
P15MP02AB	1#筛下输送泵运行状态	1=运行 0=停止	DI	5
P15MP02BB	2#筛下输送泵运行状态	1=运行 0=停止	DI	6
PB02A	磨矿系统自动启动	1=启动 0=不动作	内部信号	7
SP15MP01CB	3#高频振动筛运行状态	1=运行 0=停止	DI	8
SP15MP01CC	3#高频振动筛设备状态	1=故障 0=正常	DI	9
SP15MP01CY	3#高频振动筛远方手动停止	1=停止 0=不动作	内部信号	10
PB02B	磨矿系统程序自动停止	1=停止 0=不动作	内部信号	11
P15MP01AB	1#高频振动筛给料泵运行状态	1=运行 0=停止	DI	12
P15MP01BB	2#高频振动筛给料泵运行状态	1=运行 0=停止	DI	13
				14
PB02C	磨矿系统紧急停止	1=停止 0=不动作	内部信号	15
				16
				17
SP15MP01DX	4#高频振动筛远方手动启动	1=启动 0=不动作	内部信号	18
SP15MP01DA	4#高频振动筛控制方式	1=远方 0=就地	DI	19
				20
P15MP02AB	1#筛下输送泵运行状态	1=运行 0=停止	DI	21
P15MP02BB	2#筛下输送泵运行状态	1=运行 0=停止	DI	22
PB02A	磨矿系统自动启动	1=启动 0=不动作	内部信号	23
SP15MP01DB	4#高频振动筛运行状态	1=运行 0=停止	DI	24
SP15MP01DC	4#高频振动筛设备状态	1=故障 0=正常	DI	25
SP15MP01DY	4#高频振动筛远方手动停止	1=停止 0=不动作	内部信号	26
PB02B	磨矿系统程序自动停止	1=停止 0=不动作	内部信号	27
P15MP01CB	3#高频振动筛给料泵运行状态	1=运行 0=停止	DI	28
P15MP01DB	4#高频振动筛给料泵运行状态	1=运行 0=停止	DI	29
				30
PB02C	磨矿系统紧急停止	1=停止 0=不动作	内部信号	31
				32
				33
				34
				35

1 2 3 4 5 6 7 8 9 10 11 12 13 14 15 16 17 18 19 20 21 22 23 24 25 26 27

& ≥1 ONDLY 1~5 s & ≥1 ONDLY 1~5 m S Q R

& ≥1 ONDLY 1~5 s & ≥1 ONDLY 1~5 m S Q R

号码	输出	描述		工位号
1				
2				
3				
4				
5				
6				
7				
8	DO	3#高频振动筛启动指令	1=启动 0=停止	SP15MP01CT
9				
10				
11				
12				
13				
14				
15				
16				
17				
18				
19				
20				
21				
22				
23				
24	DO	4#高频振动筛启动指令	1=启动 0=停止	SP15MP01DT
25				
26				
27				
28				
29				
30				
31				
32				
33				
34				
35				

图2-7 3#、4#高频振动筛控制逻辑图

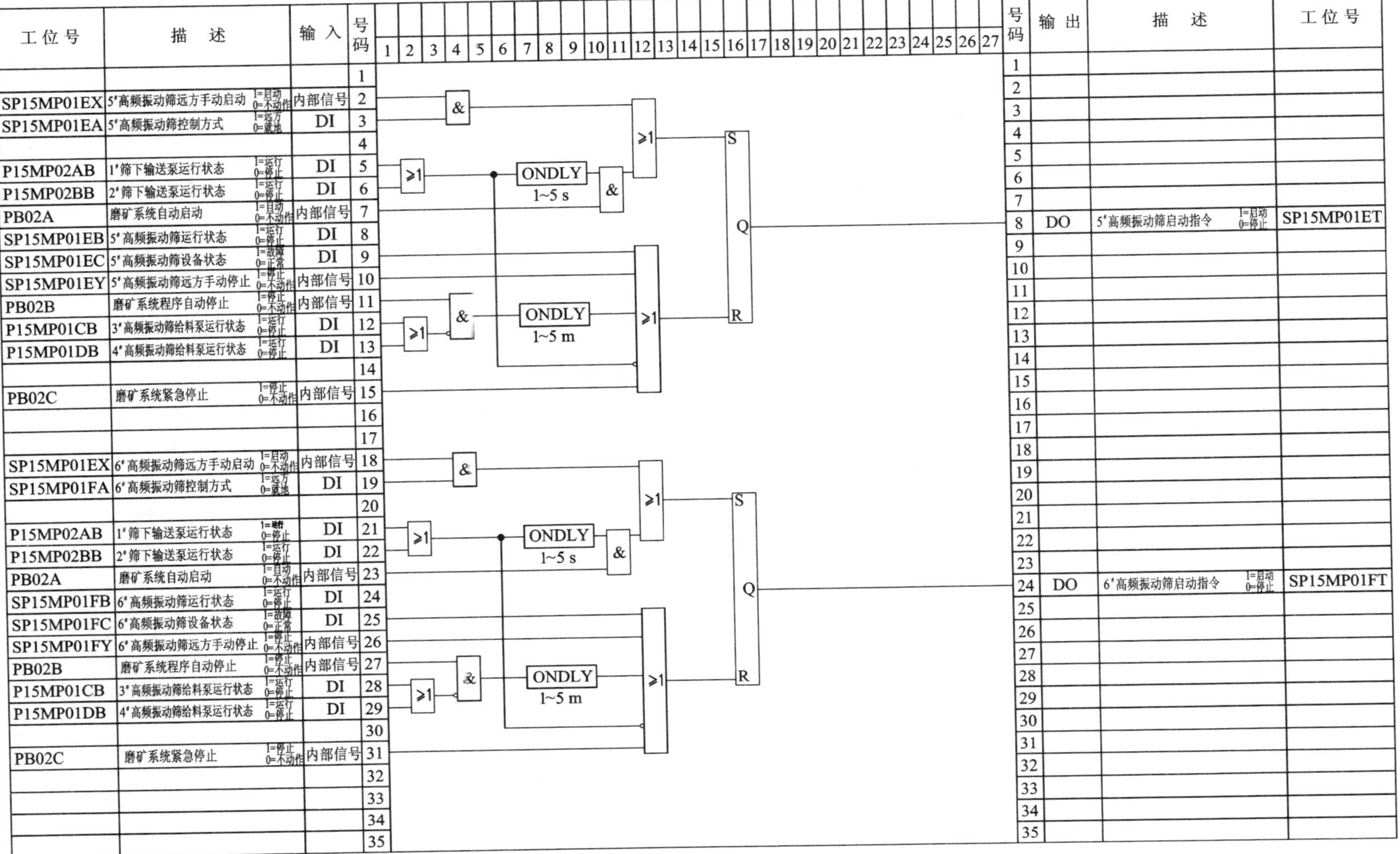

图2-8 5#、6#高频振动筛控制逻辑图

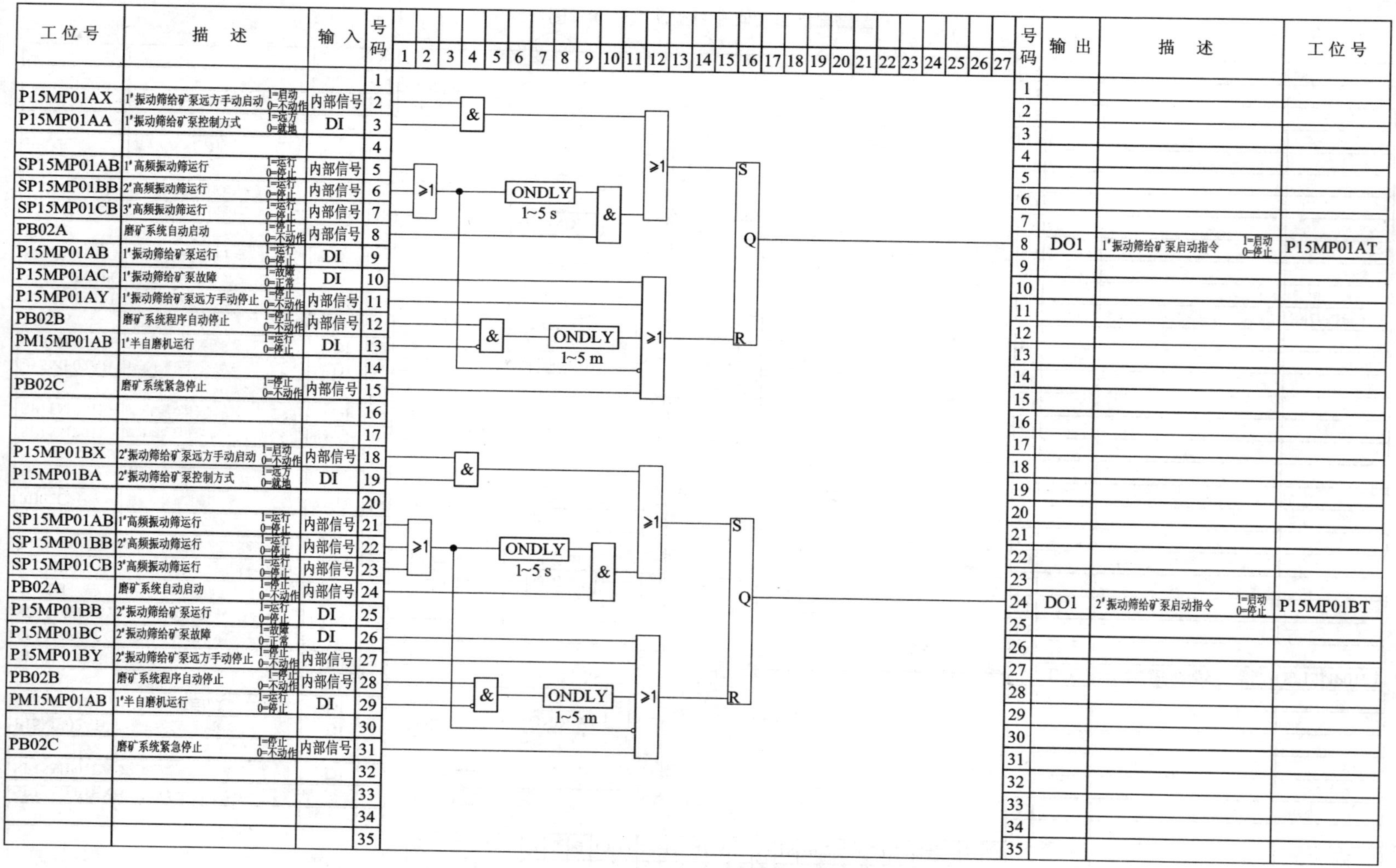

工位号	描述		输入	号码	号码	输出	描述		工位号
				1	1				
P15MP01AX	1#振动筛给矿泵远方手动启动	1=启动 0=不动作	内部信号	2	2				
P15MP01AA	1#振动筛给矿泵控制方式	1=远方 0=就地	DI	3	3				
				4	4				
SP15MP01AB	1#高频振动筛运行	1=运行 0=停止	内部信号	5	5				
SP15MP01BB	2#高频振动筛运行	1=运行 0=停止	内部信号	6	6				
SP15MP01CB	3#高频振动筛运行	1=运行 0=停止	内部信号	7	7				
PB02A	磨矿系统自动启动	1=停止 0=不动作	内部信号	8	8	DO1	1#振动筛给矿泵启动指令	1=启动 0=停止	P15MP01AT
P15MP01AB	1#振动筛给矿泵运行	1=运行 0=停止	DI	9	9				
P15MP01AC	1#振动筛给矿泵故障	1=故障 0=正常	DI	10	10				
P15MP01AY	1#振动筛给矿泵远方手动停止	1=停止 0=不动作	内部信号	11	11				
PB02B	磨矿系统程序自动停止	1=停止 0=不动作	内部信号	12	12				
PM15MP01AB	1#半自磨机运行	1=运行 0=停止	DI	13	13				
				14	14				
PB02C	磨矿系统紧急停止	1=停止 0=不动作	内部信号	15	15				
				16	16				
				17	17				
P15MP01BX	2#振动筛给矿泵远方手动启动	1=启动 0=不动作	内部信号	18	18				
P15MP01BA	2#振动筛给矿泵控制方式	1=远方 0=就地	DI	19	19				
				20	20				
SP15MP01AB	1#高频振动筛运行	1=运行 0=停止	内部信号	21	21				
SP15MP01BB	2#高频振动筛运行	1=运行 0=停止	内部信号	22	22				
SP15MP01CB	3#高频振动筛运行	1=运行 0=停止	内部信号	23	23				
PB02A	磨矿系统自动启动	1=停止 0=不动作	内部信号	24	24	DO1	2#振动筛给矿泵启动指令	1=启动 0=停止	P15MP01BT
P15MP01BB	2#振动筛给矿泵运行	1=运行 0=停止	DI	25	25				
P15MP01BC	2#振动筛给矿泵故障	1=故障 0=正常	DI	26	26				
P15MP01BY	2#振动筛给矿泵远方手动停止	1=停止 0=不动作	内部信号	27	27				
PB02B	磨矿系统程序自动停止	1=停止 0=不动作	内部信号	28	28				
PM15MP01AB	1#半自磨机运行	1=运行 0=停止	DI	29	29				
				30	30				
PB02C	磨矿系统紧急停止	1=停止 0=不动作	内部信号	31	31				
				32	32				
				33	33				
				34	34				
				35	35				

& ≥1 ONDLY 1~5 s ONDLY 1~5 m S Q R

图2-9 1#、2#振动筛给矿泵控制逻辑图

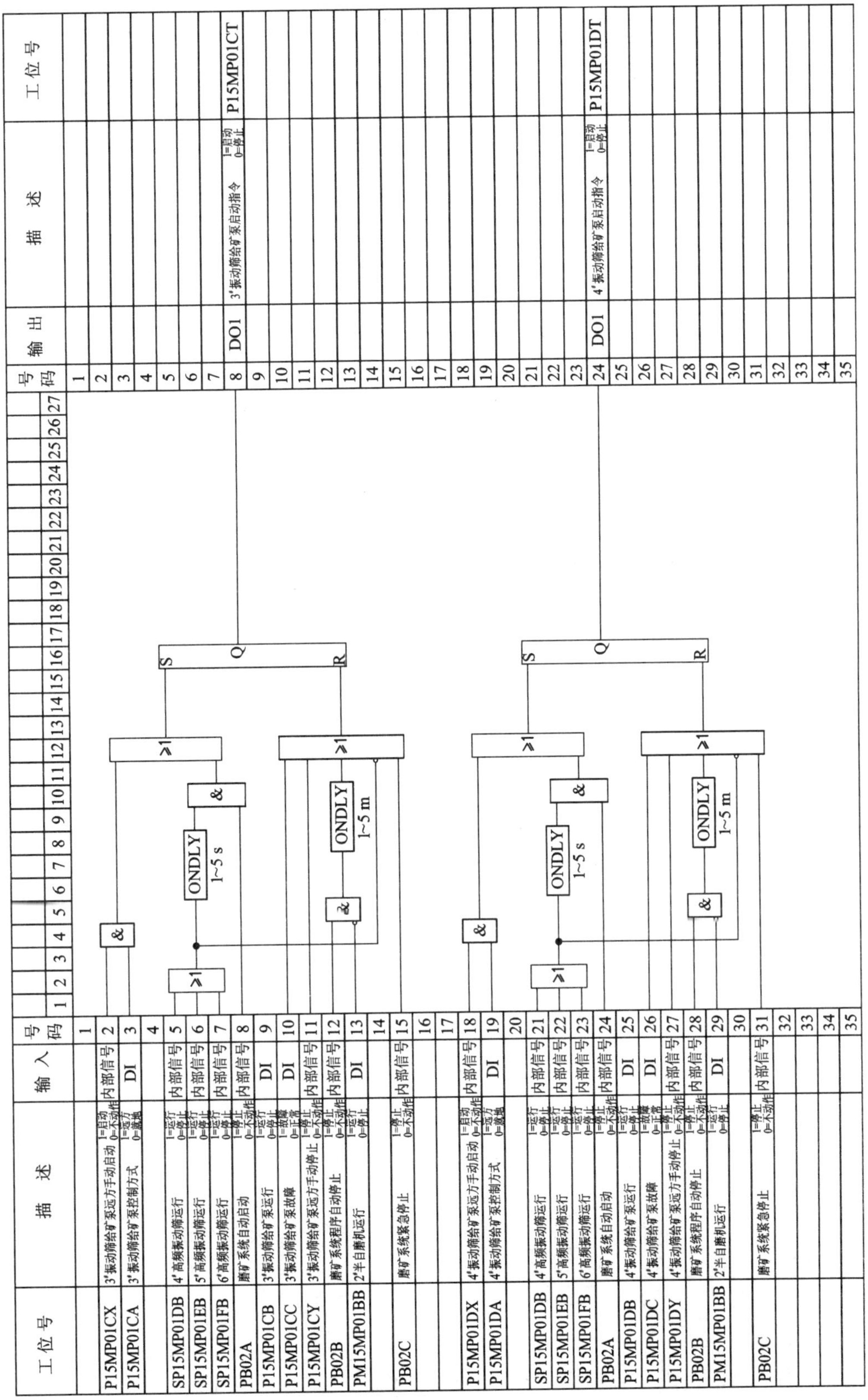

工位号	描述		输入	号码
				1
P15MP01CX	3#振动筛给矿泵远方手动启动	1=启动 0=不动作	内部信号	2
P15MP01CA	3#振动筛给矿泵控制方式	1=远方 0=就地	DI	3
				4
SP15MP01DB	4#高频振动筛运行	1=运行 0=停止	内部信号	5
SP15MP01EB	5#高频振动筛运行	1=运行 0=停止	内部信号	6
SP15MP01FB	6#高频振动筛运行	1=运行 0=停止	内部信号	7
PB02A	磨矿系统自动启动	1=停止 0=不动作	内部信号	8
P15MP01CB	3#振动筛给矿泵运行	1=运行 0=停止	DI	9
P15MP01CC	3#振动筛给矿泵故障	1=故障 0=正常	DI	10
P15MP01CY	3#振动筛给矿泵远方手动停止	1=停止 0=不动作	内部信号	11
PB02B	磨矿系统程序自动停止	1=停止 0=不动作	内部信号	12
PM15MP01BB	2#半自磨机运行	1=运行 0=停止	DI	13
				14
PB02C	磨矿系统紧急停止	1=停止 0=不动作	内部信号	15
				16
				17
P15MP01DX	4#振动筛给矿泵远方手动启动	1=启动 0=不动作	内部信号	18
P15MP01DA	4#振动筛给矿泵控制方式	1=远方 0=就地	DI	19
				20
SP15MP01DB	4#高频振动筛运行	1=运行 0=停止	内部信号	21
SP15MP01EB	5#高频振动筛运行	1=运行 0=停止	内部信号	22
SP15MP01FB	6#高频振动筛运行	1=运行 0=停止	内部信号	23
PB02A	磨矿系统自动启动	1=停止 0=不动作	内部信号	24
P15MP01DB	4#振动筛给矿泵运行	1=运行 0=停止	DI	25
P15MP01DC	4#振动筛给矿泵故障	1=故障 0=正常	DI	26
P15MP01DY	4#振动筛给矿泵远方手动停止	1=停止 0=不动作	内部信号	27
PB02B	磨矿系统程序自动停止	1=停止 0=不动作	内部信号	28
PM15MP01BB	2#半自磨机运行	1=运行 0=停止	DI	29
				30
PB02C	磨矿系统紧急停止	1=停止 0=不动作	内部信号	31
				32
				33
				34
				35

1 2 3 4 5 6 7 8 9 10 11 12 13 14 15 16 17 18 19 20 21 22 23 24 25 26 27

& ≥1 ONDLY 1~5 s & ≥1 & ONDLY 1~5 m ≥1 S Q R

& ≥1 ONDLY 1~5 s & ≥1 & ONDLY 1~5 m ≥1 S Q R

号码	输出	描述		工位号
1				
2				
3				
4				
5				
6				
7				
8	DO1	3#振动筛给矿泵启动指令	1=启动 0=停止	P15MP01CT
9				
10				
11				
12				
13				
14				
15				
16				
17				
18				
19				
20				
21				
22				
23				
24	DO1	4#振动筛给矿泵启动指令	1=启动 0=停止	P15MP01DT
25				
26				
27				
28				
29				
30				
31				
32				
33				
34				
35				

图2-10 3#、4#振动筛给矿泵控制逻辑图

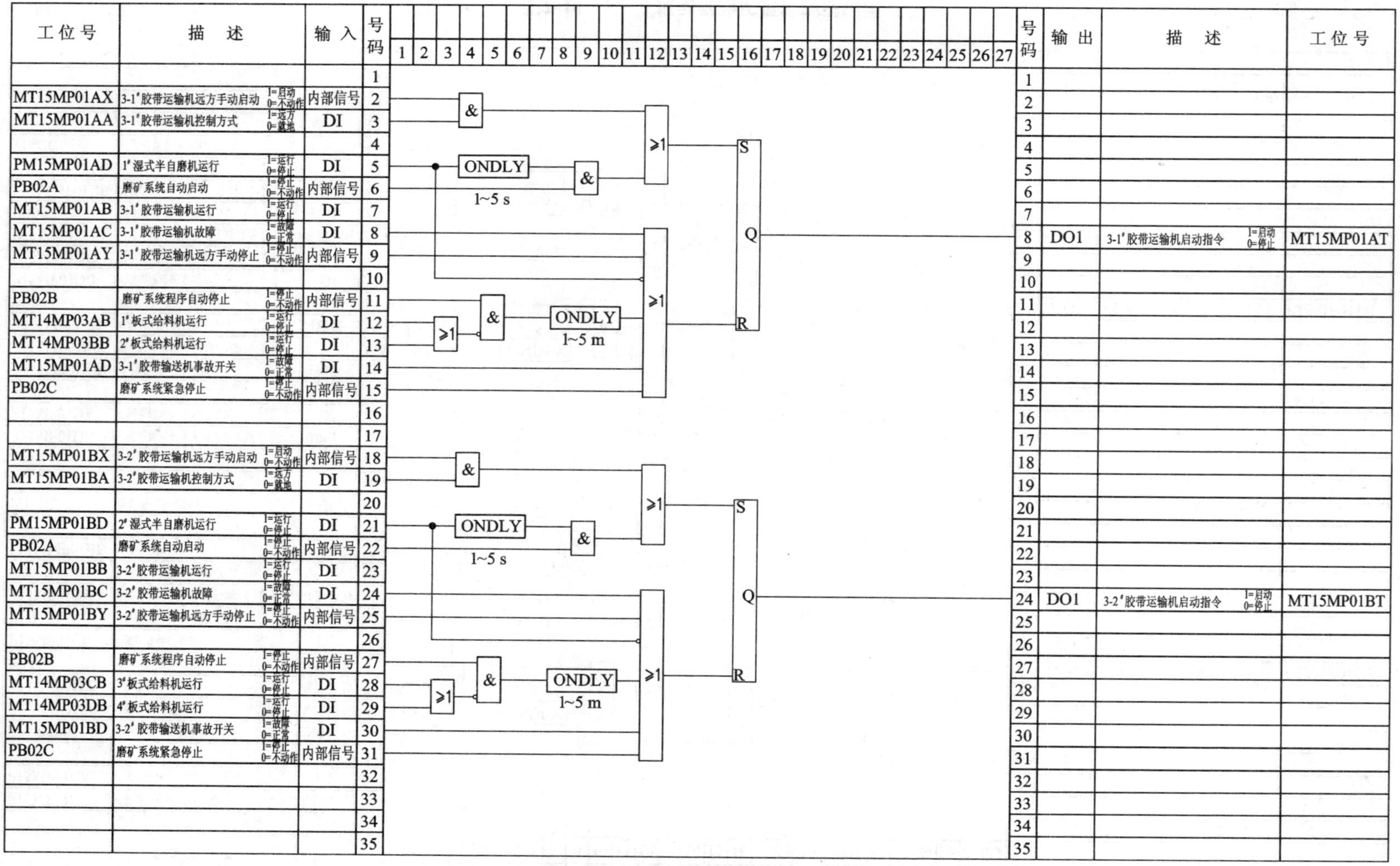

工位号	描述		输入	号码
				1
MT15MP01AX	3-1#胶带运输机远方手动启动	1=启动 0=不动作	内部信号	2
MT15MP01AA	3-1#胶带运输机控制方式	1=远方 0=就地	DI	3
				4
PM15MP01AD	1#湿式半自磨机运行	1=运行 0=停止	DI	5
PB02A	磨矿系统自动启动	1=停止 0=不动作	内部信号	6
MT15MP01AB	3-1#胶带运输机运行	1=运行 0=停止	DI	7
MT15MP01AC	3-1#胶带运输机故障	1=故障 0=正常	DI	8
MT15MP01AY	3-1#胶带运输机远方手动停止	1=停止 0=不动作	内部信号	9
				10
PB02B	磨矿系统程序自动停止	1=停止 0=不动作	内部信号	11
MT14MP03AB	1#板式给料机运行	1=运行 0=停止	DI	12
MT14MP03BB	2#板式给料机运行	1=运行 0=停止	DI	13
MT15MP01AD	3-1#胶带输送机事故开关	1=故障 0=正常	DI	14
PB02C	磨矿系统紧急停止	1=停止 0=不动作	内部信号	15
				16
				17
MT15MP01BX	3-2#胶带运输机远方手动启动	1=启动 0=不动作	内部信号	18
MT15MP01BA	3-2#胶带运输机控制方式	1=远方 0=就地	DI	19
				20
PM15MP01BD	2#湿式半自磨机运行	1=运行 0=停止	DI	21
PB02A	磨矿系统自动启动	1=停止 0=不动作	内部信号	22
MT15MP01BB	3-2#胶带运输机运行	1=运行 0=停止	DI	23
MT15MP01BC	3-2#胶带运输机故障	1=故障 0=正常	DI	24
MT15MP01BY	3-2#胶带运输机远方手动停止	1=停止 0=不动作	内部信号	25
				26
PB02B	磨矿系统程序自动停止	1=停止 0=不动作	内部信号	27
MT14MP03CB	3#板式给料机运行	1=运行 0=停止	DI	28
MT14MP03DB	4#板式给料机运行	1=运行 0=停止	DI	29
MT15MP01BD	3-2#胶带输送机事故开关	1=故障 0=正常	DI	30
PB02C	磨矿系统紧急停止	1=停止 0=不动作	内部信号	31
				32
				33
				34
				35

号码	输出	描述		工位号
1				
2				
3				
4				
5				
6				
7				
8	DO1	3-1#胶带运输机启动指令	1=启动 0=停止	MT15MP01AT
9				
10				
11				
12				
13				
14				
15				
16				
17				
18				
19				
20				
21				
22				
23				
24	DO1	3-2#胶带运输机启动指令	1=启动 0=停止	MT15MP01BT
25				
26				
27				
28				
29				
30				
31				
32				
33				
34				
35				

图2-11　3-1#、3-2#皮带运输机控制逻辑图

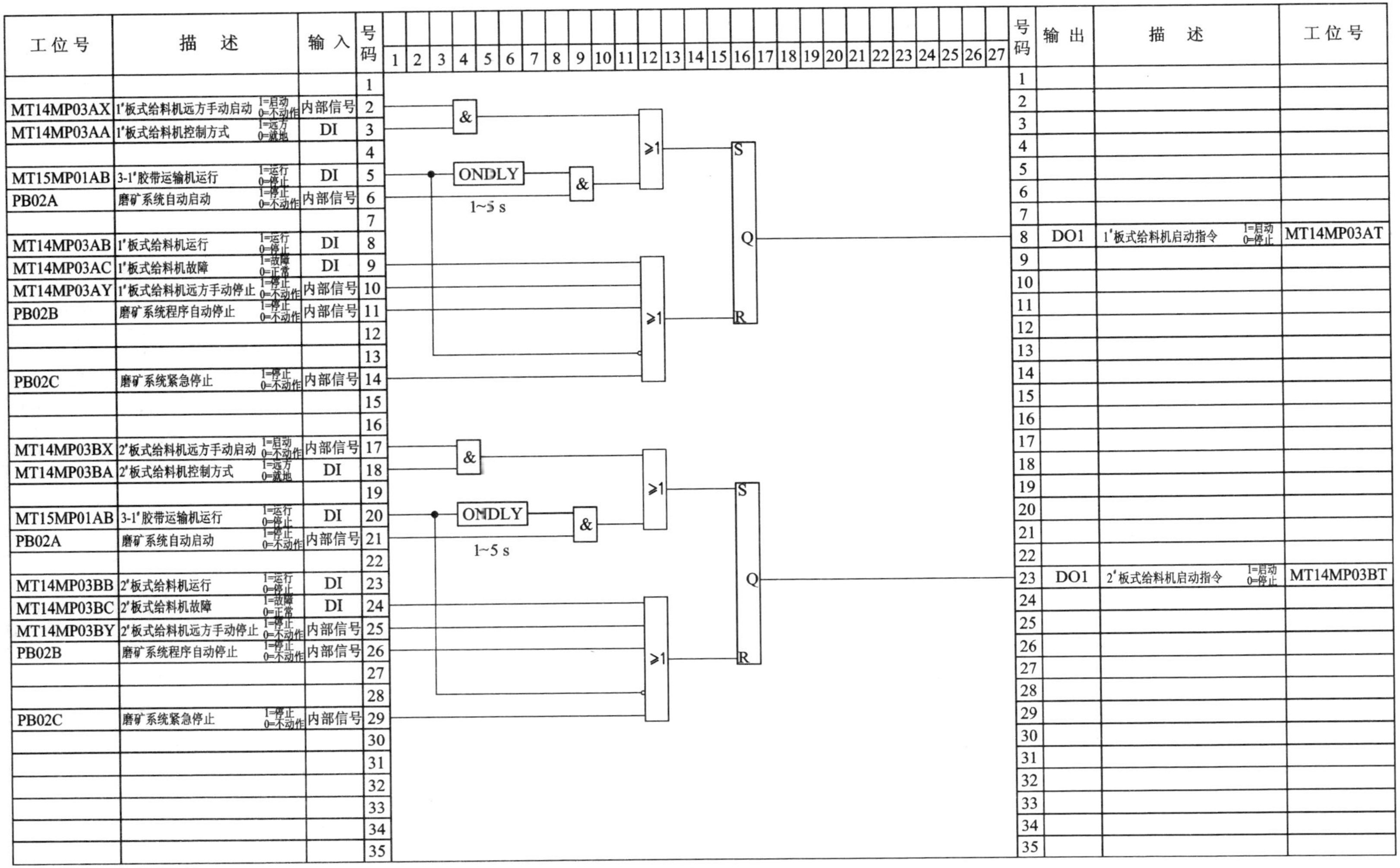

工位号	描述		输入	号码
				1
MT14MP03AX	1#板式给料机远方手动启动	1=启动 0=不动作	内部信号	2
MT14MP03AA	1#板式给料机控制方式	1=远方 0=就地	DI	3
				4
MT15MP01AB	3-1#胶带运输机运行	1=运行 0=停止	DI	5
PB02A	磨矿系统自动启动	1=停止 0=不动作	内部信号	6
				7
MT14MP03AB	1#板式给料机运行	1=运行 0=停止	DI	8
MT14MP03AC	1#板式给料机故障	1=故障 0=正常	DI	9
MT14MP03AY	1#板式给料机远方手动停止	1=停止 0=不动作	内部信号	10
PB02B	磨矿系统程序自动停止	1=停止 0=不动作	内部信号	11
				12
				13
PB02C	磨矿系统紧急停止	1=停止 0=不动作	内部信号	14
				15
				16
MT14MP03BX	2#板式给料机远方手动启动	1=启动 0=不动作	内部信号	17
MT14MP03BA	2#板式给料机控制方式	1=远方 0=就地	DI	18
				19
MT15MP01AB	3-1#胶带运输机运行	1=运行 0=停止	DI	20
PB02A	磨矿系统自动启动	1=停止 0=不动作	内部信号	21
				22
MT14MP03BB	2#板式给料机运行	1=运行 0=停止	DI	23
MT14MP03BC	2#板式给料机故障	1=故障 0=正常	DI	24
MT14MP03BY	2#板式给料机远方手动停止	1=停止 0=不动作	内部信号	25
PB02B	磨矿系统程序自动停止	1=停止 0=不动作	内部信号	26
				27
				28
PB02C	磨矿系统紧急停止	1=停止 0=不动作	内部信号	29
				30
				31
				32
				33
				34
				35

1 2 3 4 5 6 7 8 9 10 11 12 13 14 15 16 17 18 19 20 21 22 23 24 25 26 27

& ONDLY 1~5 s & ≥1 ≥1 S Q R

& ONDLY 1~5 s & ≥1 ≥1 S Q R

号码	输出	描述		工位号
1				
2				
3				
4				
5				
6				
7				
8	DO1	1#板式给料机启动指令	1=启动 0=停止	MT14MP03AT
9				
10				
11				
12				
13				
14				
15				
16				
17				
18				
19				
20				
21				
22				
23	DO1	2#板式给料机启动指令	1=启动 0=停止	MT14MP03BT
24				
25				
26				
27				
28				
29				
30				
31				
32				
33				
34				
35				

图2-12　1#、2#板式给料机控制逻辑图

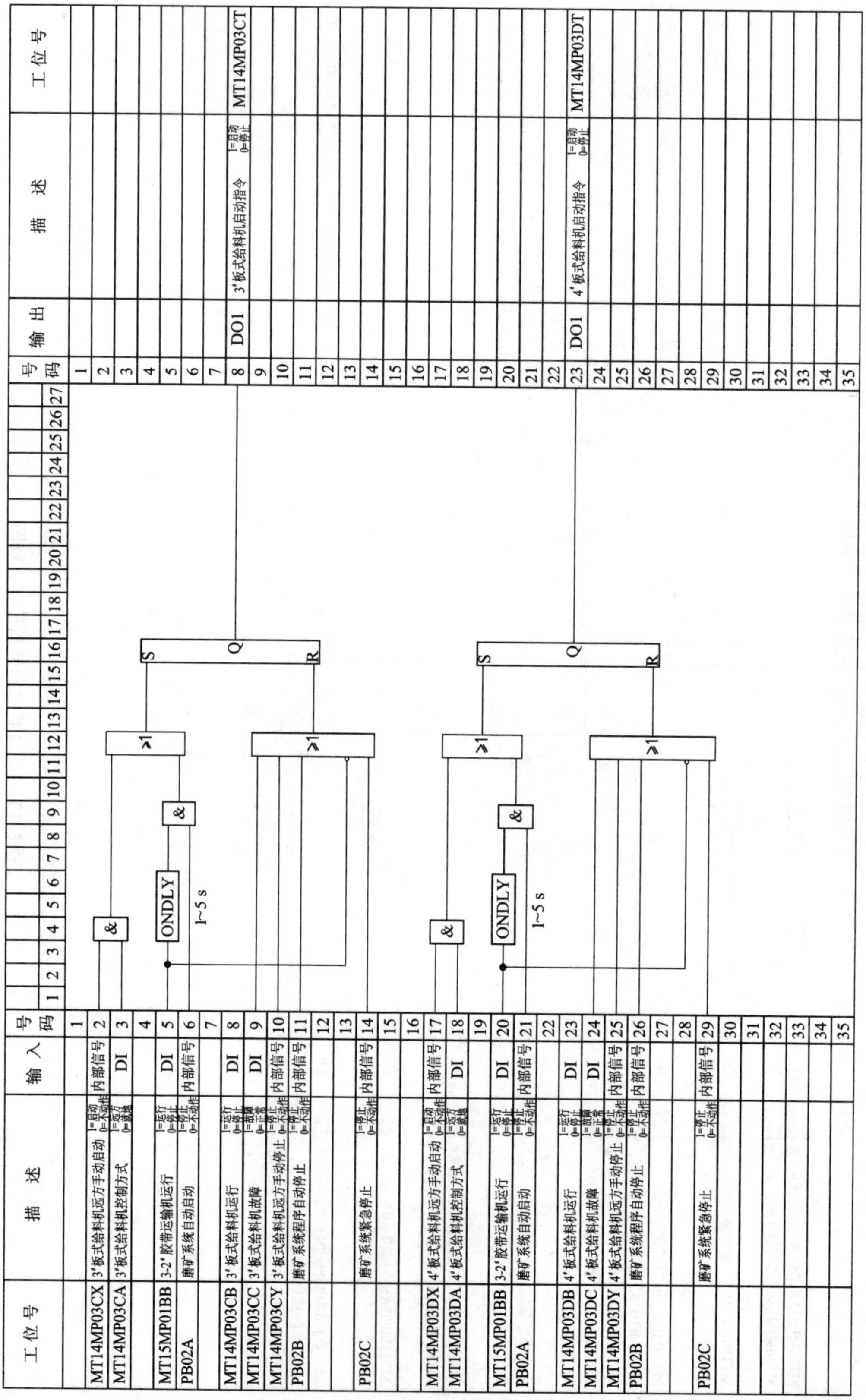

工位号	描述		输入	号码	输出	描述		工位号
				1				
MT14MP03CX	3#板式给料机远方手动启动	1=启动 0=不动作	内部信号	2				
MT14MP03CA	3#板式给料机控制方式	1=远方 0=就地	DI	3				
				4				
MT15MP01BB	3-2#胶带运输机运行	1=运行 0=停止	DI	5				
PB02A	磨矿系统自动启动	1=停止 0=不动作	内部信号	6				
				7				
MT14MP03CB	3#板式给料机运行	1=运行 0=停止	DI	8	DO1	3#板式给料机启动指令	1=启动 0=停止	MT14MP03CT
MT14MP03CC	3#板式给料机故障	1=故障 0=正常	DI	9				
MT14MP03CY	3#板式给料机远方手动停止	1=停止 0=不动作	内部信号	10				
PB02B	磨矿系统程序自动停止	1=停止 0=不动作	内部信号	11				
				12				
				13				
PB02C	磨矿系统紧急停止	1=停止 0=不动作	内部信号	14				
				15				
				16				
MT14MP03DX	4#板式给料机远方手动启动	1=启动 0=不动作	内部信号	17				
MT14MP03DA	4#板式给料机控制方式	1=远方 0=就地	DI	18				
				19				
MT15MP01BB	3-2#胶带运输机运行	1=运行 0=停止	DI	20				
PB02A	磨矿系统自动启动	1=停止 0=不动作	内部信号	21				
				22				
MT14MP03DB	4#板式给料机运行	1=运行 0=停止	DI	23	DO1	4#板式给料机启动指令	1=启动 0=停止	MT14MP03DT
MT14MP03DC	4#板式给料机故障	1=故障 0=正常	DI	24				
MT14MP03DY	4#板式给料机远方手动停止	1=停止 0=不动作	内部信号	25				
PB02B	磨矿系统程序自动停止	1=停止 0=不动作	内部信号	26				
				27				
				28				
PB02C	磨矿系统紧急停止	1=停止 0=不动作	内部信号	29				
				30				
				31				
				32				
				33				
				34				
				35				

图2-13 3#、4#板式给料机控制逻辑图

2.4　生产操作

2.4.1　开车前的准备

(1)检查所有设备是否准备就绪。

(2)检查要运行的设备供电是否正常(操作箱内电源指示灯是否亮)。

(3)检查矿浆池内是否有杂物，以免堵塞泵的吸入口。

(4)浸前浓密机是否启动。

2.4.2　设备启动(逆向启动)

本系统有 6 台运行设备，根据“逆向启动”的原则，应该先启动最后的一台设备，即“筛下输送泵”。

启动顺序：筛下输送泵→高频振动筛→振动筛给料泵→半自磨机→3#皮带输送机→板式给料机。

但长期以来，生产工人都是按下列顺序来启动设备的。

半自磨机→3#皮带输送机→板式给料机→高频振动筛→振动筛给料泵→筛下输送泵。

前面三台设备的启动顺序是绝对不能搞错的，后面三台设备的启动顺序没有太大的问题，前后相差也只不过几分钟。

注：为了防止浸前浓密机因矿浆压死耙子，在启动磨矿系统设备之前必须先启动浸前浓密机(浸前浓密机属于浸前脱水工序)。

1. 启动半自磨机

半自磨机是一个系统设备，由多台辅助设备组成，这些辅助设备的启动也一定要按照一定的先后顺序进行。

半自磨机的启动一般分两步进行：①启动慢传系统；②慢传运行正常后，停止慢传，再启动高压电机。

通常的启动顺序：低压油泵→高压油泵→空压机→大齿轮自动润滑装置(喷射装置)→慢传系统→“空气离合器”。

空气离合器合上，半自磨机就开始慢慢转动了。

半自磨机在正常慢转两圈以后，再停止慢传系统，启动高压电机。

顺序：停止空气离合器→停止慢传系统→主开关送电→启动高压电机→启动“空气离合器”。

空气离合器合上，半自磨机就开始正常转动了。

说明：

(1)半自磨机有两台低压油泵，两台高压油泵，都是一用一备，只需选择其中一台运行(以 2#泵为主)。

(2)低压油泵、高压油泵、慢传电机、空气离合器都即可以在现场启动，也可以在 PLC 的操作显示屏上启动。若要在现场启动，就要将现场操作箱上的转换开关掷于“本地”位置(右边)，按下绿色“启动”按钮，该设备就启动运行了；若要在 PLC 的操作显示屏上启动，就要将现场操作箱上的转换开关掷于“远程”位置(左边)，在PLC的操作显示屏上调出相关画面，用手指触摸该设备的绿色“启动”方框，回车后该设备就启动运行了。

现场操作箱上没有设备运行指示灯，在低压电气控制柜门上有设备运行指示灯(绿色)。

启动空压机：将低压电气控制柜内的电源开关(QM9)合上，空压机就启动运行。

启动大齿轮自动润滑装置(喷射装置)：

将大齿轮自动润滑装置门上的开关掷于“开始”位置(左边)，大齿轮自动润滑装置就自动开始工作。

2. 启动3#皮带运输机和板式给料机

启动方法同“矿石破碎工序”。

3. 启动高频振动筛

将现场控制柜上的第一个红色按钮向下按下，即高频振动筛处于“本地”启动位置；再将第二个红色按钮向上按下，高频振动筛就启动运行了，现场控制柜上的绿灯亮。

4. 启动振动筛给矿泵(磨机排料泵)和振动筛下输送泵

一般泵的启动分三步：

(1)打开泵出口阀

(2)按下启动按钮

(3)打开泵进口阀

此时打开磨机进矿口处的补水阀、磨机排矿口处的补水阀、振动筛上部的补水阀，根据情况进行补水。

系统启动完毕，开始正常生产。

注：浸前浓密机的操作、选矿回水泵的操作、加药装置的操作都由浸前脱水工序进行。

2.4.3 正常停车(顺向停止)

停止顺序：板式给料机→3#皮带输送机→半自磨机→振动筛给料泵→高频振动筛→筛下输送泵。

(1)板式给料机和3#皮带输送机的停止方法同“矿石破碎系统”。

(2)停止半自磨机。

停车顺序：①停止空气离合器，高压电机和磨机本体断开连接，磨机本体停止运转(因惯性还要运转一段时间)。②停止大齿轮自动润滑装置(喷射装置)。③停止主电机。④停止空压机。⑤停止油泵(轴承的油温下降到正常室温后才能停止油泵)。

磨机系统停车完毕。

(3)停止振动筛给矿泵(磨机排料泵)与筛下输送泵一般泵的停止分三步：①按下停止按钮；②关闭泵出口阀；③关闭泵进口阀。

注：要将矿浆池内的剩余矿浆抽到最低液位时才能停泵，否则矿浆会沉淀结块。

2.4.4 日常检查内容

(1)清理设备上漏下的矿石。

(2)板式给料机的下料口处因水分太多容易堵塞，注意观察及时清除。

(3)在板式给料机的下料口处发现异物要及时清除。

(4)防止皮带跑偏。

(5)皮带机上有杂物要及时清除，以防止损伤皮带。

(6)运行设备有无不正常的声音等。

(7)经常观察 PLC 监控画面上的各种参数。

(8)根据各处矿浆的浓度控制加水量。

(9)严密监视浸前浓密机的压力，若压力大于 1.5 MPa，则要停止磨矿系统，否则会使浸前浓密机的耙子压死。

(10)根据情况控制加药量。

(11)遇到紧急情况可拉皮带边的拉绳开关，使运行的皮带机马上停止运行。

(12)不要从运行的皮带上跨过。

(13)所有设备的现场操作箱或机旁控制柜上都有紧急停止按钮，遇到紧急情况可以按下这些紧急停止按钮，运行设备马上自动停止。

2.5 投产以来的技术改造

(1)原设计两台振动筛给矿泵共用一条输送料浆管道，两台筛下输送泵也是共用一条输送料浆管道。但在生产过程中，发现管道堵塞、磨损严重，只要是管道堵了就要停产检修。后来将每台泵的输送料浆管道都单独分开，这样就大大地提高了作业率。

(2)将4台中板给料机变频器的输出频率信号反馈到 DCS 系统，使生产工人在仪表室就可以对中板给料机的频率进行监视和控制。

(3)由于在湿式半自磨机的排料口没有设计安装过滤器，在生产过程中，磨机的废钢球、矿石中的废旧金属等废弃杂物混进矿浆池，经常堵塞、损坏振动筛给矿泵。后来，在磨机的排料口增加了一个过滤器，定期清理这些废弃杂物，以后再也没有发生过因此原因堵塞、损坏振动筛给矿泵的故障。

(4)3 台高频振动筛的筛上物是没有磨碎的颗粒比较大的碎矿，原设计是一条封闭的 DN250 的管道，在生产过程中经常发生管道堵塞现象，由于是封闭的管道，无法进行疏通。后来，对此进行了改造，将原来封闭的 DN250 的管道改为槽式(上部敞开、下面是 DN300 的半圆形管道)，再也没有发生过管道堵塞现象，即使有时有堵塞现象，由于管道上面是敞开的，很容易疏通(见图 2－14 高频振动筛下料管改造)。

图 2－14　高频振动筛下料管改造

(5)原设计高频振动筛的筛网孔径是 0.7 mm，由于颗粒比较大，在浆化、浸出时非常容易沉淀，矿石的浸出率也不高。后来将筛网孔径改为 0.5 mm，在浆化、浸出时的沉淀现象就少得多，矿石的浸出率也有大的提高。计划将筛网孔径改为 0.3 mm，则基本不会产生沉槽现象，不过，这样将使湿式半自磨机的生产能力有所下降。

(6)半自磨机的工作是由 PLC 系统进行监控和联锁的，厂家在设计 PLC 系统时，为了安全可靠起见，在每个模拟输入回路都增加了信号隔离器，即将现场来的模拟信号与 PLC 的输入回路之间进行了隔离，从而可靠的保护了 PLC 系统的安全。

这样做带来两个问题：

(1)由于接线的接点增加，增加了故障可能发生的地方。

(2)一个 DC24 电源同时给信号隔离器和现场的一次仪表供电，两个地方都感觉到供电量不足，经常出现仪表指示故障，致使半自磨机联锁停车。

咨询信号隔离器生产厂家，也认为问题确实存在，并提供了解决问题的办法，但经实施改造后仍不能解决问题，问题还是时有发生。

将这 32 个信号隔离器全部拆除，现场来的模拟输入信号直接进到 PLC 的输入回路，DC24 电源只给现场的一次仪表供电。这样改造后再也没有出现过以前类似的问题了。

第 3 章　浸前脱水工序

本工序功能是将磨矿系统送来的矿浆进行脱水。脱了水的矿浆送往浆化浸出工序，清水则返回水循环系统。

3.1　工艺流程

浸前脱水工序的工艺流程图见图 3－1。

为了降低后面工序酸性水的处理，在矿浆浸出前采用了浓密机＋带式过滤机的方式进行脱水，将大量的清水返回到循环水系统。

来自磨矿系统高频振动筛的筛下矿浆经泵送至浓密机下部，在絮凝剂的作用下，被浓缩的浆料慢慢分层，矿浆沉向浓密机底部，被安装在漏斗处的排料泵排走，送至带式过滤机前的矿浆分配器，而水则向上溢流到集水池。

由于单台带式过滤机的能力有限，故这里用了四台真空带式过滤机同时工作，用一个矿浆分配器，将被脱水矿浆同时分配至四台带式过滤机中脱水。

真空泵将过滤布下抽成真空，矿浆中的水透过过滤布被吸到集液罐里，一个过滤周期后排水阀打开，滤液从集液罐里出来，流到地坑里，经滤液输送泵返回浓密机；滤饼则经 4# 皮带输送机送至浆化、浸出系统。

真空带式过滤机是由西门子公司的 PLC 系统进行程序控制的，其主电机是由台安公司的变频器控制的，可以根据滤渣含水程度对皮带的速度进行无级调速，最高速度是 50 Hz。

为了加快浓密机里矿浆的沉淀，用了一套加药系统，定期加入一定量的絮凝剂。加药系统也是用西门子公司的 PLC 系统进行程序控制的。

3.2　工序设备

3.2.1　主要设备

1. 真空带式过滤机(4 台)

工位号：CC16MP01A～D；生产厂家：山东核工业烟台同兴实业有限公司。型号：DU－60 m^2/3500；过滤机面积 60 m^2；功率：11 kW。由西门子公司的 PLC 系统进行程序控制，头轮电机由台安公司的变频器控制，可以在 0～50 Hz 进行无级调速。

2. 带式过滤机真空泵(4 台)

工位号：P16MP01A～D；生产厂家：核工业部烟台实业公司。型号：ZBE3500；流量：150 m^3/min；真空：16000 Pa；转速：280 r/min；功率：185 kW。电机由施耐德公司的软启动器降压启动。

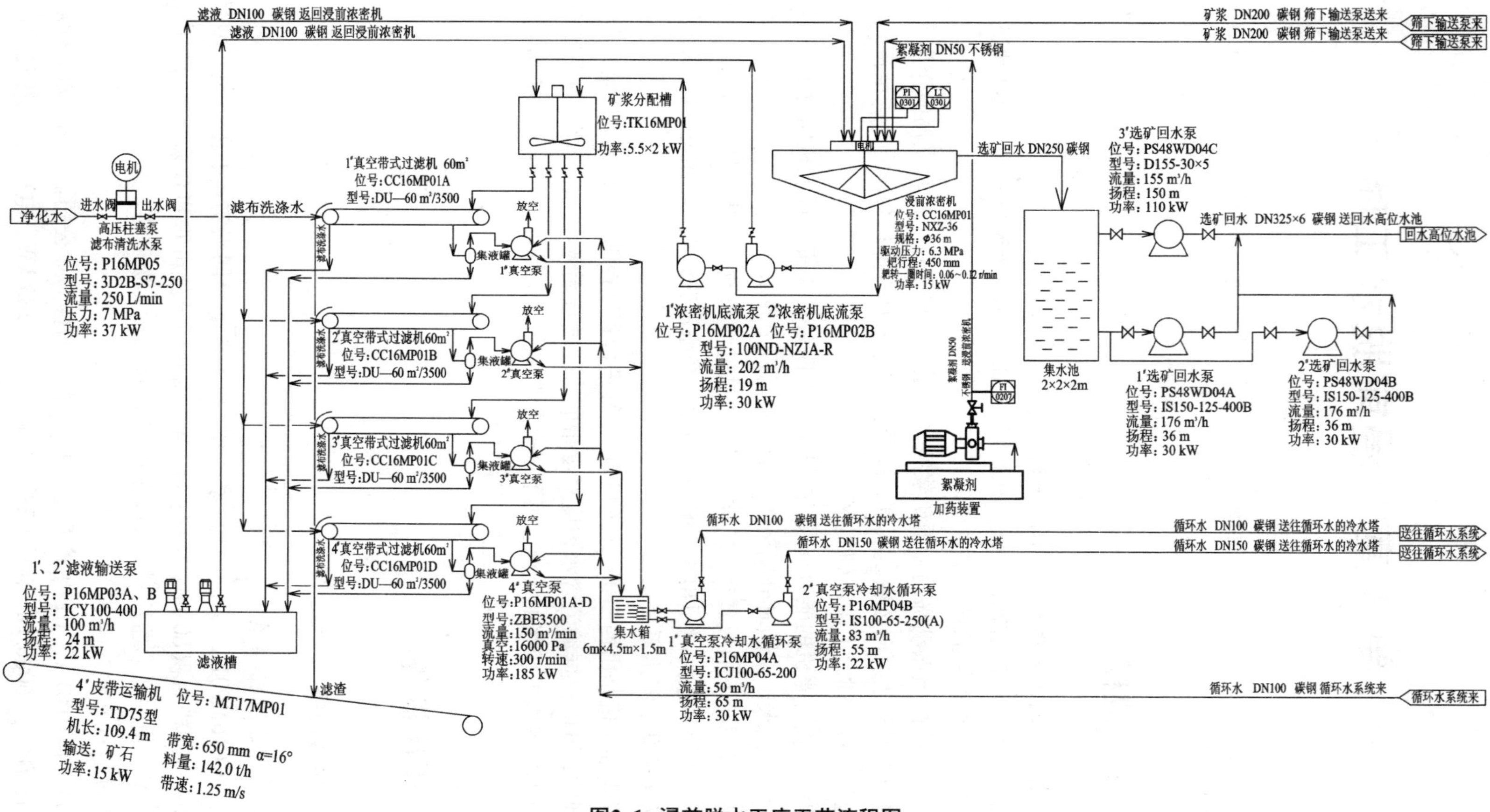

图3-1 浸前脱水工序工艺流程图

3. 浓密机底流泵(2台)

工位号：P16MP02A ~ B；生产厂家：江西耐普实业公司。型号：100ND – NZJA – R；流量：202 m^3/h；扬程：19 m；功率：30 kW。

4. 滤液输送泵(2台)

工位号：P16MP03A ~ B；生产厂家：无锡斯普流体公司。型号：ICY100 – 400；流量：100 m^3/h；扬程：24 m；功率：22 kW。

5. 真空泵冷却水循环泵(2台)

(1)工位号：P16MP04A；生产厂家：无锡斯普流体设备公司。型号：ICJ100 – 65 – 200；流量：50 m^3/h；扬程：65 m；功率：30 kW。

(2)工位号：P16MP04B；生产厂家：石家庄强大泵业集团公司。型号：IS100 – 65 – 250 (A)；流量：83 m^3/h；扬程：55 m；功率：22 kW。

6. 滤布清洗水泵

工位号：P16MP05；滤布清洗水泵是一台高压柱塞泵，由高压水泵和润滑油泵组成。生产厂家：中国天津天工工程机械有限公司。型号：3D2B – S7 – 250；流量：250 L/min；压力：7 MPa；功率：37 kW。

7. 选矿回水泵(3台)

工位号：PS48WD04A – B；生产厂家：石家庄强大泵业集团公司。型号：IS150 – 125 – 400B；流量：176 m^3/h；扬程：36 m；功率：30 kW。

工位号：PS48WD04C；生产厂家：石家庄强大泵业集团公司。型号：D155 – 30 × 5；流量：155 m^3/h；扬程：150 m；功率：110 kW。由施耐德公司软启动器降压启动。

8. 浸前浓密机

工位号：CC16MP01；生产厂家：安徽淮北中芬矿山机器公司。型号：NXZ – 36；规格：ϕ36 m；驱动压力：6.3 MPa；耙子行程：450 mm；耙转一圈时间：0.06 ~ 0.12 r/min；功率：18 kW。由西门子公司的PLC系统进行程序控制。

9. 加药装置

加药装置是浓密机厂家随浓密机带来的设备，定期往浓密机里投加絮凝剂，使得浓密机里的料浆很快沉淀。

加药装置由西门子公司的PLC系统进行程序控制，加药泵由台达公司的变频器控制，其速度在0 ~ 50 Hz连续可调。

3.2.2 主要设备介绍

1. 浓密机

(1)浓密机的组成结构

浓密机是用不锈钢板焊接成的一个圆筒，圆筒上部敞开，圆筒下部是圆锥形漏斗。内径36 m，中间有一个圆筒，用于矿浆的进料；圆锥形漏斗下部有两处接排料泵的接口；安装在中心轴上的耙子由PLC控制的电动液压马达驱动。整个浓密机架在约3 m高的台子上，以方便下部排料泵的连接(见图3 – 2)。

(2)浓密机的工作原理

启动电机后，油泵开始工作，驱动液压马达，浓密机开始运转。待浓缩的浆料从中间圆筒进入浓密机下部，在絮凝剂的作用下，被浓缩的浆料慢慢分层，泥浆沉向浓密机底部，被安装在漏斗处的排料泵排走，溶液则向上溢流到集水池。

当沉淀在浓密机底部的物料增多时，耙架刮泥的阻力加大，运行压力升高，当压力达到 4 MPa 时，压力继电器、电磁阀、延时继电器动作，切断供给液压马达的油路，此时主轴停止转动。提耙油缸将耙架提升，延时 3 ~ 5 秒，此时电磁阀再次动作，恢复向液压马达供油，耙架即在此高度上运转。若压力减小到 4 MPa 以下时不再提耙。随着工作阻力的减小，耙架逐步慢慢下降到正常工作位置，当工作压力再次升高到允许值时，耙架会再次提升。重复以上动作，达到自动提耙、降耙的目的。

当耙架的工作阻力继续增大，耙架上升接近极限位置时，行程开关动作，切断电源，浓密机停止运行。此时应排除故障，再手动开机。调节油泵的油流量可以调节耙架的转速，一般是 15 ~ 25 分钟一圈。

浓密机的运行压力通过压力变送器输出 4 ~ 20 mA DC 电流信号，对提耙、落耙、过载进行准确的判断，驱动液压机构带动刮集装置提升、下降、或停止运行。还有位移传感器用于指示耙架当前的高度。

图 3－2　浓密机

图 3－3　真空带式过滤机

2. 真空带式过滤机

(1) 真空带式过滤机

真空带式过滤机是以真空为动力实现固－液分离的一种分离设备，是一种自动化程度高的新型过滤设备，真空带式过滤机以滤布作为过滤介质，过滤性能强、适应能力好，可以处理多种固液混合浆料，因此真空带式过滤机在工业生产领域有着广泛的应用。

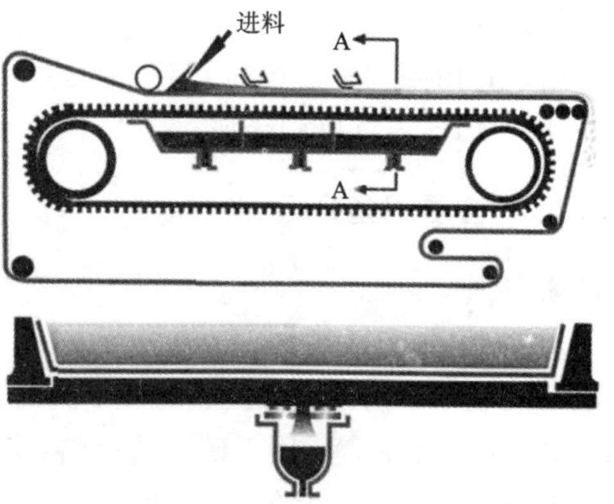

图 3－4　真空带式过滤机结构简图

胶带在真空盒上移动，真空盒与胶带间形成动密封的结构形式，实现了真正意义上的连续运行、连续过滤。生产过程的过滤、洗涤、卸渣、滤布清洗等随胶带的运行可依次完成。

(2) 真空带式过滤机的结构

带式过滤机由橡胶滤带、真空箱、驱动辊、胶带支承台、进料斗、滤布调偏装置、驱动装置、滤布洗涤装置、机架和真空泵等部件组成。它是充分利用物料重力和真空吸力实现固液分离的高效设备(见图3-3)。

(3)真空带式过滤机的工作原理

如图3-4所示，环形胶带由电机经减速拖动连续运行，滤布铺敷在胶带上与之同步运行。胶带与真空室滑动接触(真空室与胶带间有环形摩擦带并通入水形成水密封)，当真空室接通真空系统时，在胶带上形成真空抽滤区；料浆由布料器均匀地布在滤布上，在真空的作用下，滤液穿过滤布经胶带上的横沟槽汇总并由小孔进入真空室，固体颗粒被截留而形成滤饼；进入真空的液体经汽水分离器排出。随着橡胶带移动已形成的滤饼依次进入滤饼洗涤区、吸干区；最后滤布与胶带分开，在卸滤饼辊处将滤饼卸出；卸除滤饼的滤布经清洗后再生；再经过一组支承辊和纠偏装置后重新进入过滤区。

3. 高压柱塞泵

柱塞泵是往复泵的一种，属于体积泵，工作原理和我们常用的自行车打气筒差不多。

其柱塞靠泵轴的偏心转动驱动，往复运动，其吸入和排出阀都是单向阀。当柱塞外拉时，工作室内压力降低，出口阀关闭，低于进口压力时，进口阀打开，液体进入；柱塞内推时，工作室压力升高，进口阀关闭，高于出口压力时，出口阀打开，液体排出。当传动轴带动缸体旋转时，斜盘将柱塞从缸体中拉出或推回，完成吸排水过程。柱塞与缸孔组成的工作空腔中的水通过配油盘分别与泵的吸、排水腔相通。变量机构用来改变斜盘的倾角，通过调节斜盘的倾角可改变泵的排量。

3.3　自动控制、仪表监测、设备联锁系统

3.3.1　选矿DCS自动控制系统

本系统的监控和联锁都由设立在选矿仪表室的DCS系统进行，控制柜设立在浸前脱水系统配电室，通过光纤和设立在选矿仪表室的DCS系统通信，进行数据交换。

4台真空带式过滤机是采用西门子公司的S7-200系列PLC自动控制，对带式过滤机各种辅助设备进行自动控制，对各种跑偏进行监控、纠正和报警。

浓密机是采用西门子公司的S7-200系列PLC自动控制，根据压力的变化自动调整耙子的高度，超过设计压力则将耙子全部提起，以防止压耙，并对耙子的压力和现在位置进行指示。

浓密机的加药装置也是采用西门子公司的S7-200系列PLC自动控制，对加药的全过程进行程序控制。加药泵采用台达公司的VFD-E系列变频器无级调速，只能在现场手动启动和调速，仪表室只能进行监视。

3.3.2　仪表监测系统

1. PI0301 浓密机耙子压力

压力变送器，西门子公司生产，量程：0~10 MPa。

2. LI0301 浓密机耙子高度

位置传感器，西门子公司生产，量程：0～500 mm。

3. FI0207 浓密机加药量

根据泵的流量和频率计算，量程：0～50 L/min。

3.3.3 设备联锁系统

本工序有 2 台设备参与联锁。

4[#]皮带运输机联锁 4 台真空带式过滤机和 2 台浓密机底流泵，即 4[#]皮带运输机不启动，4 台真空带式过滤机和 2 台浓密机底流泵都不能启动运行；若 4[#]皮带运输机因故停止，4 台真空带式过滤机和 2 台浓密机底流泵都自动停止运行。

联锁逻辑如图 3－5、图 3－6 所示。

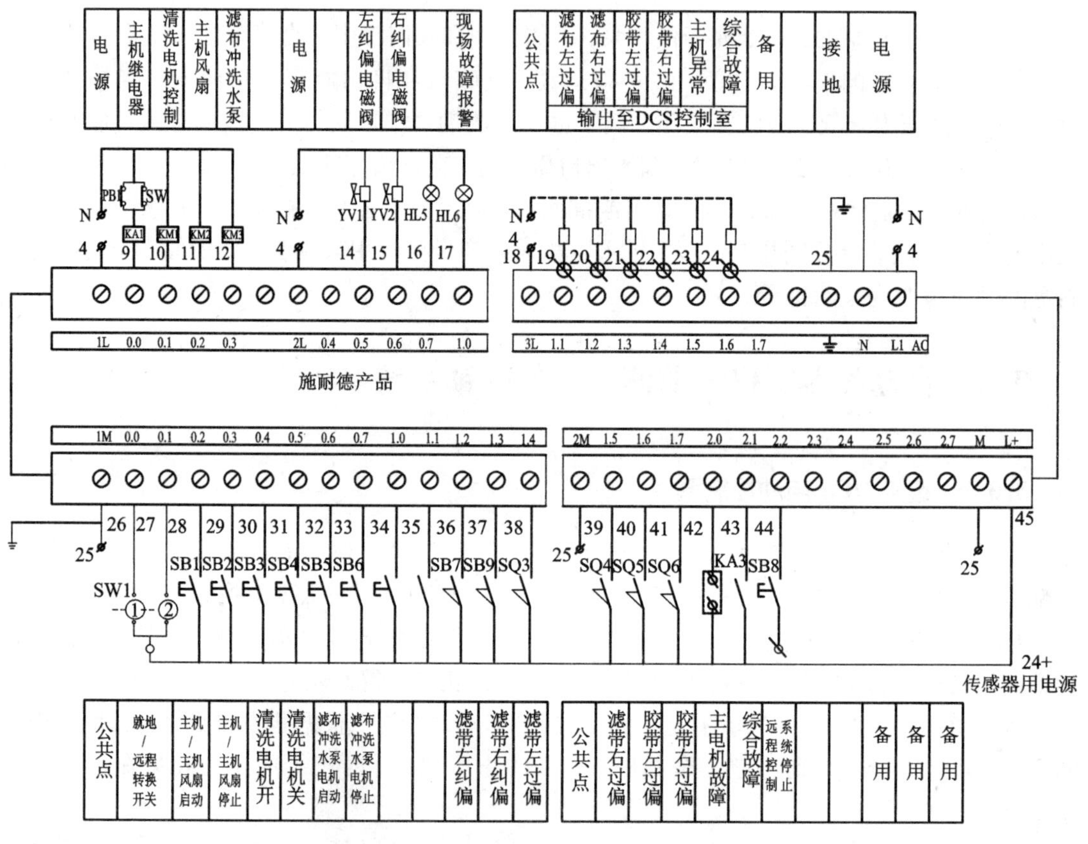

图 3－5 真空带式过滤机联锁控制逻辑图

联锁说明：图中 KA1 是真空带式过滤机的主继电器。具体来说，KA1 得电则真空带式过滤机运行，KA1 失电则真空带式过滤机停止。

在 KA1 的电源回路内串接了两个并联的开关：一个是 4[#]皮带运输机的运行信号，作为联锁信号用；另外一个是普通按钮开关，作为解除联锁信号用。

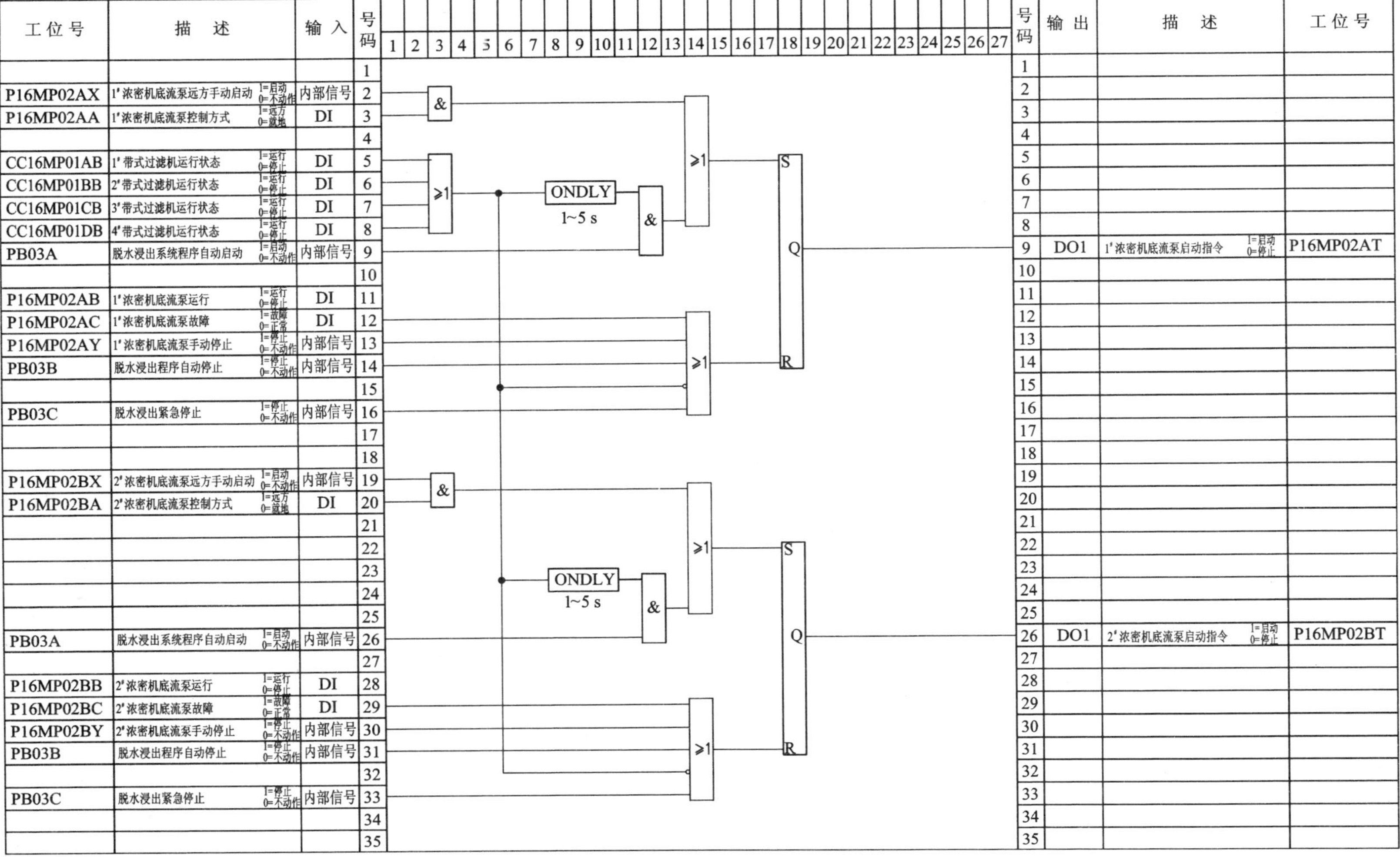

工位号
描　述
输　入
号码
输　出
P16MP02AX 1'浓密机底流泵远方手动启动 1=启动 0=不动作 内部信号
P16MP02AA 1'浓密机底流泵控制方式 1=远方 0=就地 DI
CC16MP01AB 1'带式过滤机运行状态 1=运行 0=停止 DI
CC16MP01BB 2'带式过滤机运行状态 1=运行 0=停止 DI
CC16MP01CB 3'带式过滤机运行状态 1=运行 0=停止 DI
CC16MP01DB 4'带式过滤机运行状态 1=运行 0=停止 DI
PB03A 脱水浸出系统程序自动启动 1=启动 0=不动作 内部信号
P16MP02AB 1'浓密机底流泵运行 1=运行 0=停止 DI
P16MP02AC 1'浓密机底流泵故障 1=故障 0=正常 DI
P16MP02AY 1'浓密机底流泵手动停止 1=停止 0=不动作 内部信号
PB03B 脱水浸出程序自动停止 1=停止 0=不动作 内部信号
PB03C 脱水浸出紧急停止 1=停止 0=不动作 内部信号
P16MP02BX 2'浓密机底流泵远方手动启动 1=启动 0=不动作 内部信号
P16MP02BA 2'浓密机底流泵控制方式 1=远方 0=就地 DI
PB03A 脱水浸出系统程序自动启动 1=启动 0=不动作 内部信号
P16MP02BB 2'浓密机底流泵运行 1=运行 0=停止 DI
P16MP02BC 2'浓密机底流泵故障 1=故障 0=正常 DI
P16MP02BY 2'浓密机底流泵手动停止 1=停止 0=不动作 内部信号
PB03B 脱水浸出程序自动停止 1=停止 0=不动作 内部信号
PB03C 脱水浸出紧急停止 1=停止 0=不动作 内部信号
&
≥1
ONDLY
1~5 s
S
Q
R
DO1 1'浓密机底流泵启动指令 1=启动 0=停止 P16MP02AT
DO1 2'浓密机底流泵启动指令 1=启动 0=停止 P16MP02BT

图3-6　浓密机底流泵联锁控制逻辑图

正常时，PB 是断开的，设备处于联锁状态，KA1 受 4[#]皮带运输机的运行信号 SW 控制，即 4[#]皮带运输机不启动，真空带式过滤机不能启动运行；若 4[#]皮带运输机因故停止，真空带式过滤机马上自动停止运行。

若在检修和其他状态下，4[#]皮带运输机不运行时要启动真空带式过滤机，就要解除联锁。这时，将按钮开关 PB 掷于"ON"，就可以正常启动带式过滤机了。

3.4 生产操作

3.4.1 开车前的准备

(1)检查所有设备是否准备就绪。

(2)检查要运行的设备供电是否正常(操作箱内电源指示灯是否亮)。

(3)检查地坑内是否有杂物，以免堵塞泵的吸入口。

(4)4[#]皮带运输机是否启动运行。

(5)给真空泵供冷却水的循环水系统是否启动。

(6)启动带式过滤机之前，一定要先打开真空盒密封水和压缩空气，确保滑台内有密封水流动后，再启动带式过滤机主机。

(7)启动真空泵，真空泵由低速转换为高速后，开启真空泵密封水，调整密封水量适宜。

注意：当突然停电，再次来电后，应先启动过滤机主机，胶带处于运行状态后，才能启动真空泵。否则：先启动真空泵，真空力和滤布上的物料重量全部压在摩擦带和真空盒上。再启动过滤机主机，摩擦带与滑台之间形成很大的阻力，容易损坏摩擦带、滑台、真空盒等部件。

3.4.2 设备启动(逆向启动)

本系统有 6 台运行设备，要严格按照"逆向启动"的原则进行操作。在启动浸前脱水系统设备之前必须先启动选矿车间循环水系统和 4[#]皮带运输机。

启动顺序：带式过滤机→真空泵冷却水循环泵→真空泵→滤布清洗水泵→滤液输送泵→浓密机底流泵。

这些设备的启动都是常规的，没有什么特别的地方。

注意：在启动某台带式过滤机时，一定要将矿浆分配槽里面该台带式过滤机进液管上的进液塞子向上提起，使滤料液流进入带式过滤机。

另外，浸前浓密机(包括加药装置)和选矿回水泵都是属于本系统管理的。下面对浸前浓密机(包括加药装置)的操作进行简单介绍。

1. 浸前浓密机

浓密机的启动有手动和自动两种：

(1)手动启动

- 按下现场控制箱中间排左边第一个绿色按钮，给系统送电。
- 将现场控制箱中间排左边第二个转换开关放在手动位置(左边)。
- 按下现场控制箱中间排右边第一个绿色按钮，提耙点动，手松开即停止。

- 按下现场控制箱下边排右边第一个绿色按钮，落耙点动，手松开即停止。

(2)自动启动

- 按下现场控制箱中排左边第一个绿色按钮，给系统送电。
- 将现场控制箱中排左边第二个转换开关放在自动位置(右边)，现场控制箱上排左边第一个绿色“自动状态”灯亮。
- 系统将根据耙子的压力自动调整耙子的高度。

通常是在自动状态下控制。

2. 加药装置

加药装置是浓密机厂家带来的设备，它的启动也有手动启动和自动启动两种：

(1)手动启动

- 按下现场控制箱中排左边第一个绿色按钮，给系统送电。
- 将现场控制箱上排左边第一个转换开关放在“手动”位置(右边)。
- 按下现场控制箱中排左边第二个绿色按钮：加水开。
- 到水位后按下现场控制箱中排左边第三个绿色按钮：搅拌开。
- 加入药剂。
- 按下现场控制箱中排左边第四个绿色按钮：鼓风开。
- 按下现场控制箱中排左边第五个绿色按钮：螺旋开。
- 按下现场控制箱中排左边第六个绿色按钮：储存开。
- 将现场控制箱上排右边第一个“药泵”转换开关放在“开”的位置(右边)。
- 根据泵的转速指示，顺时针调节变频器的转速设定，使其在要求范围之内。

手动加药启动结束。

(2)自动启动

- 按下现场控制箱中排左边第一个绿色按钮，给系统送电。
- 将现场控制箱上排左边第一个转换开关放在“自动”位置(右边)。
- 将现场控制箱上排右边第一个“药泵”转换开关放在“开”的位置(右边)。
- 加入药剂。
- 根据泵的转速指示，顺时针调节变频器的转速设定，使其在要求范围之内。

加药系统就在 PLC 的控制下全自动进行，且通常是在自动状态下控制。

系统投用完毕，开始正常生产。

3.4.3　正常停车(顺向停止)

停止顺序：浓密机底流泵→带式过滤机→滤布清洗水泵→滤液输送泵→真空泵→真空泵冷却水循环泵。

这些设备的停止也都是常规的，没有什么特别的地方。

注意：浓密机底流泵停止以后，要将矿浆分配槽里面带式过滤机进液管上的所有进液塞子向下放下，使滤料液不能流进带式过滤机。

浓密机底流泵停止运行后应打开清洗水阀，将管道内的矿浆冲洗干净。

浸前浓密机一般不停止工作。

3.4.4 日常检查内容

(1)防止皮带跑偏。

(2)运行设备有无不正常的声音等。

(3)根据过滤机的效果调整过滤机的速度。

(4)过滤设备正常运行过程中，应经常查看滤布纠偏是否灵活可靠、排液罐排液情况(听声音就应知道排滤液是否正常)、有无真空盒密封水、滤布冲洗水、真空泵密封水等。

(5)观察排液罐上的大气切换阀和真空切换阀，排液罐密封挡板胶皮，如有损坏及时更换。否则滤液会吸到真空泵内。

(6)经常检查所有的辊轮运转是否灵活，有无不正常的杂音。辊轮主要包括：主动轮、从动轮、胶带上托辊、胶带下托辊、滤布托辊、滤布改向辊、纠偏辊、重力辊、压布辊、胶带定位立辊等。如发现问题，要及时维修。

(7)检查输液管道是否有破损、泄漏、堵塞。

(8)在皮带运输机上有杂物要及时清除，防止划破皮带。

(9)遇到紧急情况可拉皮带边的拉绳开关，使运行的皮带机马上停止运行。

(10)所有设备的现场操作箱或机旁控制柜上都有紧急停止按钮，遇到紧急情况可以按下这些紧急停止按钮，运行设备马上自动停止。

(11)在生产操作过程中要注意安全，不能跨越或从皮带上走过，更不能站在运行的皮带上进行检修工作。

3.5 投产以来的技术改造

(1)由于现场经常停电，加上生产工人大意，浓密机的压力达到最大值(6.3 MPa)而没有发现，致使约3000吨的矿浆全部压在浓密机的耙子上，将耙子全部压死，花了一周的时间才将所有矿浆掏出来。

将耙子的压力信号、耙子的位置信号引到仪表室，生产工人在仪表室的DCS系统上就能看到耙子的压力信号和位置信号，一旦压力上升到危险值就马上停止半自磨机的生产，加大底部矿浆的抽出量。以后再也没有发生过压耙现象。

(2)原设计两台浓密机底流泵共用一条输送料浆管道，但在生产过程中，发现管道堵塞、磨损严重，只要是管道堵了就要停产检修。后来将每台泵的输送料浆管道都单独分开，这样就大大提高了作业率。

(3)原设计两台滤液输送泵也是共用一条输送料浆管道，但在生产过程中，发现这个滤液管道也经常堵塞，将每台泵的输送管道也都单独分开，就解决了问题。

现在，投矿时尽量减少带泥的矿，过滤机的效率也有很大的提高，再也没有发生滤液管道堵塞的现象。

(4)由于矿中带泥较多，泥土黏在滤布上，一般压力的水无法冲洗干净，过滤机的效率太低。

现在改用一台高压柱塞泵，出口压力达7.0 MPa，将黏在滤布上的泥土都冲洗的非常干净，过滤机的效率大大提高了。

（5）两台回水泵无法及时排完浓密机的溢流水，增加一台大功率的多级泵。

（6）在生产过程中，有的操作工不按时往浓密机里加絮凝剂，使得浓密机里料浆和水不能很快的分离。

现在将加药泵的运行信号引至仪表室的 DCS 系统，加药泵加药时有运行记录；另外，我们根据泵的流量参数乘以频率，换算出加药的流量值，此值能进行累积，都在 DCS 系统进行指示和累积。

（7）将带式过滤机的分体式供气改为集中供气。

原来每台真空带式过滤机出厂时都带一台小空压机，空压机经常出故障，压力上不去，影响带式过滤机的正常运行。现在，将小空压机全部拆除，在带式过滤机旁边安装一个压缩空气缓冲罐，接上空压机站的高压压缩空气，再也没有出现过因压缩空气压力低而带式过滤机运行不正常的状况。

第4章　浆化浸出工序

本工序的功能是用硫酸与矿石中的氧化铜起化学反应生成硫酸铜溶液，得到浓度约为13.7 g/L Cu的浸出液，送去萃取系统进行浓缩，也可以说是为萃取工序准备原料的工序。

4.1　工艺流程

浆化浸出工艺流程图如图4－1所示。

4.1.1　浸出

浸出过程是通过一定的物理、化学方法将矿石中需要回收的元素溶解到溶液中，是湿法冶金中的一个关键工序。选择适当的物理和化学条件是至关重要的。

所谓浸出，就是利用适当的溶剂，在一定的条件下使物料中的一种或多种有价成分溶出，而与其中的其他物质分离；或是有选择性的使物料中的某些成分溶解，从而达到分离某些杂质的目的。例如：在一定的条件下，用一定浓度的稀硫酸浸出铜阳极泥，使阳极泥中的铜、硒、镍、砷、锑等都溶解在硫酸里，生成相应的硫酸盐溶液，而黄金、白银等贵重金属则因不溶于硫酸而成为固态。用压滤机去掉杂质溶液，固态的黄金、白银等贵重金属都留在滤渣之中。

铜的浸出是用一定浓度的稀硫酸浸出被研磨得很细的含铜泥浆，使含铜泥浆中的铜生成硫酸铜溶液，而其他各种杂质则因不溶于稀硫酸而成为固态，用浓密机将固态渣和含铜溶液进行分离，去掉无用的固态渣，留下的就是含铜的溶液。

将磨碎的铜矿石(氧化矿)和稀硫酸混合在一起，它们之间就会发生化学反应，生成硫酸铜和水。

化学反应方程式如下：

$$CuO + H_2SO_4(\text{稀}) \longrightarrow CuSO_4 + H_2O$$

离子方程式：

$$CuO + 2H^+ \longrightarrow Cu^{2+} + H_2O$$

这就是铜的浸出，条件是溶液的pH为1.5左右。

硫化矿不能像氧化矿那样进行浸出，必须使用氧化剂将硫氧化为单质硫或硫酸根才能使铜溶出。湿法冶金中常采用氧化剂或热压氧化浸取。有时也用焙烧法，将硫化矿进行高温焙烧，产生的烟气用于生产硫酸，焙烧后的渣就是氧化铜，再进行湿法冶炼，其工艺和氧化矿的湿法冶炼工艺完全一样。

4.1.2　浸出的方法

浸出的方法有很多，堆浸、搅拌槽浸出、就地浸出、薄层浸出、尾矿浸出、微生物浸出等。要根据不同的铜矿资源和有关条件选择不同的浸出方法。

硫酸车间送来
浓硫酸 DN80
碳钢 硫酸车间送来
LIA 0201
硫酸贮槽
ϕ5×5 m
1#硫酸供给泵 位号：P17MP03A
2#硫酸供给泵 位号：P17MP03B
型号：ICT65-50-160
流量：26.5 m³/h
扬程：18 m
功率：11 kW
LIA 0203
硫酸缓冲槽
2×1.5×1.5 m
HC 0201
浓硫酸 DN80 不锈钢
2#可逆皮带运输机 位号：MT17MP02 型号：TD75型
机长：6.00 m 带宽：650 mm
输送：矿 料量：142 t/h
功率：3 kW 带速：1.25 m/s
萃取车间送来
萃余液 0.35 g/L Cu DN250 不锈钢 萃取车间萃余液隔油槽送来
送往中和系统 萃余液 DN100 不锈钢 送往中和系统的混合槽
送往中和系统 萃余液 DN100 不锈钢 送往中和系统的混合槽
LIA 0202
1#多余萃余液输送泵 位号：P17MP07A
2#多余萃余液输送泵 位号：P17MP07B
型号：ICT80-50-200
流量：50 m³/h 扬程：42 m
功率：18.5 kW
萃余液贮槽
6×6×5.5 m
1#萃余液供给泵 位号：P17MP08A
2#萃余液供给泵 位号：P17MP08B
型号：ICT200-150-315
流量：456.5 m³/h 扬程：20 m
功率：75 kW
HC 0202A
HC 0202B
1#浆化槽
规格：ϕ8×8.5 m
搅拌机：TK17MP01A
功率：75 kW
2#浆化槽
规格：ϕ8×8.5 m
搅拌机：TK17MP01B
功率：75 kW
4#皮带运输机 位号：MT17MP01
型号：TD75型
机长：109.4 m 带宽：650mm α=16°
输送：矿石 料量：142.0 t/h
功率：15 kW 带速：1.25 m/s
浸前脱水滤渣
1#浸出槽给料泵 位号P17MP01A
2#浸出槽给料泵 位号P17MP01B
型号：R150KSH-E
流量：270 m³/h 扬程：14 m
功率：45 kW
HC 0203A
LIA 0205A
1#浸出槽
规格：ϕ8×8.5 m
搅拌机：TK17MP02A
功率：55 kW
HC 0203B
LIA 0205B
2#浸出槽
规格：ϕ8×8.5 m
搅拌机：TK17MP02B
功率：55 kW
HC 0203C
LIA 0205C
3#浸出槽
规格：ϕ8×8.5 m
搅拌机：TK17MP02C
功率：55 kW
HC 0203D
LIA 0205D
4#浸出槽
规格：ϕ8×8.5 m
搅拌机：TK17MP02D
功率：55 kW
矿浆池
浸出液 12.678 g/L Cu DN200 不锈钢 送往浸后浓密机
浸出液 12.678 g/L CuDN200 不锈钢 送往浸后浓密机
1#浸出槽排料泵 位号：P17MP02A
2#浸出槽排料泵 位号：P17MP02B
型号：R150KSH-E
流量：522 m³/h 扬程：16 m
功率：55 kW
絮凝剂 DN50 不锈钢
FI 0208
絮凝剂
加药装置
PI 0201
LI 0206
滤液 DN100 不锈钢 由逆流洗涤滤液输送泵送来 逆流洗涤滤液
滤液 DN100 不锈钢 由逆流洗涤滤液输送泵送来 逆流洗涤滤液
浸出液3.1 g/L Cu DN300 送往萃取车间
不锈钢 送往萃取车间原液槽
浸后浓密机
位号：CC17MP01
型号：NXZ-36
规格：ϕ36 m
驱动压力：6.3 MPa
耙行程：450 mm
功率：18 kW
1#浸出液输送泵 位号：P17MP06A
2#浸出液输送泵 位号：P17MP06B
3#浸出液输送泵 位号：P17MP06C
型号：ICY150-400
流量：228.5 m³/h 扬程：37 m
功率：55 kW
渣浆 DN150 不锈钢 送往逆流洗涤系统
渣浆 DN150 不锈钢 送往逆流洗涤系统
1#浓密机底流泵 位号P17MP05A
2#浓密机底流泵 位号P17MP05B
型号：R150KSH-E
流量：159 m³/h 扬程：86 m
功率：55 kW

图4-1 浆化浸出工序工艺流程图

1. 堆浸

湿法冶金主要是处理低品位矿石，堆浸是处理低品位矿石的最重要的浸取方法，多用于氧化铜矿的处理，通常是指用专门开采的矿石筑堆进行浸取的作业。

在靠近矿山的地方整理一片平坦地区，用压路机压紧、压平，从集液沟开始由低向高，在上面敷设一层防渗透膜(高密度聚乙烯膜)，膜的厚度 1 ~ 2 mm。在防渗透膜上铺上一层 30 ~ 50 cm 的可渗透性好的细石料作为保护层，在细石料层上再铺设一层粗石料，这就是堆浸的床铺了。堆场的坡度在 1% ~ 10%，低端开集液沟通向集液池。

将从矿山开采出来的低品位矿石用破碎机破碎成 30 ~ 50 mm 的块矿，用装载车或翻斗车从一边向另一边依次堆放，达到规定的高度，然后用推土机推平，堆的边坡为 30°左右，堆高约为 3 m 比较适宜。

堆场的大小、数量，取决于堆浸系统的规模。为保证稳定的供应浸出液，一般应筑多个堆场，分为若干组，分别处于筑堆、初始浸取、后期浸取和停止喷淋的休止阶段等各个运行阶段，这样才能保证稳定地向萃取系统提供料液。

被浸的矿石要有一定的粒度，也就是有一定的缝隙，好让稀硫酸往下面渗透，若矿石的粒度太大，也就是缝隙太大，稀硫酸还来不及与铜起化学反应，就渗透到下面去了，这就是浸出率太低，稀硫酸利用率太低。这种情况就要用机器在矿堆上压一下，使它“结实”一些，实质上是为了减小缝隙。

有的矿石破碎的太细，含粉末太多，或含黏性泥土太多，例如 SMCO 的铜矿石就是这样，矿石一堆就成了一块板，之间几乎没有缝隙，上面的稀硫酸无法往下面渗透。这样的矿石就不适合进行堆浸。

在堆好的被浸矿石上，铺设一根主喷液管(塑料管)，再分成若干支管，在每根支管上安装有若个旋转的喷头，每个喷头的距离在 4 ~ 6 m，要尽量保证浸出液均匀地喷洒到整个堆面上。将储存在贫液池里的喷洒液，用泵压到矿石堆上的主喷液管，经过各支管上的旋转喷头喷出，流量为 5 ~ 10 L/(m^2·h)。

稀硫酸和铜矿石中的氧化铜起化学反应，生成硫酸铜，由于堆好的矿石中有一定的缝隙，稀硫酸会慢慢地往下渗透，慢慢地与接触的铜矿石中的铜起化学反应，生成硫酸铜。

在靠近堆场的低处整理一块平地，挖几个长方形的坑，在里面敷设一层防渗透膜，这就是浸出系统的储液池。在池的最低处装上防腐性抽液泵，用于将浸出料液抽到萃取系统，或将喷洒液送到喷洒管里。

堆场的浸出液渗过堆体，从底部经衬底通过导流管流至集液沟，而后汇入储液池。浸出液储液池分为贫液池和富液池，富液池中铜的浓度已经达到设计要求，可以供给萃取系统作料液，这往往是新堆的浸出液，将其用泵抽到萃取车间的原液槽。贫液池用于储蓄从老矿堆流出的浸出液和萃取系统来的萃余液、贫液在添加硫酸调整酸浓度后作为新的浸取液。

一个矿堆在经过一段时间后就会全部浸完，即铜全部浸出了。筑新的矿堆一般是以老矿堆为新矿堆的基础，在老矿堆上面再筑新矿堆，可以重复几十次，国外有的矿堆最终高度达 91 m。

图 4 - 2 是堆浸系统工艺流程图，图 4 - 3 ~ 图 4 - 6 是堆浸系统的有关图片。

2. 搅拌浸出

若铜的品位比较高，就采用搅拌浸出。

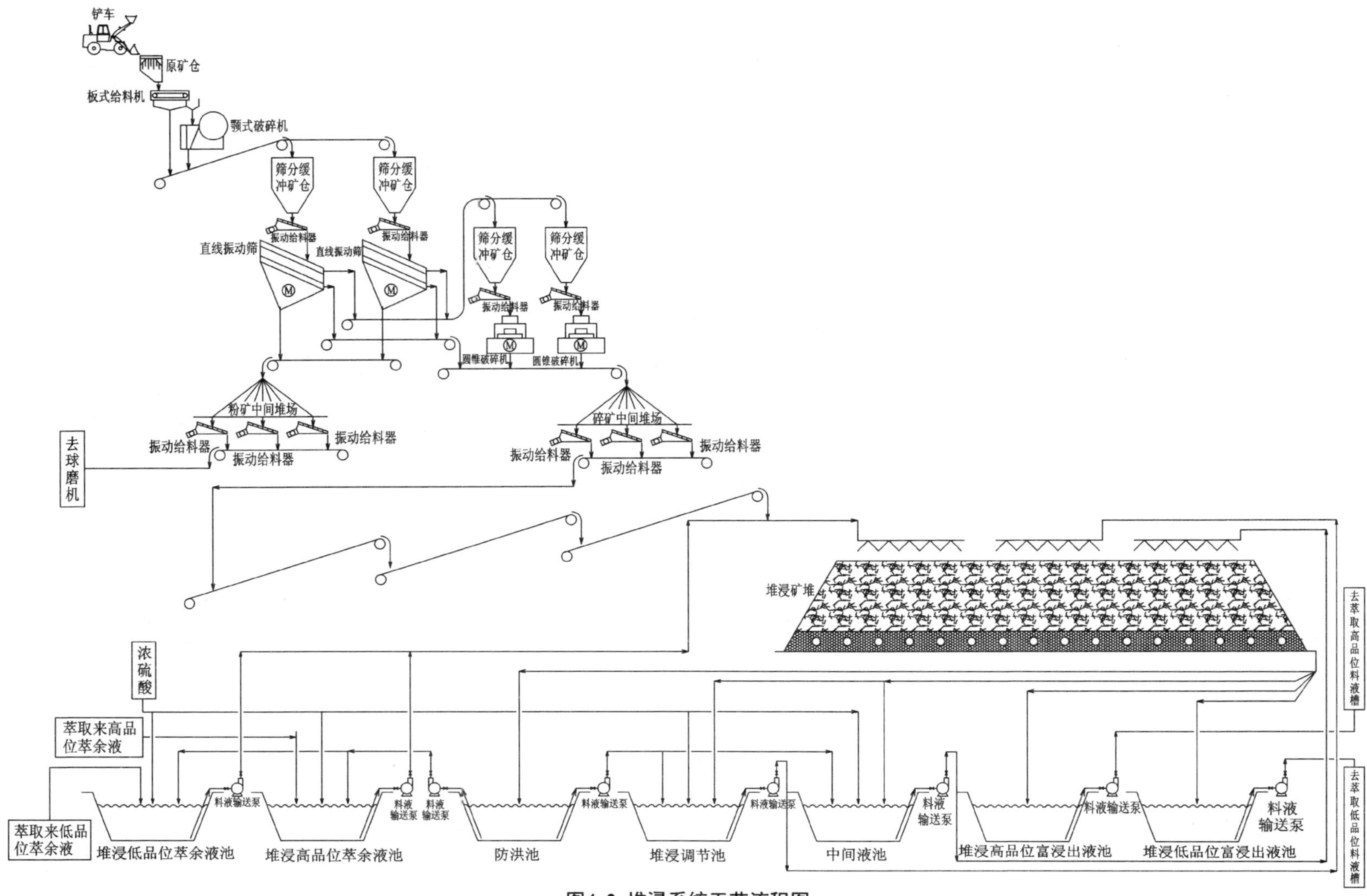

图4-2　堆浸系统工艺流程图

图 4-3　正在筑的新堆

图 4-4　正在运行的堆浸

图 4-5　各种料液池

图 4-6　料液输送系统

搅拌浸出适用于充分磨碎的细矿粉(90%为 -75 μm)。在搅拌槽里先加入一定量的萃余液，再加入矿浆，然后加入一定量的硫酸，在机械搅拌的作用下，硫酸和氧化铜发生化学反应，生成硫酸铜。为了提高浸出速度，要有较高的起始和终了酸度，提高温度有利于提高浸出速度。搅拌浸出投资费用高，运行费用也高，多用于高品位矿石的浸出。

3. 微生物浸出

微生物的新陈代谢可以导致一些矿物的溶解，这就是微生物浸出或细菌浸出原理，多用于硫化矿的浸出。

“氧化亚铁硫杆菌”是一种典型的微生物，它以氧化亚铁离子或低价硫为营养源，能够在培养基中很快地分解硫化矿。

它们的最佳繁殖温度为25～35℃，pH 1.5～2.0为最适宜的酸度。

(1)微生物浸出机理

细菌的作用主要是生物氧化，分为“直接”和“间接”两种情况。

所谓“直接”就是细菌直接氧化硫化矿；所谓“间接”就是细菌新陈代谢产生的化学氧化剂及硫酸，间接与硫化矿矿物起反应。

一种称为“氧化亚铁硫杆菌”的微生物可以和低价硫发生氧化还原反应，使硫化矿变得可溶，形成硫酸铜溶液。这就是硫化矿的细菌浸出，在以后的浸出过程中不再需要添加硫酸。

(2)微生物浸出的基本方法

- 菌种的采集　氧化亚铁硫杆菌广泛存在于硫化矿区域的弱酸性水中，可就地采集菌种。采集的方法是在洗净、消毒后的100～250 mL的细口瓶中，先加入1/3体积的9 K培养基，再将酸性矿水(带有氧化亚铁硫杆菌)装入细口瓶中。
- 菌种的繁殖和培养　菌种的繁殖在100 mL的锥形瓶中进行，在瓶中先加入30 mL“9K培养基”，接种5～10 mL采集的菌种，置于生化培养箱中，在30℃恒温下培养2～3天，随着细菌的繁殖，培养液的颜色变为棕色，同时pH降低，最终细菌浓度可达10^7～10^8个/L。
- 细菌的分离和纯化　经繁殖和培养的培养液中还混有大量的杂菌，需要经过分离和纯化，才能得到有用菌株的纯培养基。
- 菌种的驯化和改良　对上述有用菌种还要进行驯化和改良。就是改变外界环境，提高细菌对环境的适应性，不适应的细菌死去，留下的是优良品种。例如在培养基中加入一定浓度的铜溶液，培养细菌对铜离子的耐受性。

驯化和改良的条件是：温度为20～40℃，pH为2.5～3.0。

- 构筑矿堆和溶液循环池　首先是要构筑矿堆(见堆浸)，然后将含有大量氧化亚铁硫杆菌微生物的溶液喷淋到硫化矿的矿堆上，氧化亚铁硫杆菌微生物就能使硫化矿溶解，变成硫酸铜溶液，流到溶液循环池里，这就是微生物浸出。

在合适的条件下，循环溶液中产生大量的氧化亚铁硫杆菌微生物，将硫化矿分解为铜离子和硫酸。在以后的浸出过程中，再也不需要加入硫酸了。随着时间的增长，溶液中的硫酸越来越多，还要将部分硫酸排出，可用于浸出氧化矿，或用石灰中和后再外排。

(3)堆浸和微生物浸出的区别

堆浸主要是浸出氧化铜，由于是铜和硫酸发生化学反应，故要消耗大量的硫酸，在正常生产中要不断地补充硫酸。

微生物浸出主要是浸出硫化铜，由于微生物能将硫化矿分解成铜和硫酸，故不要消耗硫酸，还有多余的硫酸要排出。

微生物浸出不能单独存在，它只能说是一种喷淋液，一定要和矿堆共同作用，才能完成硫化矿的浸出任务。

4.1.3 SMCO 搅拌浸出工艺简介

浸出系统设置了两个 $\phi8$ m×8.5 m 的浆化槽(一用一备)和四个 $\phi8$ m×8.5 m 的浸出槽，槽里都安装了搅拌机。在两个浆化槽的上面安装了一个可逆皮带输送机。从浸前脱水系统经 4# 皮带输送机送来的滤饼可以任意选择浆化槽，两个浆化槽是交替工作。由萃取系统送来的萃余液先储存在萃余液槽，然后用泵送进浆化槽，将滤饼用萃余液重新进行调浆。调浆后的矿浆经浸出槽给料泵送至 $\phi8$ m×8.5 m 搅拌浸出槽，同时加入少量浓硫酸，对矿浆进行浸出。先后经过 4 个浸出槽浸出后(约 2 h)，合格的浸出液溢流到矿浆池，由浸出槽排料泵送至浸后浓密机进行固液分离，浓密机的底流是无用的废渣，用渣浆泵送到逆流洗涤系统进行处理；浓密机上面的溶液就是我们所需要的硫酸铜溶液，俗称"贵液"，这里设计浓度为 13.7 g/L，用 3 台料液输送泵送至萃取系统。

在浸出槽加硫酸是为了调节浸出液的 pH，若 pH 过高则不利于铜的浸出，这时就要增加硫酸，pH 一般控制在 1.5 左右。

浸出过程的结束是靠人工在浸出系统的出口取样分析化验后决定的。

铜矿石浸出的酸耗：设计资料是 1 t(铜)/5 t(酸)，也就是约 1 t(矿)/38 kg(酸)。现在，由于 SMCO 的铜矿石中含有不少的钙、镁杂质，要用大量的硫酸中和，故有一段时间用酸比较多，达 1 t(矿)/100 kg(酸)以上，这是极不正常的。不仅消耗了大量的硫酸，后面出现大量的含酸废水，又要加碱进行中和，这是极不划算的事。为了解决这一问题，在矿石破碎时就尽量选含钙、镁比较少的矿石，含钙、镁高的铜矿石留着二期时再去解决。

目前，在浸出 2 h 后浸出率可达 90%，浸出终酸酸度 15.26 g/L，渣含铜在 0.35% 以下。

1. 单槽浸出

各槽单独从上部进料，下部出产品，四个槽是并联工作的。

调制好的料液通过浸出槽给料泵分别加到第一个～第四个浸出槽浸出，在每个浸出槽的下部都有一个出口阀，当经过约 2 小时的浸出后，打开浸出槽下部的出口阀，启动后面的渣浆泵，将其送到浓密机，进行废渣和溶液的分离。

2. 连续浸出

从第一个槽上部进料，第四个槽上部溢流出产品，四个槽是串联工作的。

调制好的料液通过浸出槽给料泵加到第一个浸出槽浸出，当槽内液位逐步升高到超过溢流口后，从溢流口出来，从下部进入第二个浸出槽浸出，同样，当液位逐步升高到超过溢流口后，从溢流口出来，又从下部进入第三个浸出槽浸出，最后进入第四个浸出槽浸出。这样，经过四个浸出槽的连续浸出(约 2 h 左右)，浸好的溶液从第四个浸出槽的溢流口出来，流到矿浆池，再由渣浆泵送到浓密机，进行废渣和溶液的分离。

4.2 工序设备

4.2.1 主要设备

1. 4# 皮带运输机

工位号：MT17MP01；生产厂家：湖南衡阳运输机械公司。型号：TD75 型；矿石输送量：

142.0 t/h；机长：109.4 m；皮带宽：650 mm；皮带速度：1.25 m/s；$\alpha = 16°$；功率：15 kW。

2. 2#可逆皮带运输机

工位号：MT17MP02；生产厂家：湖南衡阳运输机械公司。型号：TD75 型；矿石输送量：142.0 t/h；机长：6 m；皮带宽：650 mm；皮带速度：1.25 m/s；功率：3 kW。

3. 浸出槽给料泵(4 台)

工位号：P17MP01A ~ B；生产厂家：石家庄强大泵业集团公司。型号：R150KSH – E；流量：270 m^3/h；扬程：14 m；功率：45 kW。

4. 浸出槽排料泵(2 台)

工位号：P17MP02A ~ B；生产厂家：石家庄强大泵业集团公司。型号：R150KSH – E，流量：522 m^3/h；扬程：16 m；功率：55 kW。

5. 硫酸供给泵(2 台)

工位号：P17MP03A ~ B；生产厂家：无锡斯普流体设备公司。型号：ICT65 – 50 – 160；流量：26.5 m^3/h；扬程：18 m；功率：11 kW。

6. 浓密机底流泵(2 台)

工位号：P17MP05A ~ B；生产厂家：石家庄强大泵业集团公司。型号：R100KSH – D；流量：159 m^3/h；扬程：36 m；功率：55 kW；转速：1250 r/min。

7. 浸出液输送泵(3 台)

工位号：P17MP06A ~ C；生产厂家：无锡斯普流体设备公司。型号：CY150 – 400；流量：228.5 m^3/h；扬程：37 m；功率：55 kW。

8. 萃余液供给泵(2 台)

工位号：P17MP08A ~ B；生产厂家：无锡斯普流体设备公司。型号：ICT200 – 150 – 315；流量：456.5 m^3/h；扬程：20 m；功率：75 kW。

9. 多余萃余液输送泵(2 台)

工位号：P17MP07A ~ B；生产厂家：无锡斯普流体设备公司。型号：ICT80 – 50 – 200；流量：50 m^3/h；扬程：42 m；功率：18.5 kW。

10. 浆化槽搅拌机(2 台)

工位号：TK17MP01A ~ B；生产厂家：北方重工集团有限公司；功率：75 kW。电机由西门子公司的变频器控制，搅拌机的速度在 0 ~ 50 Hz 连续可调。

11. 浸出槽搅拌机(4 台)

工位号：TK17MP02A ~ D；生产厂家：北方重工集团有限公司。功率：55 kW。电机由欧姆龙公司的变频器控制，搅拌机的速度在 0 ~ 50 Hz 连续可调。

12. 浸后浓密机

工位号：CC17MP01；生产厂家：安徽淮北中芬矿山机器有限公司。型号：NXZ – 36；规格：ϕ36 m；驱动压力：6.3 MPa；耙子行程：450 mm；耙转一圈时间：0.06 ~ 0.12 r/min；功率：18 kW。该机由西门子公司的 PLC 系统进行程序控制。

13. 加药装置

加药装置是浓密机厂家随浓密机带来的设备，定期往浓密机里投加絮凝剂，使得浓密机里的料浆很快沉淀。

加药装置由西门子公司的 PLC 系统进行程序控制，加药泵由台达公司的变频器控制，其速度在0～50 Hz连续可调。

4.2.2 主要设备介绍

浓密机在上一章已经介绍过，这里不再重复。皮带运输机、浆化槽、浸出槽和各种泵都是一般设备，不作单独说明。

4.3 自动控制、仪表监测、设备联锁系统

4.3.1 系统的监控部分

本系统的监控和联锁由两部分组成：用仪表监控各工艺参数，信号送至设立在选矿仪表室的DCS系统；有关设备的监控也是由设立在选矿仪表室的DCS系统进行，控制柜设立在浸前脱水系统配电室，通过光纤和设立在选矿仪表室的DCS系统通信，进行数据交换。

浸后浓密机是采用西门子公司的S7－200系列PLC自动控制，根据压力的变化自动调整耙子的高度，超过设计压力则将耙子全部提起，以防止压耙。并对耙子的压力和现在位置进行指示。

浓密机的加药装置也是采用西门子公司的S7－200系列PLC对加药的全过程进行程序控制。加药泵采用台达公司的VFD－E系列变频器进行无级调速。只能在现场由PLC进行自动启动和调速，仪表室只能进行监视。

两台浆化槽的搅拌机是采用西门子公司的MM440系列变频器进行无级调速，四台浸出槽的搅拌机是采用OMRON公司的变频器进行无级调速，即可以在现场进行手动启动和调速，也可以在仪表室进行自动启动和调速。

4.3.2 仪表监测系统

1. PHI0201 浸出液pH

pH计，德菲公司生产，型号：T23－PH/MA－UM，量程：1～4。

2. FIA0201 浸出液流量

超声波流量计，西门子公司生产，型号：7ME3210－2PB25－1QC0，量程：0～500 m^3/h。

3. FIA0202 硫酸流量

电磁流量计，上海肯特公司生产，型号：KTLDE－50－115，量程：0～50 m^3/h。

4. LIA0201 硫酸储槽液位

雷达液位计，西门子公司生产，型号：7ML5423－1DA00－3CA1，量程：0～5.5 m。

5. LIA0202 萃余液储槽液位

雷达液位计，西门子公司生产，型号：7ML5423－1DA00－3CA1，量程：0～6.0 m。

6. LIA0203 硫酸缓冲槽液位

雷达液位计，西门子公司生产，型号：7ML5423－1DA00－3CA1，量程：0～1.7 m。

7. LIA0204A 1#浆化槽液位

雷达液位计，西门子公司生产，型号：7ML5423－1DA00－3CA1，量程：0～9.0 m。

8. LIA0204B $2^{\#}$浆化槽液位

雷达液位计，西门子公司生产，型号：7ML5423 - 1DA00 - 3CA1，量程：0 ~ 9.0 m。

9. LIA0205A $1^{\#}$浸出槽液位

雷达液位计，西门子公生产，型号：7ML5423 - 1DA00 - 3CA1，量程：0 ~ 9.0 m。

10. LIA0205B $2^{\#}$浸出槽液位

雷达液位计，西门子公司生产，型号：7ML5423 - 1DA00 - 3CA1，量程：0 ~ 9.0 m。

11. LIA0205C $3^{\#}$浸出槽液位

雷达液位计，西门子公司生产，型号：7ML5423 - 1DA00 - 3CA1，量程：0 ~ 9.0 m。

12. LIA0205D $4^{\#}$浸出槽液位

雷达液位计，西门子公司生产，型号：7ML5423 - 1DA00 - 3CA1，量程：0 ~ 9.0 m。

13. PI0201 浓密机耙子压力

压力变送器，西门子公司生产，量程：0 ~ 10 MPa。

14. LI0206 浓密机耙子高度

位置传感器，西门子公司生产，量程：0 ~ 500 mm。

15. FI0208 浓密机加药量

根据泵的流量和频率计算，量程：0 ~ 50 L/min。

4.3.3 设备联锁系统

本工序有16台主要设备，只是$2^{\#}$可逆皮带运输机和$4^{\#}$皮带运输机之间有严格的联锁关系，即$2^{\#}$可逆皮带运输机不启动运行，$4^{\#}$皮带运输机是不能启动的；若$2^{\#}$可逆皮带运输机因故停止运行，则$4^{\#}$皮带运输机马上自动停止。

其他设备之间没有太强的联锁关系。

联锁逻辑参见图4-7。

4.4 生产操作

4.4.1 开车前的准备

(1)检查所有设备是否准备就绪。

(2)检查硫酸系统是否正常。

(3)检查要运行的设备供电是否正常(操作箱内电源指示灯是否亮)。

(4)检查矿浆池内是否有杂物，以免堵塞泵的吸入口。

(5)搅拌机严禁空转。在开车时，只有当搅拌机下部的桨叶沉没在溶液里面时才能启动搅拌机；在停车时，当溶液的液面低于搅拌机下部的桨叶时，一定要停止搅拌机。

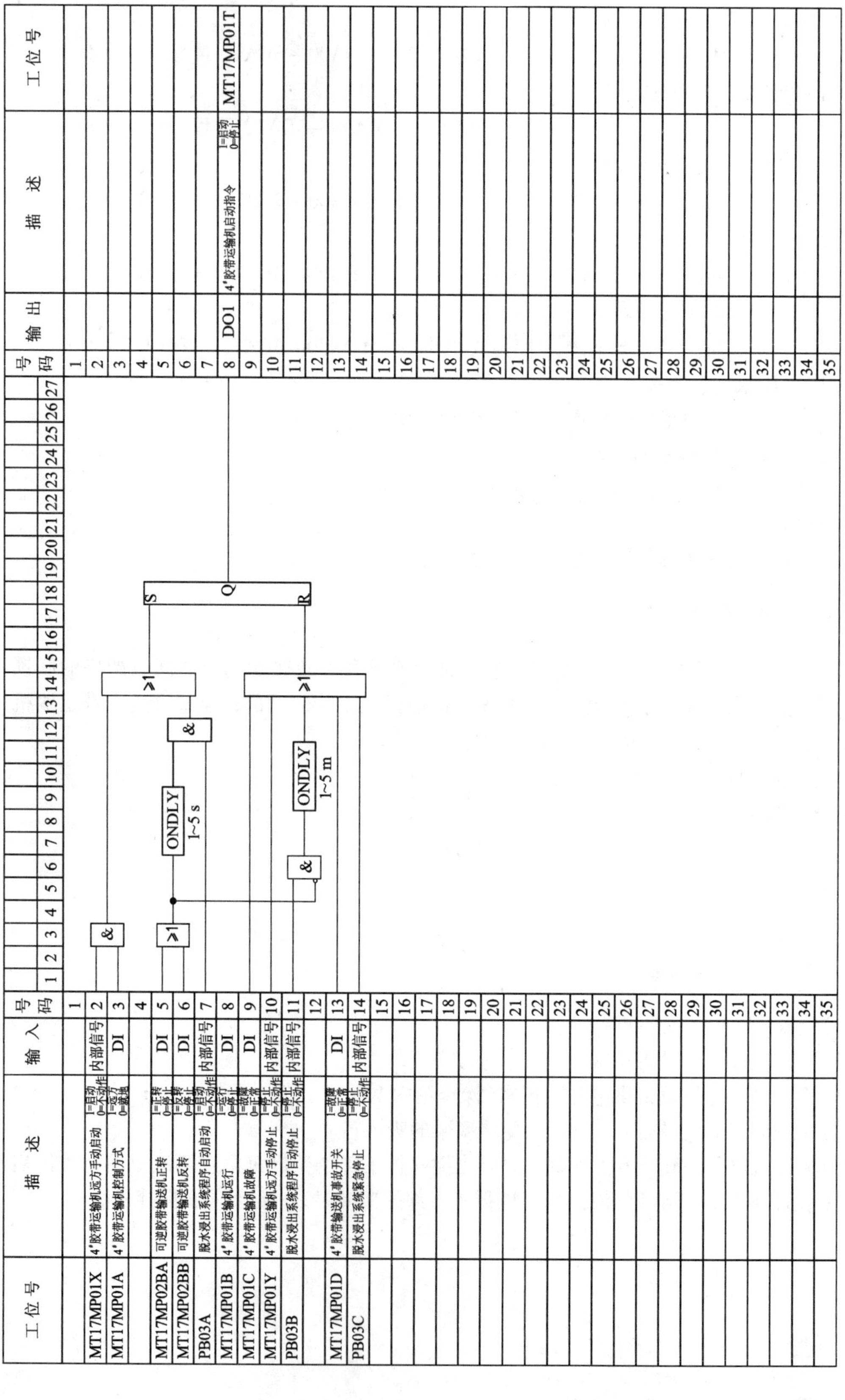

工位号	描 述		输 入	号码	号码	输 出	描 述		工位号
				1	1				
MT17MP01X	4#胶带运输机远方手动启动	1=启动 0=不动作	内部信号	2	2				
MT17MP01A	4#胶带运输机控制方式	1=远方 0=就地	DI	3	3				
				4	4				
MT17MP02BA	可逆胶带输送机正转	1=正转 0=停止	DI	5	5				
MT17MP02BB	可逆胶带输送机反转	1=反转 0=停止	DI	6	6				
PB03A	脱水浸出系统程序自动启动	1=启动 0=不动作	内部信号	7	7				
MT17MP01B	4#胶带运输机运行	1=运行 0=停止	DI	8	8	DO1	4#胶带运输机启动指令	1=启动 0=停止	MT17MP01T
MT17MP01C	4#胶带运输机故障	1=故障 0=正常	DI	9	9				
MT17MP01Y	4#胶带运输机远方手动停止	1=停止 0=不动作	内部信号	10	10				
PB03B	脱水浸出系统程序自动停止	1=停止 0=不动作	内部信号	11	11				
				12	12				
MT17MP01D	4#胶带输送机事故开关	1=故障 0=正常	DI	13	13				
PB03C	脱水浸出系统紧急停止	1=停止 0=不动作	内部信号	14	14				
				15	15				
				16	16				
				17	17				
				18	18				
				19	19				
				20	20				
				21	21				
				22	22				
				23	23				
				24	24				
				25	25				
				26	26				
				27	27				
				28	28				
				29	29				
				30	30				
				31	31				
				32	32				
				33	33				
				34	34				
				35	35				

图4-7 4#皮带运输机联锁控制逻辑图

4.4.2　设备启动

本系统分为浆化浸出、排渣、浸出液输送、多余萃余液、硫酸等 5 个部分。

浆化浸出系统的设备前后是有关联的，要严格按照“逆向启动”的原则进行操作。其他几个系统没有太大的关联，几乎是独立的，要根据有关工艺的需要分别进行操作，由于操作比较简单，这里不作进一步的说明，只介绍浆化浸出系统的操作过程。

浸出系统又分单槽浸出和连续浸出。

1. 单槽浸出（假设浆化槽是空的）

浆化系统启动顺序：启动萃余液供给泵→（浆化槽的液位到了 5.5 ~6 m 时）→启动搅拌机（将转速控制在 28 Hz 左右）→启动 2#可逆皮带运输机→启动 4#皮带运输机→打开浆化槽的加酸阀开始加硫酸。

浆化槽开始浆化，5 分钟后可以排料了。

此后浆化槽就连续不停地进行浆化，在连续浆化的过程中，要时时监控料液的 pH 和矿浆浓度。

注意：往浆化槽里加浓硫酸时，开始时加得比较多，阀门开度大约 50%，以后要减小阀门的开度，定期用 pH 试纸检查料液的 pH，pH 应控制在 1 左右，若到了则可以停止加酸。

浆化槽里的矿浆浓度控制在 30% 以下（25% 左右），就可以保证浸出槽不沉槽，若矿浆浓度太高，则要多加些萃余液。

浸出系统启动顺序（假设是选用 1#浸出槽浸出）：关闭 1#浸出槽下部的排料阀→打开 1#浸出槽上部的进料阀→启动浸出槽给料泵（1#浸出槽开始进料）→（当 1#浸出槽的液位到了 1.2 m以上时）→启动 1#浸出槽搅拌机（将转速控制在 28 Hz 左右）→（当 1#浸出槽的液位到了 7 m 左右时）→关闭 1#浸出槽上部的进料阀，1#浸出槽开始浸出反应。

注意：在浸出过程中，要用 pH 试纸检查料液的 pH，pH 应控制在 1.5 左右，若高了则要打开 1#浸出槽的加酸阀，往 1#浸出槽里加一些浓硫酸。

一般浸出的时间在 2 小时左右，浸出率就可以达到 90% 以上（即矿石中 90% 的铜都变成了硫酸铜溶液，还有 10% 的铜没有变成了硫酸铜，仍然混杂在矿石、泥浆中），此时可以结束浸出，槽可以排料。

排料系统启动顺序：打开 1#浸出槽下部的排料阀→启动浸出槽排料泵（浸出槽开始排料）→（当 1#浸出槽的液位低于 1.2 m 以下时）→停止搅拌机→（当 1#浸出槽的液位低于 0.5 m 以下时）→停止浸出槽排料泵→关闭 1#浸出槽下部的排料阀。

1#浸出槽浸出系统全过程结束。

2# ~5#浸出槽的浸出过程和 1#浸出槽的完全一样。

2. 连续浸出（假设浆化槽是空的）

浆化系统启动顺序：启动萃余液供给泵→（浆化槽的液位到了 5.5 ~6 m 时）→启动搅拌机（将转速控制在 28 Hz 左右）→启动 2#可逆皮带运输机→启动 4#皮带运输机→打开浆化槽的加酸阀开始加硫酸。

浆化槽开始浆化，5 分钟后可以排料。

此后浆化槽就连续不停的浆化，在此过程中，要时时监控料液的 pH 和矿浆浓度。

注意：往浆化槽里加浓硫酸时，开始时加得比较多，阀门开度大约 50%，以后要减小阀门的开度，定期用 pH 试纸检查料液的 pH，pH 应控制在 1 左右，若到了则可以停止加酸。

浆化槽里的矿浆浓度控制在 30% 以下(25% 左右)，可以保证浸出槽不沉槽，若矿浆浓度太高，则要多加萃余液。

浸出系统启动顺序(从 1#浸出槽开始)：关闭 1#浸出槽下部的排料阀→打开 1#浸出槽上部的进料阀→启动浸出槽给料泵(1#浸出槽开始进料)→(当 1#浸出槽的液位到了 1.2 m 以上时)→启动 1#浸出槽搅拌机(将转速控制在 28 Hz 左右)。

当 1#浸出槽的液位超过溢流口，溶液从溢流口流出，从下部进入 2#浸出槽。

当 2#浸出槽的液位到了 1.2 m 以上时，就要启动 2#浸出槽的搅拌机。

当 2#浸出槽的液位超过溢流口，溶液从溢流口流出，从下部进入 3#浸出槽。

当 3#浸出槽的液位到了 1.2 m 以上，就要启动 3#浸出槽的搅拌机。

当 3#浸出槽的液位超过溢流口，溶液从溢流口流出，从下部进入 4#浸出槽。

当 4#浸出槽的液位到了 1.2 m 以上时，就要启动 4#浸出槽的搅拌机。

当 4#浸出槽的液位超过溢流口，溶液从溢流口流出，流到矿浆池。

这样，经过四个浸出槽的连续浸出(约 2 个小时左右)，浸好的溶液从 4#浸出槽的溢流口出来，流到矿浆池，再用渣浆泵送到浓密机，进行废渣和溶液的分离。

注意：在浸出反应过程中要监视各浸出槽的 pH，要用 pH 试纸检查料液的 pH，pH 应控制在 1.5 左右，若高了则要打开相应浸出槽的加酸阀，往浸出槽里加一些浓硫酸。

一般浸出的时间 2 小时左右，浸出率可达到 90% 以上，可以结束浸出。

4.4.3 停车顺序(顺向停止)

这里只说明浆化浸出系统设备的停止。

浆化浸出系统又分单槽浸出和连续浸出。

1. 单槽浸出

浆化系统：停止 4#皮带运输机→停止 2#可逆皮带运输机→停止萃余液供给泵→(当浆化槽的液位降到 1.2 m 以下时)→停止搅拌机→(当 1#浆化槽的液位降到 0.5 m 以下时)→停止 1#浆化槽排出泵。

浸出系统：(当浸出槽的液位降到 1.2 m 以下时)→停止搅拌机→(当浸出槽的液位降到 0.5 m 以下时)→停止浸出槽排出泵→关闭浸出槽出口阀。

2. 连续浸出

浆化系统：同单槽浸出。

浸出系统：一般只是停止浸出槽排出泵就可以了，所有浸出槽内都装满了浸出液，搅拌机不能停止运转。

浸后浓密机一般不停止工作。

4.4.4 日常检查内容

(1)防止皮带跑偏。

(2)运行设备有无不正常的声音等。

(3)在浆化、浸出反应过程中要监视各槽的 pH，要用 pH 试纸检查料液的 pH。浆化槽的 pH 应控制在 1 左右，浸出槽的 pH 应控制在 1.5 左右，若高了则要打开相应槽的加酸阀，往槽里加一些浓硫酸。

(4)在给各槽进料时，尽量不要冒槽。

(5)发现供酸管路有破损、滴漏，要马上进行处理。

(6)遇到紧急情况可拉皮带边的拉绳开关，使运行的皮带机马上停止运行。

(7)所有设备的现场操作箱或机旁控制柜上都有紧急停止按钮，遇到紧急情况可以按下按钮，运行设备即停止。

4.5　投产以来的技术改造

(1)由于多方面的原因，浸出系统的问题比较多，改造的内容也最多，工作量也最大，有些问题至今还没有解决。

根据有关单位提供的资料，设计院认为将原矿破碎以后研磨成小于0.7 mm的矿粉就可以完全浸出，故只设计了一台长度仅为1.8 m的半自磨机，后面振动筛的筛网尺寸也是选为0.7 mm。后来的事实证明，0.7 mm的矿石粉粒在浸出槽非常容易沉淀。另外，由于北方重工搅拌机设计也有问题，功率太小，无法对0.7 mm的矿石粉粒进行正常搅拌，使其很快就沉淀了。

为了解决沉槽的问题，有一个简单的办法，就是往浆化槽、浸出槽里各个不同的地方吹入一定量的压缩空气，使粉粒不至于很快沉淀，但还是不能最终解决问题。当将振动筛的筛网尺寸改为0.5 mm时，情况有所好转。

最后只得将原设计的连续浸出改为单槽浸出，就是在每个浸出槽的下部增加一个排料阀，浸出时间到了就打开排料阀，启动排料泵，将浸出槽内的所有浆料全部排空，若有矿渣堵在排料阀口，就用高压压缩空气吹。

单槽浸出解决了沉槽的问题，但生产效率却下降了。

(2)为了解决管道堵塞问题，在所有泵的进口、出口、槽的出口等地都增加了水管和压缩空气管，随时进行冲洗。

(3)原设计两台浓密机底流泵共用一条输送渣浆管道，但在生产过程中，发现管道堵塞、磨损严重，现在将每台泵的输送渣浆管道都单独分开了。

(4)原设计两台浸出槽排出泵也是共用一条输送料浆管道，但在生产过程中，发现这个排出泵管道也经常堵塞，现在将每台排出泵的输送管道都单独分开了。

(5)将浓密机耙子的压力信号、耙子的位置信号引到仪表室。

(6)将加药泵的运行信号和泵的流量信号引到仪表室。

(7)增加浸出液的pH测量。

(8)增加浸出液的流量测量。

(9)增加浓硫酸流量测量。

4.6 以后要解决的问题

(1)SMCO 矿石中含有太多的带泥土的粉矿，在用浓密机进行固液分离时，不易沉淀分离析出；在用真空带式过滤机进行过滤时，很容易堵塞滤布，经常造成停产处理。还有的部分矿石中含有大量的钙、镁，若按目前的方法进行搅拌浸出则要浪费大量的浓硫酸。这两种矿石原料对目前的浸出都是不利的，目前的做法是进行正确的配矿，尽量不用或少用这些带泥土的粉矿和高钙矿；另外，再外购一部分品位比较高(含铜在20%左右)的优质矿混合在一起，这样效果要好得多。

在二期时，考虑增加一套洗矿、筛分系统，将带泥土的粉矿分离出来，另外直接进行搅拌浸出；再增加一套球磨机和浮选系统，专门处理高钙矿；再将目前不适宜的搅拌机更换成性能优异的搅拌机，SMCO 的选矿系统将大为改观。

(2)增加浓硫酸槽液位自动控制。在浓硫酸槽的进口管上增加一个控制阀，根据浓硫酸槽的液位自动控制此阀门的开启和关闭，即液位低时开阀，液位高时关阀。由 DCS 系统进行全自动控制，减低生产工人的劳动强度。

(3)增加浓硫酸缓冲槽液位自动控制。在浓硫酸泵的出口管上增加一个逆止阀，就可以根据浓硫酸缓冲槽的液位自动控制泵的启动与停止，即液位低时开泵，液位高时停泵，由 DCS 系统进行全自动控制，大大降低生产工人的劳动强度。

(4)增加一台矿浆浓度计。

(5)由于4#皮带运输机的角度太大，矿渣有时难以带上去；另外，4#皮带运输机设计运输能力不足，将会更换更宽些的皮带，同时减小角度。

第 5 章　逆流洗涤工序

逆流洗涤工序是将浆化浸出工序送来的还含有一定量残铜的废渣用水进行洗涤，以回收其中的铜，含酸的废水则返回浸后浓密机。

5.1　工艺流程

逆流洗涤工艺流程图如图 5-1 所示。

由于浓密机的底流中还含有部分铜浸出物，故增加一套逆流洗涤系统，将底流中含有的部分铜浸出物洗出，返回浸后浓密机。

洗涤过程如下：浓密机底流用泵抽到带式过滤机前的六路矿浆分配器，将矿浆分别送到六台带式过滤机中，用水进行洗涤。由于第一段清洗液里含有的铜离子浓度比较高，故直接用泵送回浸后浓密机。第二段清洗液里含有的铜离子浓度比较低，故用泵抽到第一段，第三段清洗液里含有的铜离子浓度更低，用泵抽到第二段，第四段和第 5 段则直接用水洗涤。这样，经过 5 次反复洗涤后的溶液返回浸后浓密机，回收其中的铜和酸液，最后达到渣含铜小于 0.35%。滤饼则经 5#皮带输送机送至尾矿中和系统和白云石进行中和后再外排至尾矿库。

由于单台带式过滤机的能力有限，这里用了 6 台真空带式过滤机同时工作，用一个矿浆分配器，将被脱水矿浆同时分配至 6 台带式过滤机中脱水。

真空泵在滤布下抽成真空，矿浆中的溶液透过滤布被吸到集液罐里，一个过滤周期后排水阀打开，滤液从集液罐里出来，流到滤液集合池里，再经滤液输送泵返回浓密机；滤饼则经 5#皮带输送机送至尾矿中和系统。

本系统和浸前脱水系统不同之处：

浸前脱水系统脱的水中没有酸，故集液罐是用金属材料加工的；这里由于回收的洗涤液是酸性的，故集液罐的材质是非金属的，用于提高防腐性，由于是 5 段逆流洗涤，共有 5 个集液罐。

另外，在真空泵的吸气口和集液罐的排气管道中还串接了一个金属制的集液罐。目的是为了使气体中夹带的酸性溶液和气体分离，不使酸性溶液进真空泵，保护真空泵不被腐蚀。

真空带式过滤机由西门子公司的 PLC 系统进行程序控制，其主电机由台安公司的变频器控制，可以根据滤渣含水程度对皮带的速度进行无级调速，最高速度是 50 Hz。

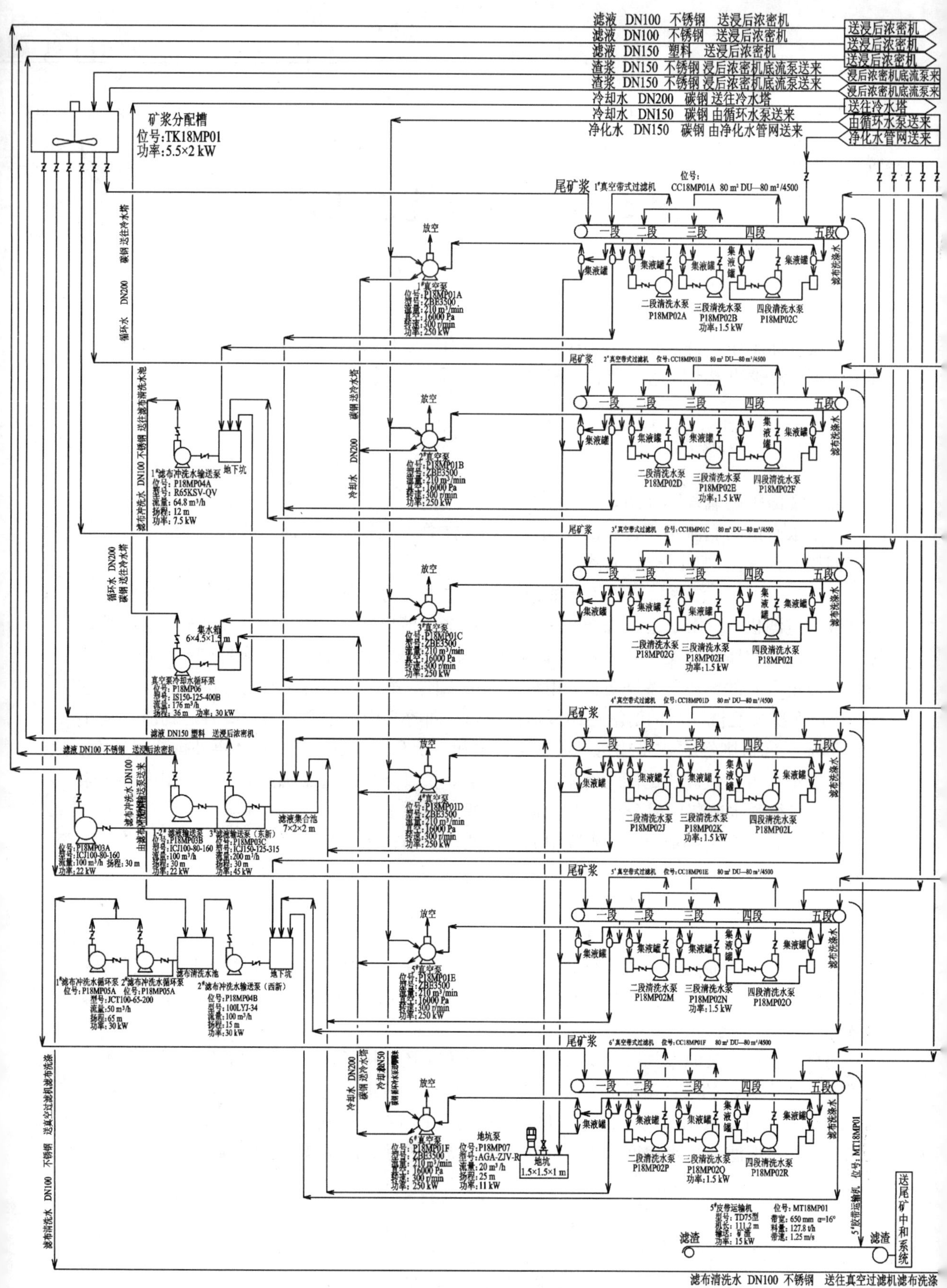

图5-1 逆流洗涤工序工艺流程图

5.2　工序设备

5.2.1　主要设备

1. 真空带式过滤机(6 台)

工位号：CC18MP01A ~ F，生产厂家：山东核工业烟台同兴实业有限公司。型号：DU - 80 m^2/4500；过滤机面积是 80 m^2；功率：15 kW。由西门子公司的 PLC 系统进行程序控制，头轮电机由台安公司的变频器控制，可以在 0 ~ 50 Hz 无级调速。

2. 带式过滤机真空泵(6 台)

工位号：P18MP01A ~ F；生产厂家：核工业部烟台实业公司。型号：ZBE3500；流量：210 m^3/min；真空：16000 Pa；转速：300 r/min；功率：250 kW。电机由施耐德公司的软启动器控制启动。

3. 清洗水泵(18 台)

工位号：P18MP02A ~ R。

4. 滤液输送泵(2 + 1)台

(1)工位号：P18MP03A；生产厂家：无锡斯普流体公司。型号：ICJ100 - 80 - 160；流量：100 m^3/h；扬程：30 m；功率：22 kW。

(2)工位号：P18MP03B；生产厂家：无锡斯普流体公司。型号：ICJ100 - 80 - 160；流量：100 m^3/h；扬程：30 m；功率：22 kW。

(3)工位号：P18MP03C；生产厂家：无锡斯普流体公司。型号：ICJ150 - 125 - 315；流量：200 m^3/h，扬程：30 m，功率：45 kW。

5. 滤液冲洗水输送泵(2 台)

(东旧)工位号：P18MP04A；生产厂家：无锡斯普流体公司。型号：R65KSV - QV；流量：64.8 m^3/h；扬程：12 m；功率：7.5 kW。

(西新)工位号：P18MP04B，生产厂家：无锡斯普流体公司。型号：100LYJ　34，流量：100 m^3/h；扬程：15 m；功率：30 kW。

6. 滤布冲洗水循环泵：2 台(只留下 1 台)

工位号：P16MP05A ~ B；生产厂家：无锡斯普流体公司。型号：JCT100 - 65 - 200；流量：50 m^3/h；扬程：65 m；功率：30 kW。

7. 真空泵冷却水循环泵：1 台

工位号：P18MP06；生产厂家：石家庄强大泵业集团公司。型号：IS150 - 125 - 400B；流量：176 m^3/h；扬程：36 m；功率：30 kW。

8. 地坑泵：(新增)

工位号：P18MP07；生产厂家：江西耐普实业公司。型号：AGA - ZJV - R；流量：20 m^3/h；扬程：25 m；功率：11 kW。

5.2.2　主要设备介绍

真空带式过滤机：参见第 3 章关于带式过滤机的说明。

5.3 自动控制与设备联锁系统

5.3.1 逆流洗涤系统的监控与联锁

本系统的监控和联锁都由设立在选矿仪表室的 DCS 系统进行，控制柜设立在磨矿系统配电室，通过光纤和设立在选矿仪表室的 DCS 系统通信，进行数据交换。

6 台真空带式过滤机同样是采用西门子公司的 S7－200 系列 PLC 进行自动控制，对带式过滤机各种辅助设备进行自动控制，对各种跑偏进行监控、纠正和报警。

5.3.2 设备联锁系统

5#皮带输送机和 6 台带式过滤机、浸后浓密机底流泵联锁。

即 5#皮带运输机不启动，6 台真空带式过滤机和 2 台浓密机底流泵都不能启动运行；若 5#皮带运输机因故停止，6 台真空带式过滤机和 2 台浓密机底流泵都自动停止运行。

其他设备之间没有严格的联锁关系。

联锁逻辑和浸前脱水系统是完全一样的，这里不再进行说明。

5.4 生产操作

5.4.1 开车前的准备

(1)检查所有设备是否准备就绪。

(2)检查要运行的设备供电是否正常(操作箱内电源指示灯是否亮)。

(3)检查皮带运输机上是否有其他杂物。

(4)检查地坑内是否有杂物，以免堵塞泵的吸入口。

(5)检查给真空泵供冷却水的循环水系统是否启动。

5.4.2 设备启动(逆向启动)

本系统有 8 台运行设备，要严格按照“逆向启动”的原则进行操作。

注：在启动浸前脱水系统设备之前必须先启动选矿车间循环水系统。

启动顺序：

5#皮带输送机→带式过滤机→真空泵冷却水循环泵→真空泵→滤布清洗水输送泵(2 台)→滤布冲洗水循环泵→滤液输送泵→地坑泵。

运行正常后通知浆化浸出系统启动浸后浓密机底流泵。

这些设备的启动都是常规的，没有什么特别的地方。

注意：在启动某台带式过滤机时，一定要将矿浆分配槽里该带式过滤机进液管上的进液塞子向上提起，待滤料液流进带式过滤机。

系统投用完毕，浸出系统送来矿浆，本系统开始正常生产。

5.4.3 正常停车(顺向停止)

通知浆化浸出系统停止浸后浓密机底流泵。

带式过滤机→真空泵→真空泵冷却水循环泵→滤液输送泵→滤布清洗水输送泵(2台)→滤布冲洗水循环泵→5#胶带输送机。

将矿浆分配槽里面带式过滤机进液管上的进液塞子向下放下，待滤料液就不能进入带式过滤机的料斗。

5.4.4 日常检查内容

(1)防止皮带跑偏。

(2)运行设备有无不正常的声音等。

(3)根据过滤机的效果调整过滤机的速度。

(4)过滤设备正常运行过程中，应经常查看滤布纠偏是否灵活可靠、排液罐排液情况(听声音就应知道排滤液是否正常)、有无真空盒密封水、滤布冲洗水、真空泵密封水等。

(5)观察排液罐上的大气切换阀和真空切换阀，排液罐密封挡板胶皮，如有损坏及时更换，否则滤液会吸到真空泵内。

(6)经常检查所有的辊轮运转是否灵活，有无不正常的杂音。辊轮主要包括：主动轮、从动轮、胶带上托辊、胶带下托辊、滤布托辊、滤布改向辊、纠偏辊、重力辊、压布辊、胶带定位立辊等。如发现问题，要及时维修。

(7)检查输液管道是否有破损、泄漏、堵塞。

(8)在皮带运输机上有杂物要及时清除，防止划破皮带。

(9)遇到紧急情况可拉皮带边的拉绳开关，使运行的皮带机马上停止运行。

(10)所有设备的现场操作箱或机旁控制柜上都有紧急停止按钮，遇到紧急情况可以按下这些紧急停止按钮，运行设备马上自动停止。

(11)在生产操作过程中要注意安全，不能跨越或从皮带上走过。

5.5 投产以来的技术改造

(1)尾矿渣在经过5次反复洗涤时，由于真空脱水的局限性，滤饼中夹带的水比较多。由于混合槽的位置比较高，故5#皮带输送机的输送角度比较大，达16°，因此在输送过程中，滤饼中夹带的水都流到地面，造成现场环境恶劣。

有时经过化验分析，尾矿的渣含铜有时很低，没有超过设计的0.35%，再进行5段反复洗涤就没有多大的意义，这时就可以停止洗涤。这样现场的环境也可以得到改善。

(2)原设计滤布清洗水反复使用。由于滤布清洗水中含有过多的杂质，不利于清洗滤布，现在将滤布清洗水直接排到尾矿中和系统，滤布清洗改为循环水。

(3)真空泵在抽气的过程中会夹带一些集液罐里的水，这些水呈酸性，腐蚀真空泵，现将真空泵的进气部分改为不锈钢。

(4)由于5#皮带运输机的角度太大，矿渣有时难以带上去；另外，5#皮带运输机运输的矿渣是酸性的，机架受到严重的腐蚀。可更换全不锈钢机架的皮带，同时减小角度。

第 6 章　中和剂制备工序

该工序是将采矿场送来的白云石经颚式破碎机破碎后，经皮带运输机送至球磨机，加水研磨成白云石乳，送到中和系统的混合槽，用于中和萃取车间送来的多余的萃余液。这是一个环保系统。

6.1　工艺流程

中和剂制备工艺流程图如图 6－1 所示。

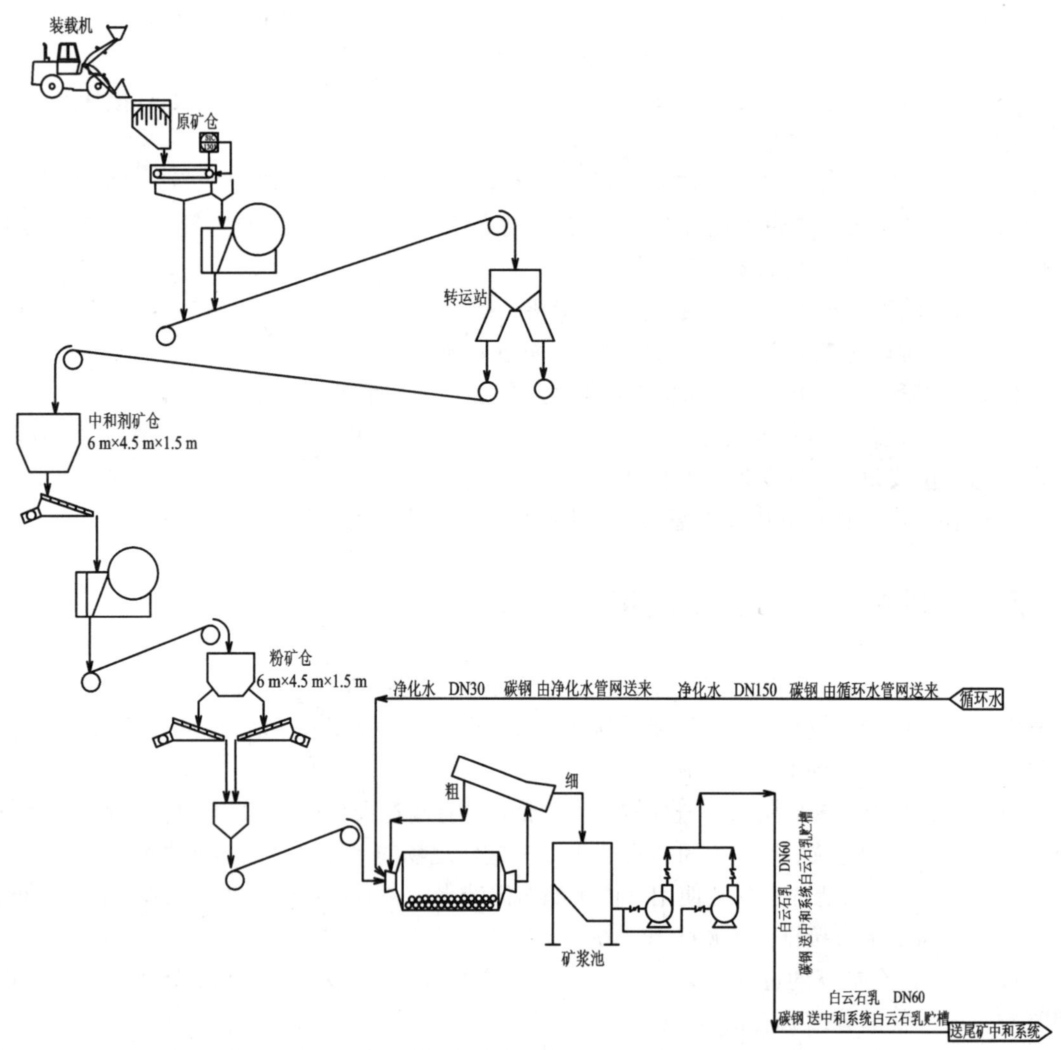

图 6－1　中和剂制备工序工艺流程图

由于该矿山开采的废石中白云石含量很高，可以用来中和酸性浸出渣，以减少石灰的用量，降低生产成本，故配置了一套中和剂制备系统。

将来自露天采场的白云石用铲车倒运至原矿仓，原矿仓底下设有一台板式给料机，将白云石送到颚式破碎机粗碎，原矿石是不大于 650 mm 的块状粗矿，破碎后产品的粒度不大于 150 mm，而板式给料机的粉料与颚式破碎机排料合并，经 1#皮带运输机运至转运站，转运站下有两个排料口，分别用手动挡板控制，当破碎白云石时，将通往 2#皮带运输机的出口用挡板挡死，破碎了的白云石则通过转运站的排料口下到 6#皮带运输机上，通过 6#皮带运输机运送到处于高位置的中和剂矿仓。

中和剂矿仓的白云石经惯性振动给料器送给细碎型颚式破碎机细碎后，经 7#皮带输送机送至缓冲矿仓中。在缓冲矿仓仓底装有两台小的电磁振动给料器，将碎后的矿石经漏斗送到 8#皮带输送机，然后送进 ϕ1.5 m×2.2 m 的格子型球磨机中研磨。该球磨机与一台 ϕ1.2 m 螺旋分级机构成闭路，分级机溢流自流进矿浆池中，经中和剂输出泵送至尾矿中和区的贮槽中贮存，用于中和冶炼后产生的酸性废水。

6.2 工序设备

本工序主要设备中的板式给料机、颚式破碎机、1#皮带运输机是和矿石破碎系统共用的，这里不再进行说明。其他设备介绍如下：

1. 6#皮带运输机

工位号：MT19MP01；生产厂家：湖南衡阳运输机械公司。型号：TD75 型；矿石输送量：4.21 t/h；机长：46.90 m；皮带宽：650 mm；皮带速度：1.25 m/s；α = 14.23°；功率：7.5 kW。

2. 7#皮带运输机

工位号：MT19MP03；生产厂家：湖南衡阳运输机械公司。型号：TD75 型；矿石输送量：4.21 t/h；机长：53.50 m；皮带宽：650 mm；皮带速度：1.25 m/s；α =9.92°；功率：3 kW。

3. 8#皮带运输机

工位号：MT19MP05；生产厂家：湖南衡阳运输机械公司。型号：TD75 型；矿石输送量：4.21 t/h；机长：5.96 m；皮带宽：500 mm；皮带速度：1.25 m/s；功率：2.2 kW。

4. 细碎型颚式破碎机

工位号：CR19MP01；生产厂家：北方重工集团有限公司。型号：PE250×750；生产能力：12~35 t/h；转速：730 r/min；功率：30 kW。

5. 惯性振动给料器

工位号：MT19MP02；生产厂家：河北邯郸红星机械厂。型号：110.3；给料量：300 t/h；双振幅：4 mm；功率：2×1.1 kW。

6. 电磁振动给料器(2 台)

工位号：MT19MP04A~B；生产厂家：河北邯郸红星机械厂。速度：3000 次/min；给料量：40 t/h；双振幅：1.75 mm；功率：0.45 kW。

7. 格子型球磨机

工位号：PM19MP01；生产厂家：北方重工集团有限公司。型号：MQG1522；规格：ϕ1.5

m×2.2 m；处理量：4.21~4.63 t/h；进口矿石小于15 mm；功率：80 kW。

8. 高堰单螺旋分级机

工位号：SP19MP01；生产厂家：北方重工集团有限公司。型号：FG－12；分级机给料矿浆量：26.07~28.7 m^3/h；功率：5.5 kW。

9. 中和剂输出泵(2台)

工位号：P19MP01A~B；生产厂家：江西耐普实业公司。型号：25ND－NZJH；流量：15 m^3/h；扬程：53 m；功率：22 kW。

6.3 自动控制与设备联锁系统

6.3.1 中和剂制备系统的监控与联锁

本系统的监控和联锁都由设立在选矿仪表室的DCS系统进行，控制柜设立在中和剂破碎配电室，通过光纤和设立在选矿仪表室的DCS系统通信，进行数据交换。

6.3.2 设备联锁系统

本工序有12台主要设备，分成3个小的独立系统：

(1)中和剂制备(供料)系统：6#皮带输送机联锁1#皮带输送机、颚式破碎机、重型铁板给料机(和矿石破碎系统共用)。

(2)中和剂制备(细碎)系统：7#皮带输送机联锁颚式破碎机、振动给料机。

(3)中和剂制备(磨矿)系统：中和剂输出泵联锁螺旋分级机、球磨机、8#皮带输送机、振动给料机。

联锁逻辑参见图6－2~图6－7。

6.4 生产操作

6.4.1 开车前的准备

(1)检查所有设备是否准备就绪。

(2)检查要运行的设备供电是否正常(操作箱内电源指示灯是否亮)。

(3)检查所有皮带运输机上是否有杂物。

(4)将1#皮带运输机下料斗下转运站的挡板切向6#皮带运输机(挡板把手切向右侧)。

6.4.2 设备启动(逆向启动)

中和剂制备系统分3个小系统：粗碎系统、细碎系统、研磨系统，在叙述开车顺序时也按这3个小系统分别进行。

粗碎系统设备启动顺序是：

6#皮带输送机→1#皮带输送机→颚式破碎机→板式给料机。

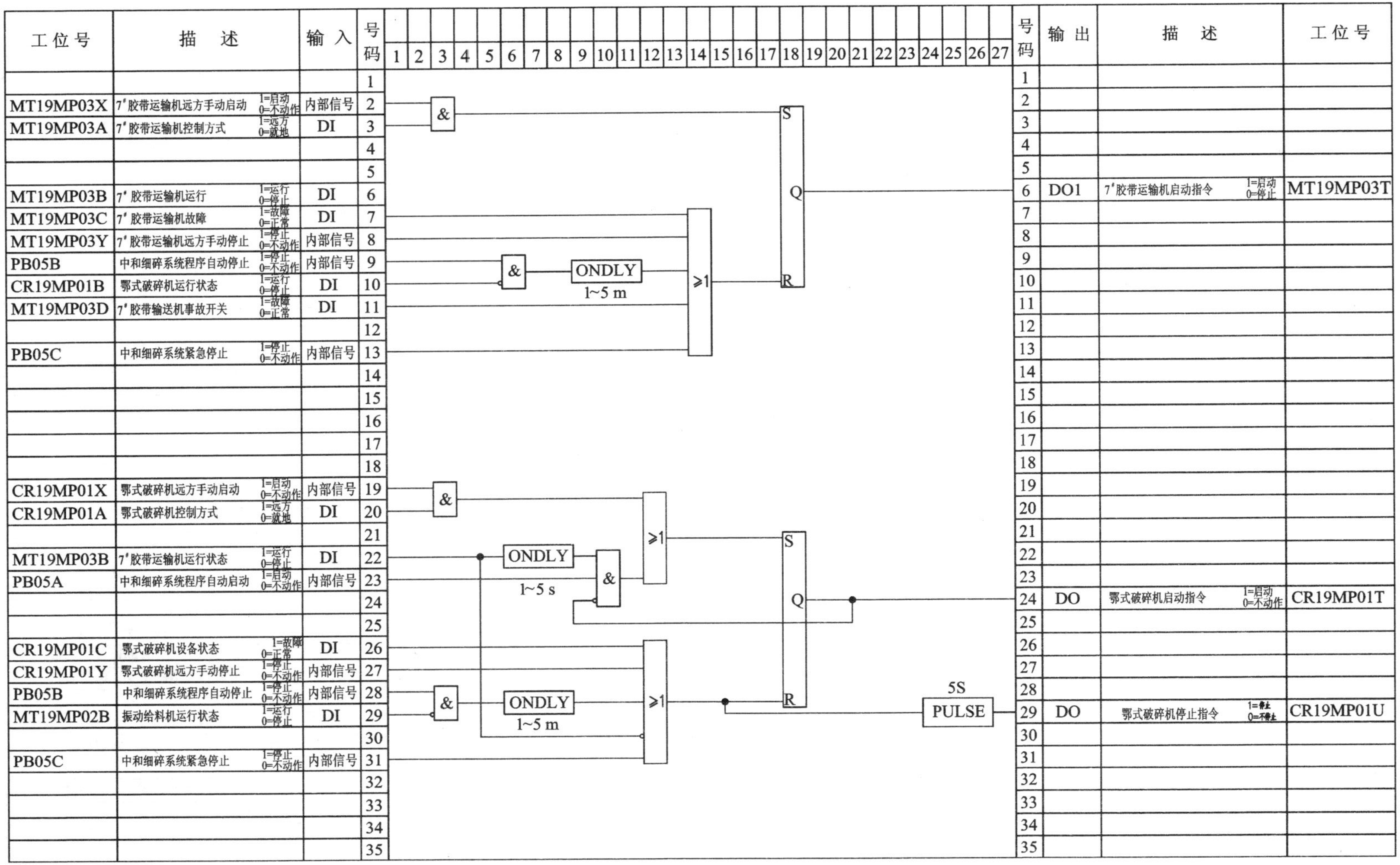

工位号	描　述		输　入	号码
				1
MT19MP03X	7#胶带运输机远方手动启动	1=启动 0=不动作	内部信号	2
MT19MP03A	7#胶带运输机控制方式	1=远方 0=就地	DI	3
				4
				5
MT19MP03B	7#胶带运输机运行	1=运行 0=停止	DI	6
MT19MP03C	7#胶带运输机故障	1=故障 0=正常	DI	7
MT19MP03Y	7#胶带运输机远方手动停止	1=停止 0=不动作	内部信号	8
PB05B	中和细碎系统程序自动停止	1=停止 0=不动作	内部信号	9
CR19MP01B	颚式破碎机运行状态	1=运行 0=停止	DI	10
MT19MP03D	7#胶带输送机事故开关	1=故障 0=正常	DI	11
				12
PB05C	中和细碎系统紧急停止	1=停止 0=不动作	内部信号	13
				14
				15
				16
				17
				18
CR19MP01X	颚式破碎机远方手动启动	1=启动 0=不动作	内部信号	19
CR19MP01A	颚式破碎机控制方式	1=远方 0=就地	DI	20
				21
MT19MP03B	7#胶带运输机运行状态	1=运行 0=停止	DI	22
PB05A	中和细碎系统程序自动启动	1=启动 0=不动作	内部信号	23
				24
				25
CR19MP01C	颚式破碎机设备状态	1=故障 0=正常	DI	26
CR19MP01Y	颚式破碎机远方手动停止	1=停止 0=不动作	内部信号	27
PB05B	中和细碎系统程序自动停止	1=停止 0=不动作	内部信号	28
MT19MP02B	振动给料机运行状态	1=运行 0=停止	DI	29
				30
PB05C	中和细碎系统紧急停止	1=停止 0=不动作	内部信号	31
				32
				33
				34
				35

号码	输　出	描　述		工位号
1				
2				
3				
4				
5				
6	DO1	7#胶带运输机启动指令	1=启动 0=停止	MT19MP03T
7				
8				
9				
10				
11				
12				
13				
14				
15				
16				
17				
18				
19				
20				
21				
22				
23				
24	DO	颚式破碎机启动指令	1=启动 0=不动作	CR19MP01T
25				
26				
27				
28				
29	DO	颚式破碎机停止指令	1=停止 0=不停止	CR19MP01U
30				
31				
32				
33				
34				
35				

图6-2　小颚式破碎机、7#皮带运输机联锁控制逻辑图

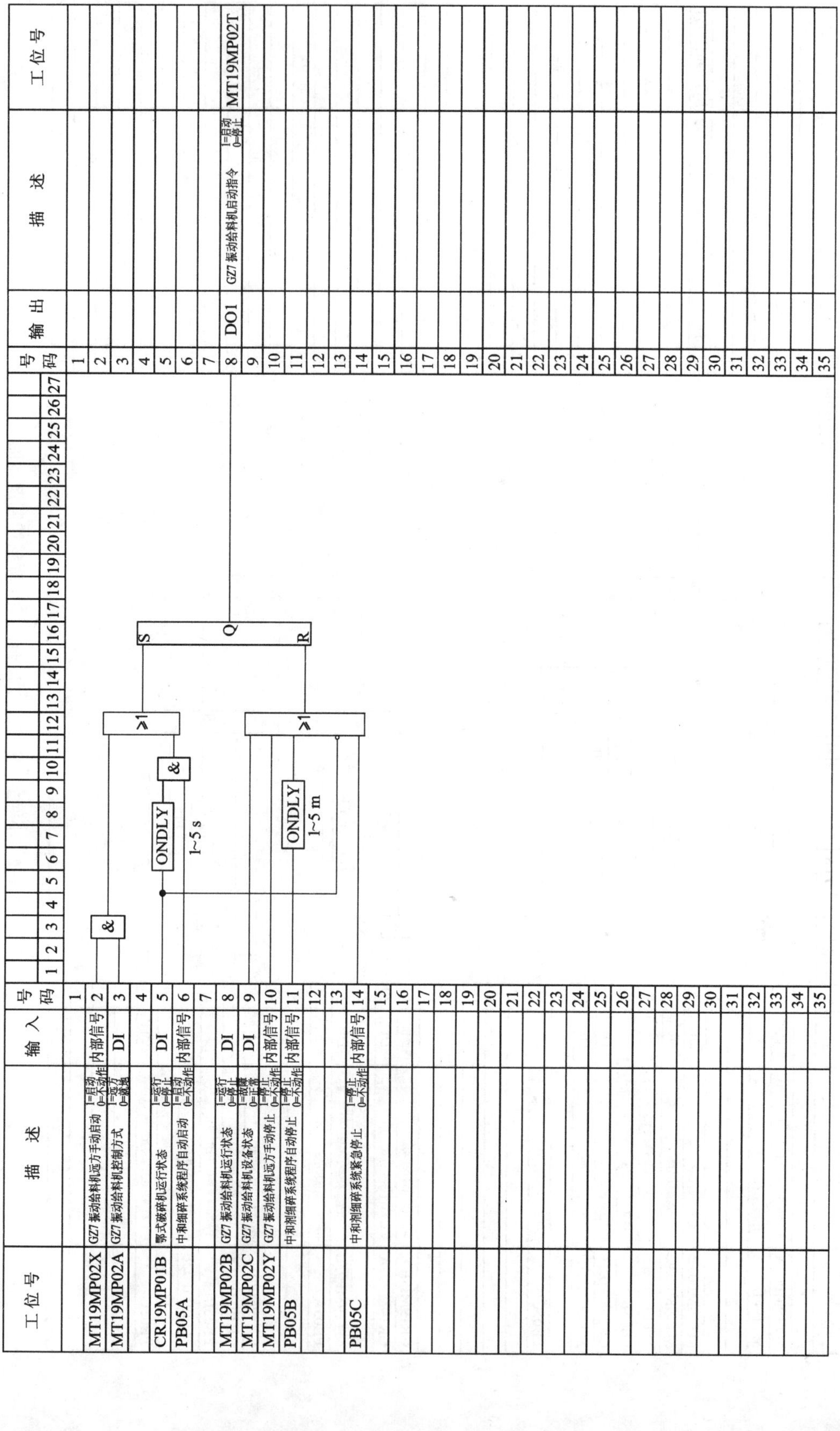

工位号	描述		输入	号码
				1
MT19MP02X	GZ7 振动给料机远方手动启动	1=启动 0=不动作	内部信号	2
MT19MP02A	GZ7 振动给料机控制方式	1=远方 0=就地	DI	3
				4
CR19MP01B	鄂式破碎机运行状态	1=运行 0=停止	DI	5
PB05A	中和细碎系统程序自动启动	1=启动 0=不动作	内部信号	6
				7
MT19MP02B	GZ7 振动给料机运行状态	1=运行 0=停止	DI	8
MT19MP02C	GZ7 振动给料机设备状态	1=故障 0=正常	DI	9
MT19MP02Y	GZ7 振动给料机远方手动停止	1=停止 0=不动作	内部信号	10
PB05B	中和剂细碎系统程序自动停止	1=停止 0=不动作	内部信号	11
				12
				13
PB05C	中和剂细碎系统紧急停止	1=停止 0=不动作	内部信号	14
				15
				16
				17
				18
				19
				20
				21
				22
				23
				24
				25
				26
				27
				28
				29
				30
				31
				32
				33
				34
				35

1 2 3 4 5 6 7 8 9 10 11 12 13 14 15 16 17 18 19 20 21 22 23 24 25 26 27

&

≥1

ONDLY

1~5 s

&

S

Q

R

≥1

ONDLY

1~5 m

号码	输出	描述		工位号
1				
2				
3				
4				
5				
6				
7				
8	DO1	GZ7 振动给料机启动指令	1=启动 0=停止	MT19MP02T
9				
10				
11				
12				
13				
14				
15				
16				
17				
18				
19				
20				
21				
22				
23				
24				
25				
26				
27				
28				
29				
30				
31				
32				
33				
34				
35				

图6-3 振动给料机联锁控制逻辑图

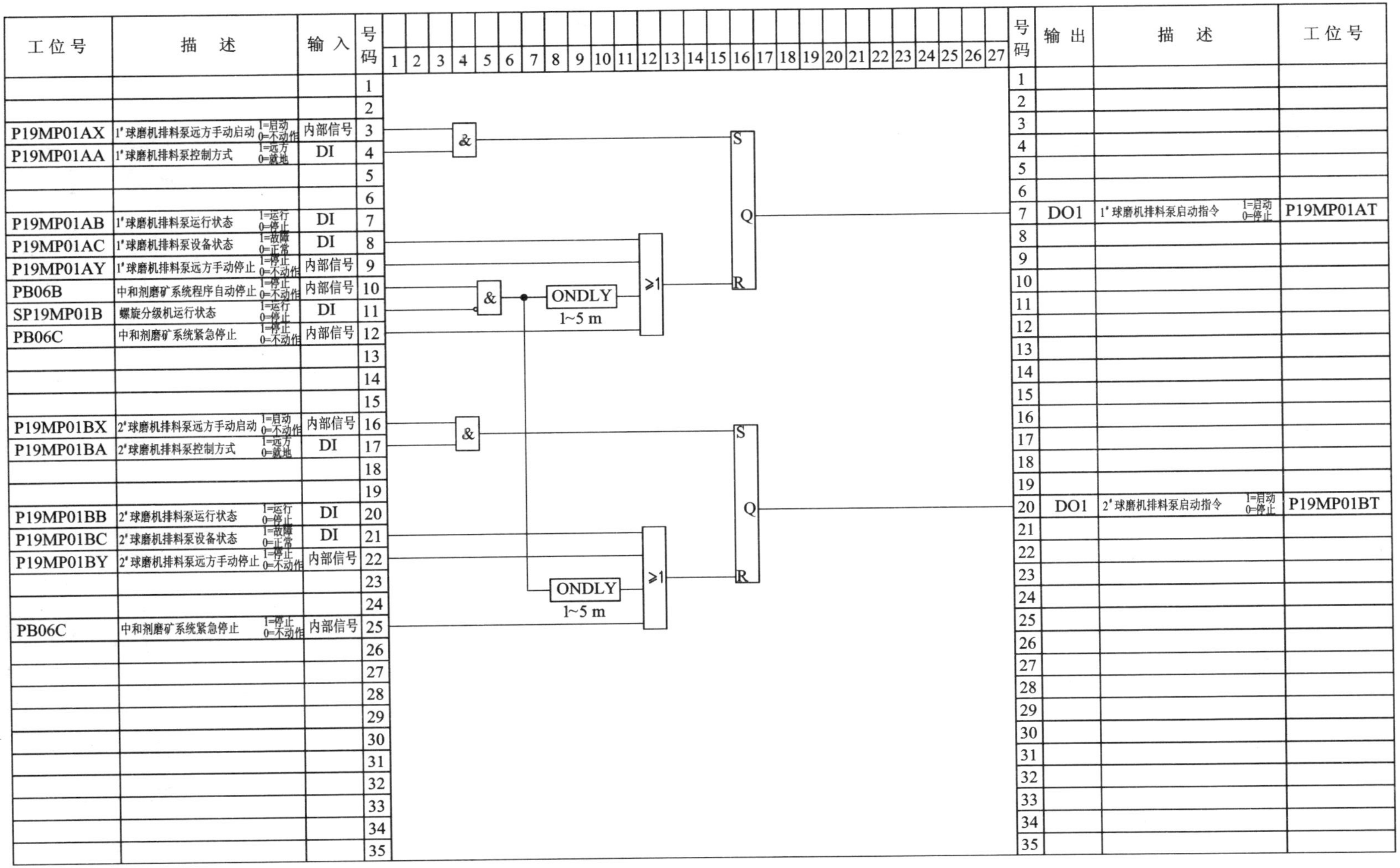

工位号	描述		输入	号码	号码	输出	描述		工位号
				1	1				
				2	2				
P19MP01AX	1' 球磨机排料泵远方手动启动	1=启动 0=不动作	内部信号	3	3				
P19MP01AA	1' 球磨机排料泵控制方式	1=远方 0=就地	DI	4	4				
				5	5				
				6	6				
P19MP01AB	1' 球磨机排料泵运行状态	1=运行 0=停止	DI	7	7	DO1	1' 球磨机排料泵启动指令	1=启动 0=停止	P19MP01AT
P19MP01AC	1' 球磨机排料泵设备状态	1=故障 0=正常	DI	8	8				
P19MP01AY	1' 球磨机排料泵远方手动停止	1=停止 0=不动作	内部信号	9	9				
PB06B	中和剂磨矿系统程序自动停止	1=停止 0=不动作	内部信号	10	10				
SP19MP01B	螺旋分级机运行状态	1=运行 0=停止	DI	11	11				
PB06C	中和剂磨矿系统紧急停止	1=停止 0=不动作	内部信号	12	12				
				13	13				
				14	14				
				15	15				
P19MP01BX	2' 球磨机排料泵远方手动启动	1=启动 0=不动作	内部信号	16	16				
P19MP01BA	2' 球磨机排料泵控制方式	1=远方 0=就地	DI	17	17				
				18	18				
				19	19				
P19MP01BB	2' 球磨机排料泵运行状态	1=运行 0=停止	DI	20	20	DO1	2' 球磨机排料泵启动指令	1=启动 0=停止	P19MP01BT
P19MP01BC	2' 球磨机排料泵设备状态	1=故障 0=正常	DI	21	21				
P19MP01BY	2' 球磨机排料泵远方手动停止	1=停止 0=不动作	内部信号	22	22				
				23	23				
				24	24				
PB06C	中和剂磨矿系统紧急停止	1=停止 0=不动作	内部信号	25	25				
				26	26				
				27	27				
				28	28				
				29	29				
				30	30				
				31	31				
				32	32				
				33	33				
				34	34				
				35	35				

图6-4 球磨机排料泵联锁控制逻辑图

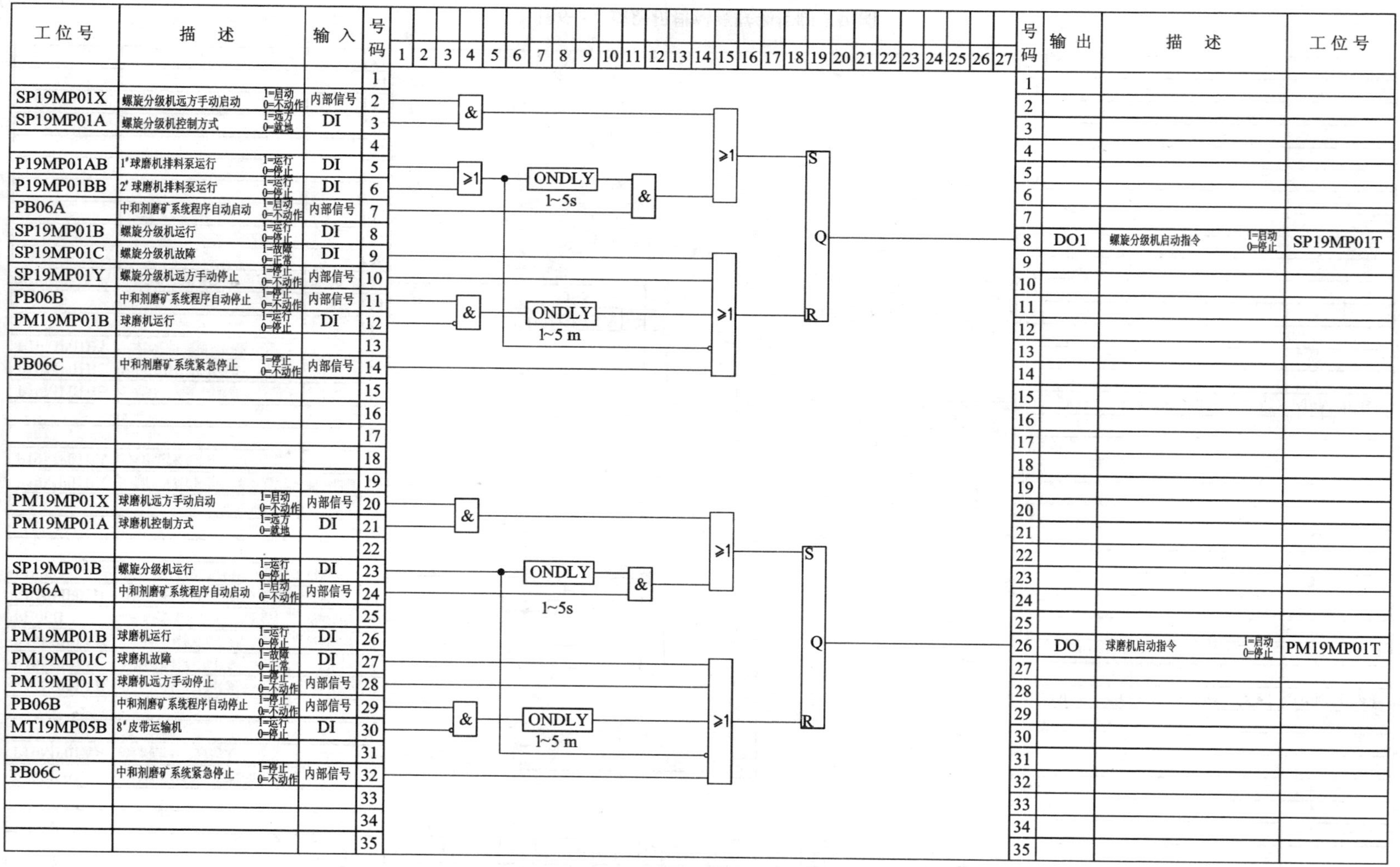

工位号	描述		输入	号码
				1
SP19MP01X	螺旋分级机远方手动启动	1=启动 0=不动作	内部信号	2
SP19MP01A	螺旋分级机控制方式	1=远方 0=就地	DI	3
				4
P19MP01AB	1#球磨机排料泵运行	1=运行 0=停止	DI	5
P19MP01BB	2#球磨机排料泵运行	1=运行 0=停止	DI	6
PB06A	中和剂磨矿系统程序自动启动	1=启动 0=不动作	内部信号	7
SP19MP01B	螺旋分级机运行	1=运行 0=停止	DI	8
SP19MP01C	螺旋分级机故障	1=故障 0=正常	DI	9
SP19MP01Y	螺旋分级机远方手动停止	1=停止 0=不动作	内部信号	10
PB06B	中和剂磨矿系统程序自动停止	1=停止 0=不动作	内部信号	11
PM19MP01B	球磨机运行	1=运行 0=停止	DI	12
				13
PB06C	中和剂磨矿系统紧急停止	1=停止 0=不动作	内部信号	14
				15
				16
				17
				18
				19
PM19MP01X	球磨机远方手动启动	1=启动 0=不动作	内部信号	20
PM19MP01A	球磨机控制方式	1=远方 0=就地	DI	21
				22
SP19MP01B	螺旋分级机运行	1=运行 0=停止	DI	23
PB06A	中和剂磨矿系统程序自动启动	1=启动 0=不动作	内部信号	24
				25
PM19MP01B	球磨机运行	1=运行 0=停止	DI	26
PM19MP01C	球磨机故障	1=故障 0=正常	DI	27
PM19MP01Y	球磨机远方手动停止	1=停止 0=不动作	内部信号	28
PB06B	中和剂磨矿系统程序自动停止	1=停止 0=不动作	内部信号	29
MT19MP05B	8#皮带运输机	1=运行 0=停止	DI	30
				31
PB06C	中和剂磨矿系统紧急停止	1=停止 0=不动作	内部信号	32
				33
				34
				35

号码	输出	描述		工位号
1				
2				
3				
4				
5				
6				
7				
8	DO1	螺旋分级机启动指令	1=启动 0=停止	SP19MP01T
9				
10				
11				
12				
13				
14				
15				
16				
17				
18				
19				
20				
21				
22				
23				
24				
25				
26	DO	球磨机启动指令	1=启动 0=停止	PM19MP01T
27				
28				
29				
30				
31				
32				
33				
34				
35				

图6-5 螺旋分级机、球磨机联锁控制逻辑图

工位号	描述		输入	号码
				1
MT19MP05X	8#皮带运输机远方手动启动	1=启动 0=不动作	内部信号	2
MT19MP05A	8#皮带运输机控制方式	1=远方 0=就地	DI	3
				4
PM19MP01B	球磨机运行	1=运行 0=停止	DI	5
PB06A	中和剂磨矿系统程序自动启动	1=启动 0=不动作	内部信号	6
				7
MT19MP05B	8#皮带运输机运行	1=运行 0=停止	DI	8
MT19MP05C	8#皮带运输机故障	1=故障 0=正常	DI	9
MT19MP05Y	8#皮带运输机远方手动停止	1=停止 0=不动作	内部信号	10
PB06B	中和剂磨矿系统程序自动停止	1=停止 0=不动作	内部信号	11
MT19MP04AB	1#振动给料机	1=运行 0=停止	DI	12
MT19MP04BB	2#振动给料机	1=运行 0=停止	DI	13
				14
MT19MP05D	8#皮带输送机事故开关	1=故障 0=正常	DI	15
PB06C	中和剂磨矿系统紧急停止	1=停止 0=不动作	内部信号	16
				17
				18
				19
				20
				21
				22
				23
				24
				25
				26
				27
				28
				29
				30
				31
				32
				33
				34
				35

号码	输出	描述		工位号
1				
2				
3				
4				
5				
6				
7				
8	DO1	8#皮带运输机启动指令	1=启动 0=停止	MT19MP05T
9				
10				
11				
12				
13				
14				
15				
16				
17				
18				
19				
20				
21				
22				
23				
24				
25				
26				
27				
28				
29				
30				
31				
32				
33				
34				
35				

图6-6 8#皮带运输机联锁控制逻辑图

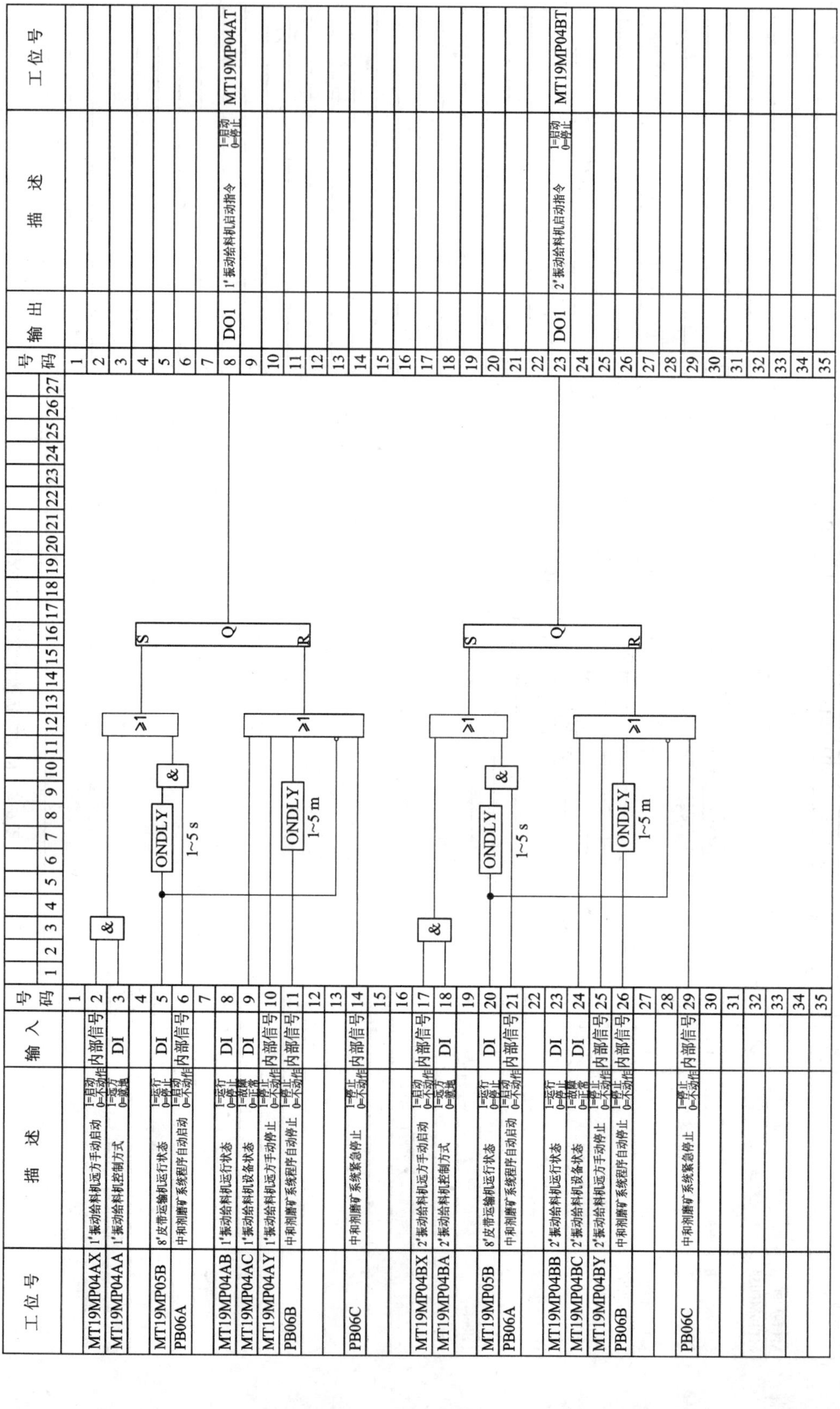

工位号	描述		输入	号码
				1
MT19MP04AX	1#振动给料机远方手动启动	1=启动 0=不动作	内部信号	2
MT19MP04AA	1#振动给料机控制方式	1=远方 0=就地	DI	3
				4
MT19MP05B	8#皮带运输机运行状态	1=运行 0=停止	DI	5
PB06A	中和剂磨矿系统程序自动启动	1=启动 0=不动作	内部信号	6
				7
MT19MP04AB	1#振动给料机运行状态	1=运行 0=停止	DI	8
MT19MP04AC	1#振动给料机设备状态	1=故障 0=正常	DI	9
MT19MP04AY	1#振动给料机远方手动停止	1=停止 0=不动作	内部信号	10
PB06B	中和剂磨矿系统程序自动停止	1=停止 0=不动作	内部信号	11
				12
				13
PB06C	中和剂磨矿系统紧急停止	1=停止 0=不动作	内部信号	14
				15
				16
MT19MP04BX	2#振动给料机远方手动启动	1=启动 0=不动作	内部信号	17
MT19MP04BA	2#振动给料机控制方式	1=远方 0=就地	DI	18
				19
MT19MP05B	8#皮带运输机运行状态	1=运行 0=停止	DI	20
PB06A	中和剂磨矿系统程序自动启动	1=启动 0=不动作	内部信号	21
				22
MT19MP04BB	2#振动给料机运行状态	1=运行 0=停止	DI	23
MT19MP04BC	2#振动给料机设备状态	1=故障 0=正常	DI	24
MT19MP04BY	2#振动给料机远方手动停止	1=停止 0=不动作	内部信号	25
PB06B	中和剂磨矿系统程序自动停止	1=停止 0=不动作	内部信号	26
				27
				28
PB06C	中和剂磨矿系统紧急停止	1=停止 0=不动作	内部信号	29
				30
				31
				32
				33
				34
				35

1 2 3 4 5 6 7 8 9 10 11 12 13 14 15 16 17 18 19 20 21 22 23 24 25 26 27

&
ONDLY
1~5 s
&
≥1
ONDLY
1~5 m
≥1
S
Q
R
&
ONDLY
1~5 s
&
≥1
ONDLY
1~5 m
≥1
S
Q
R

号码	输出	描述		工位号
1				
2				
3				
4				
5				
6				
7				
8	DO1	1#振动给料机启动指令	1=启动 0=停止	MT19MP04AT
9				
10				
11				
12				
13				
14				
15				
16				
17				
18				
19				
20				
21				
22				
23	DO1	2#振动给料机启动指令	1=启动 0=停止	MT19MP04BT
24				
25				
26				
27				
28				
29				
30				
31				
32				
33				
34				
35				

图6-7 振动给料机联锁控制逻辑图

细碎系统设备启动顺序是：

7#皮带输送机→小颚式破碎机→振动给料机。

磨矿系统设备启动顺序是：

螺旋分级机→球磨机→8#皮带输送机→振动给料机→中和剂输出泵。

粗碎部分和矿石粗碎是共用一套设备的。

6.4.3　正常停车（顺向停止）

说明停车顺序也按这 3 个小系统分别进行。

破碎系统设备停止顺序是：

板式给料机→颚式破碎机→1#皮带输送机→6#皮带输送机。

细碎系统设备停止顺序是：

振动给料机→小颚式破碎机→7#皮带输送机。

磨矿系统设备停止顺序是：

振动给料机→8#皮带输送机→球磨机→螺旋分级机→中和剂输出泵。

6.4.4　日常检查内容

日常检查内容如下：

(1)矿石破碎系统全面停止运行后，要将所有设备上漏下的矿石清理干净。

(2)除铁器上若吸有铁块等杂物，要停电清除。

(3)板式给料机的下料口处因水分太多容易堵塞，注意观察及时清除。

(4)在板式给料机的下料口处发现异物要及时清除。

(5)防止皮带跑偏。

(6)运行设备有无不正常的声音等。

(7)在皮带运输机上有杂物要及时清除，防止划破皮带。

(8)遇到紧急情况可拉皮带边的拉绳开关，使运行的皮带机马上停止运行。

(9)所有设备的现场操作箱或机旁控制柜上都有紧急停止按钮，遇到紧急情况可以按下这些紧急停止按钮，运行设备马上自动停止。

第 7 章　尾矿中和工序

该工序将逆流洗涤工序送来的尾矿用水和多余萃余液进行浆化，用白云石乳进行中和，使其成为中性无害废浆料，然后用渣浆泵送到尾矿库进行渣水分离。这个工序属于环保系统工程中的一部分。

7.1　工艺流程

尾矿中和工艺流程图如图 7 – 1 所示。

洗涤干净的尾矿通过 5[#]皮带运输机送到混合槽；选矿车间多余的萃余液用泵送到混合槽；逆流洗涤的滤布清洗水也用泵送到混合槽。在中和剂制备系统制备好的白云石乳用泵送到本系统白云石乳贮槽贮存，然后用泵送到混合槽，和上述酸性溶液进行搅拌中和。经过 4 个 ϕ8 m×8 m 的搅拌槽中和后再溢流到 4 个 ϕ4 m×4 m 的搅拌槽，进一步中和，达到中性（pH 在 7 ~ 8）后用渣浆泵送到尾矿库。若经化验还不能达到中性，则再加入一定量的石灰乳，以保证排放液的 pH 为 7 ~ 8。

渣水混合物在尾矿库进行沉淀，固体就是废矿渣，浮在上面的净水用泵抽回到山上的高位回水池，供选矿系统使用。

7.2　工序设备

尾矿中和工序的主要设备如下。

1. 渣浆泵（2 台）

工位号：P24WD01A ~ B；生产厂家：江西耐普实业公司。型号：150NR – NZJA – M；流量：325 m^3/h；扬程：61 m；功率：160 kW。由西门子公司的变频器进行调速控制。

2. 渣浆泵（2 台）

工位号：P24WD02A ~ B；生产厂家：江西耐普实业公司。型号：25NB – NZJAR；流量：13 m^3/h；扬程：26 m；功率：4 kW。

3. 回水泵（2 台）

工位号：PS30WD01A ~ B；生产厂家：无锡斯普流体设备公司。型号：ICZ80 – 315；流量：156 m^3/h；扬程：130 m；功率：132 kW。

该泵安装在尾矿库的船上，由施耐德公司的软启动器降压启动。

4. 地坑泵

工位号：P24WD02；型号：40NZJV – R；流量：20 m^3/h；扬程：25 m；功率：15 kW。

5. 混合槽搅拌机

工位号：TK23WD01；生产厂家：苏州金翔钛公司。功率：30 kW。

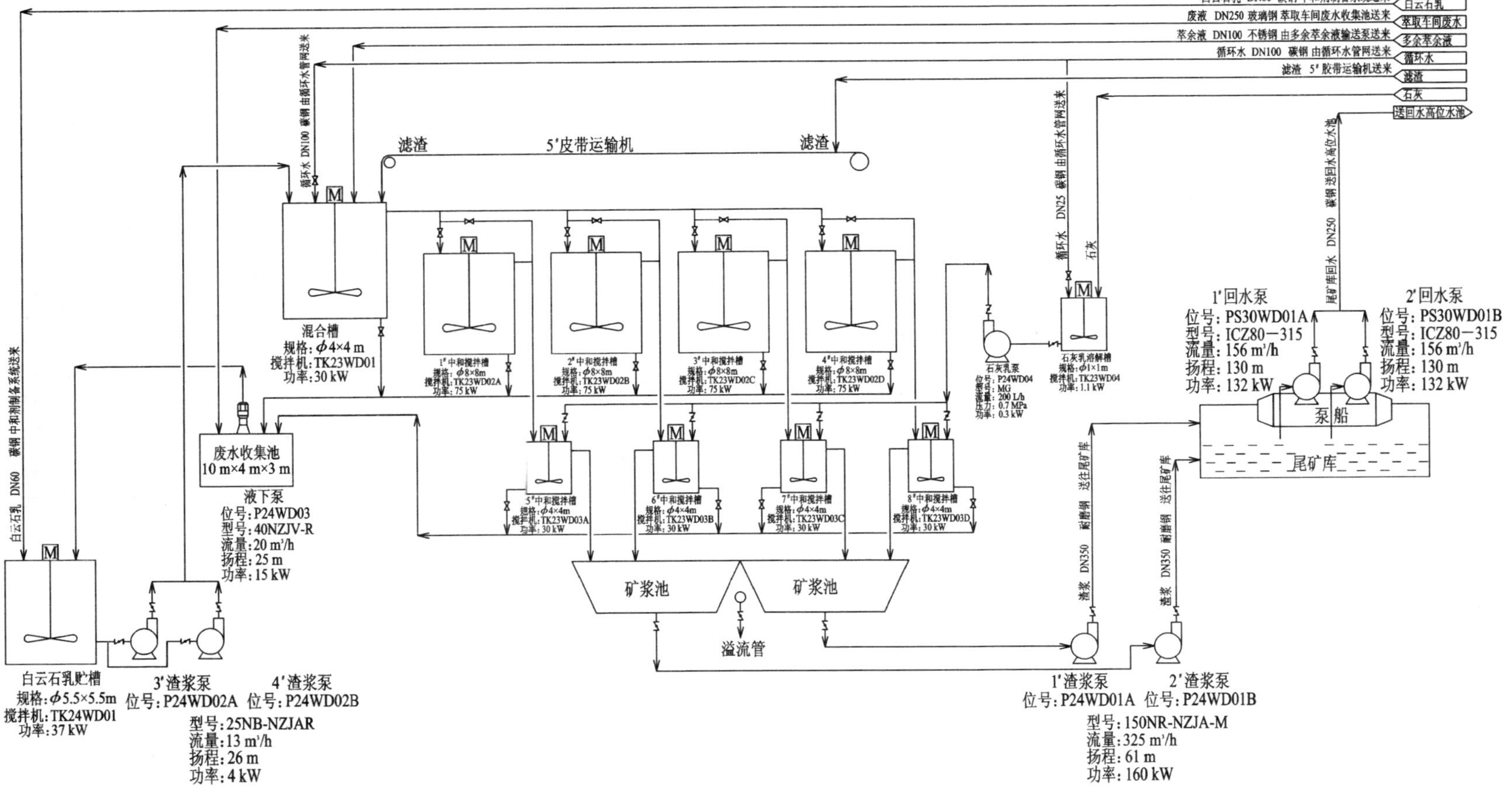

图7-1　中和工序工艺流程图

6. 大中和槽搅拌机(4 台)

工位号：TK23WD02A ~ D；生产厂家：苏州金翔钛公司；功率：75 kW；其电机由 ABB 公司的变频器调速。

7. 小中和槽搅拌机(4 台)

工位号：TK23WD03A ~ D；生产厂家：苏州金翔钛公司；功率：30 kW。

8. 白云石乳贮槽搅拌机(1 台)

工位号：TK24WD01；生产厂家：苏州金翔钛公司。功率：37 kW。

9. 石灰乳隔膜式计量泵

工位号：TK24WD04；生产厂家：浙江力高泵业技术公司。型号：MG；流量：200 L/h；压力：0.7 MPa；功率：0.3 kW。

该工序设备在此不进行特别介绍。

7.3 自动控制系统

本系统全部在现场手动操作，不进入 DCS 系统控制。

4 台 75 kW 电机驱动的中和槽搅拌器采用 ABB 公司的 ACS510 系列变频器进行无级调速，只能在现场手动启动和调速。

2 台 160 kW 电机驱动的渣浆泵采用西门子公司的 MM440 系列变频器无级调速。为了降低成本，2 台渣浆泵共用一台变频器，在控制柜内装有 2 个交流接触器，在控制柜的门上分别装了 2 台泵的启动、停止按钮和运行、停止指示灯。要用哪一台泵只要按下该泵的启动按钮即可。

7.4 生产操作

7.4.1 开车前的准备

(1)检查所有设备是否准备就绪。

(2)检查要运行的设备供电是否正常(操作箱内电源指示灯是否亮)。

(3)搅拌机严禁空转。在开车时，只有当搅拌机下部的桨叶沉没在溶液里面时才能启动搅拌机；在停车时，当溶液的液面低于搅拌机下部的桨叶时，一定要停止搅拌机。

7.4.2 设备启动(逆向启动)

本系统有 10 台运行设备，各设备之间没有太严格的联系关系。

白云石乳系统启动顺序：启动液下泵→中和剂制备系统启动白云石乳输出泵→(当搅拌机下部的桨叶沉没在溶液里面时)→启动白云石乳贮槽搅拌机。

渣浆系统启动顺序：启动多余萃余液输送泵→(当搅拌机下部的桨叶沉没在溶液里面时)→启动混合槽搅拌机→启动白云石乳输送泵→启动 5#皮带运输机→打开 1#中和搅拌槽进液阀→(当 1#中和搅拌槽搅拌机下部的桨叶沉没在溶液里面时)→启动 1#中和搅拌槽搅拌机→(浆液从 1#中和搅拌槽溢流到 5#中和搅拌槽)(当 5#中和搅拌槽搅拌机下部的桨叶沉没在溶液

里面时)→启动 5#中和搅拌槽搅拌机→(浆液从 5#中和搅拌槽溢流到矿浆池)→启动渣浆泵。

渣浆泵启动说明：2 台 160 kW 电机驱动的渣浆泵是采用西门子公司的 MM440 系列变频器进行无级调速，为了降低成本，2 台渣浆泵共用一台变频器，变频器安装在配电室的控制柜内。

在控制柜内装有 2 个交流接触器，分别控制两台渣浆泵；在控制柜的门上分别装了 2 台泵的启动、停止按钮和运行、停止指示灯，还装有速度调节旋钮，手动/自动选择开关，泵选择开关和一个参数显示屏。

步骤：①打开泵出口阀(假设启动 1#泵)。②将泵选择开关掷于左边。③将手动/自动选择开关掷于左边(手动)。④按下 1#泵的绿色启动按钮，渣浆泵启动运行。⑤打开泵进口阀。⑥看着参数显示屏上显示的泵的运行频率，顺时针调节速度调节旋钮，使其转速在合适的范围内(一般在 35 Hz 左右)。

系统投用完毕，尾矿浆送入尾矿库，本系统开始正常生产。

再依次启动 2#中和搅拌槽、6#中和搅拌槽；3#中和搅拌槽、7#中和搅拌槽；4#中和搅拌槽、8#中和搅拌槽。

注：若矿浆池矿浆溶液的 pH 过低，则要往小中和搅拌槽里增加石灰乳。

石灰乳系统启动顺序：打开石灰乳溶解槽的进水阀→(当石灰乳溶解槽搅拌机下部的桨叶沉没在溶液里面时)→启动石灰乳溶解槽搅拌机→加入石灰→依次打开 5～8#中和搅拌槽加石灰乳的阀门→启动石灰乳泵。

7.4.3 正常停车(顺向停止)

通常情况下本系统一般是不停产的，即使停止处理矿渣，也只停止白云石乳的供给、停止外排渣浆泵，各中和槽内还是装满渣浆，搅拌机不能停止运转。

中和系统停车顺序：停止 5#皮带机运输→停止白云石乳供给泵→停止多余萃余液输送泵→停止渣浆泵

7.4.4 日常检查内容

(1)经常用 pH 试纸检测渣浆的 pH，若 pH 太低，则要添加石灰乳。

(2)由于渣浆浓度太高，容易堵塞外排渣浆泵的管道，故要控制渣浆浓度，若浓度太高，则要添加一些水。

(3)经常检查外排渣浆管道是否有堵塞、破损的情况。

(4)若中和系统临时出现故障，可将 5#皮带输送机送来的渣就近排放到附近地下，以免影响逆流洗涤系统的正常生产。

7.5 投产以来的技术改造

矿浆一定要用衬有耐磨材料的管道输送，管道要尽量的短，尽量少拐弯，万一要拐弯也要拐大弯。生产之后管道经常堵塞，经过几次改造后有所好转。

第 8 章　萃取工序

萃取工序是将选矿车间浸出工序送来的含铜浓度为 13.7 g/L 的浸出液进行三级萃取和二级反萃，得到含铜浓度为 44.71 g/L 的电富液，送到电积工序。这是湿法炼铜工艺里最主要的一个工序。

8.1　工艺流程

萃取工艺流程图分别见图 8－1 和图 8－2。

8.1.1　萃取原理

萃取是通过高效铜萃取剂与浸出液的动态接触，使铜从溶液中分离和富集，获得适合电积要求的硫酸铜溶液的过程。萃取过程的基本化学平衡方程式简述如下：

$$\underset{\text{反萃有机相}}{2RH} + \underset{\text{料液(水相)}}{CuSO_4} \underset{\text{反萃}}{\overset{\text{萃取}}{\rightleftharpoons}} \underset{\text{负载有机相}}{R_2Cu} + \underset{\text{萃余液(水相)}}{H_2SO_4}$$

式中：RH 代表高效萃取剂；R_2Cu 代表高效萃取剂与铜形成的络（萃）合物。

图 8－3 为浸出—萃取—电积流程图。

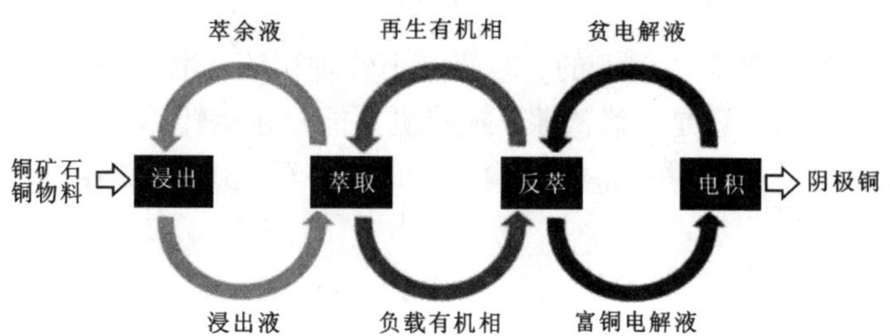

图 8－3　浸出—萃取—电积流程图

当浸出液与有机相混合时，反应向右进行，铜被有机相萃取，形成负载有机相，释放出酸进入浸出液，一般每萃取 1 kg 铜约产生 1.54 kg 硫酸。当电积产生的电解贫液与含铜的负载有机相混合时，反应向左进行，电解液的酸被消耗，铜进入电解贫液。萃取和反萃取反应进行的程度受浸出液中的 pH 和电解贫液酸度的影响。

萃取过程　有机相 + Cu^{2+} 水相（料液） → 有机相（萃合物） + $2H^+$ 水相

反萃过程　有机相（萃合物） + $2H^+$ 水相（电贫液） → 有机相 + Cu^{2+} 水相

萃取和反萃过程如右：

可以看出：

铜的溶液萃取：（弱酸性环境，料液的 pH 在 1.5 左右）

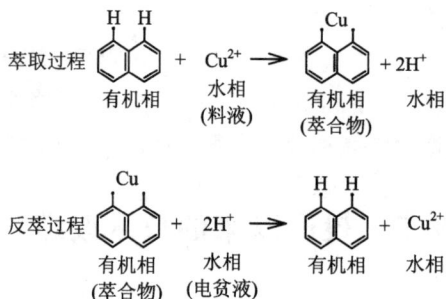

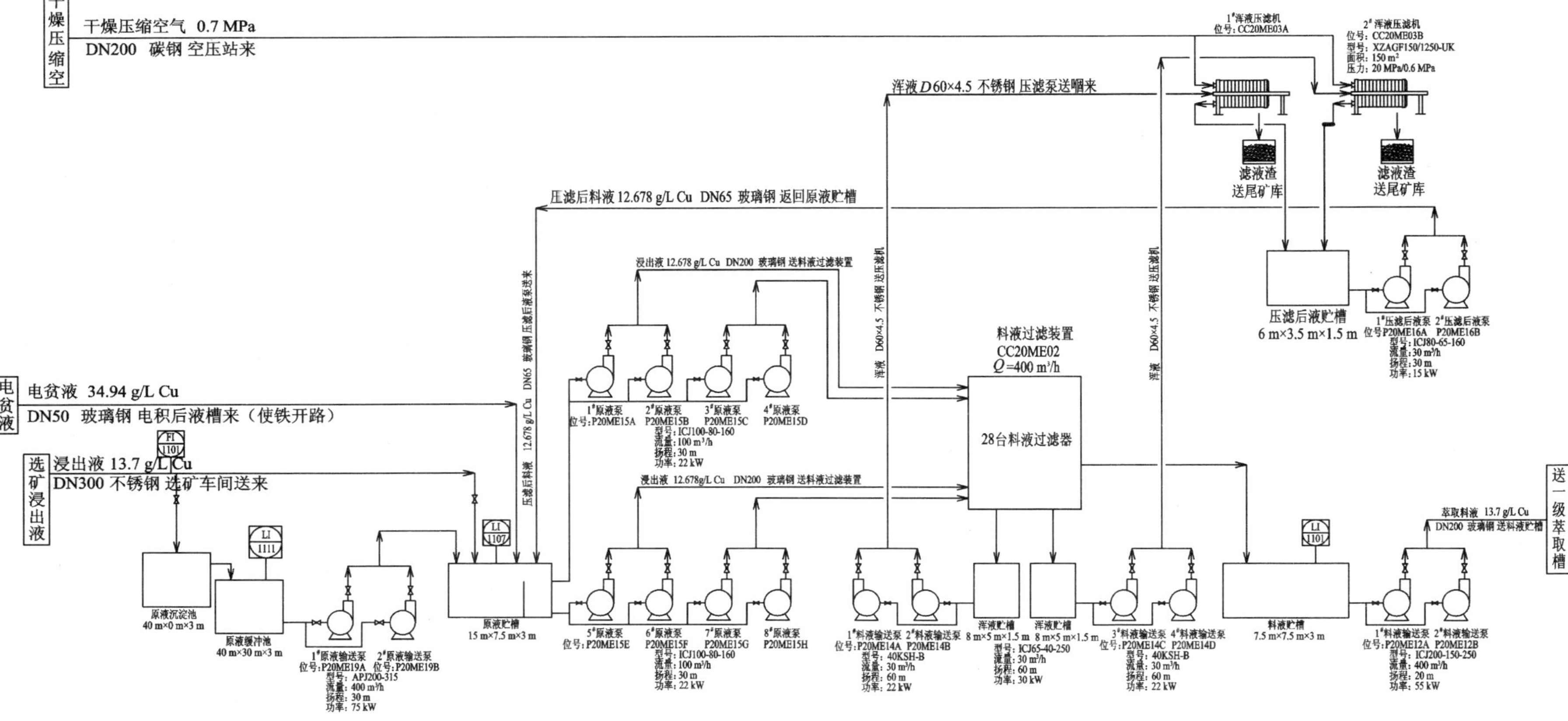

图8-1 萃取料液过滤系统工艺流程图

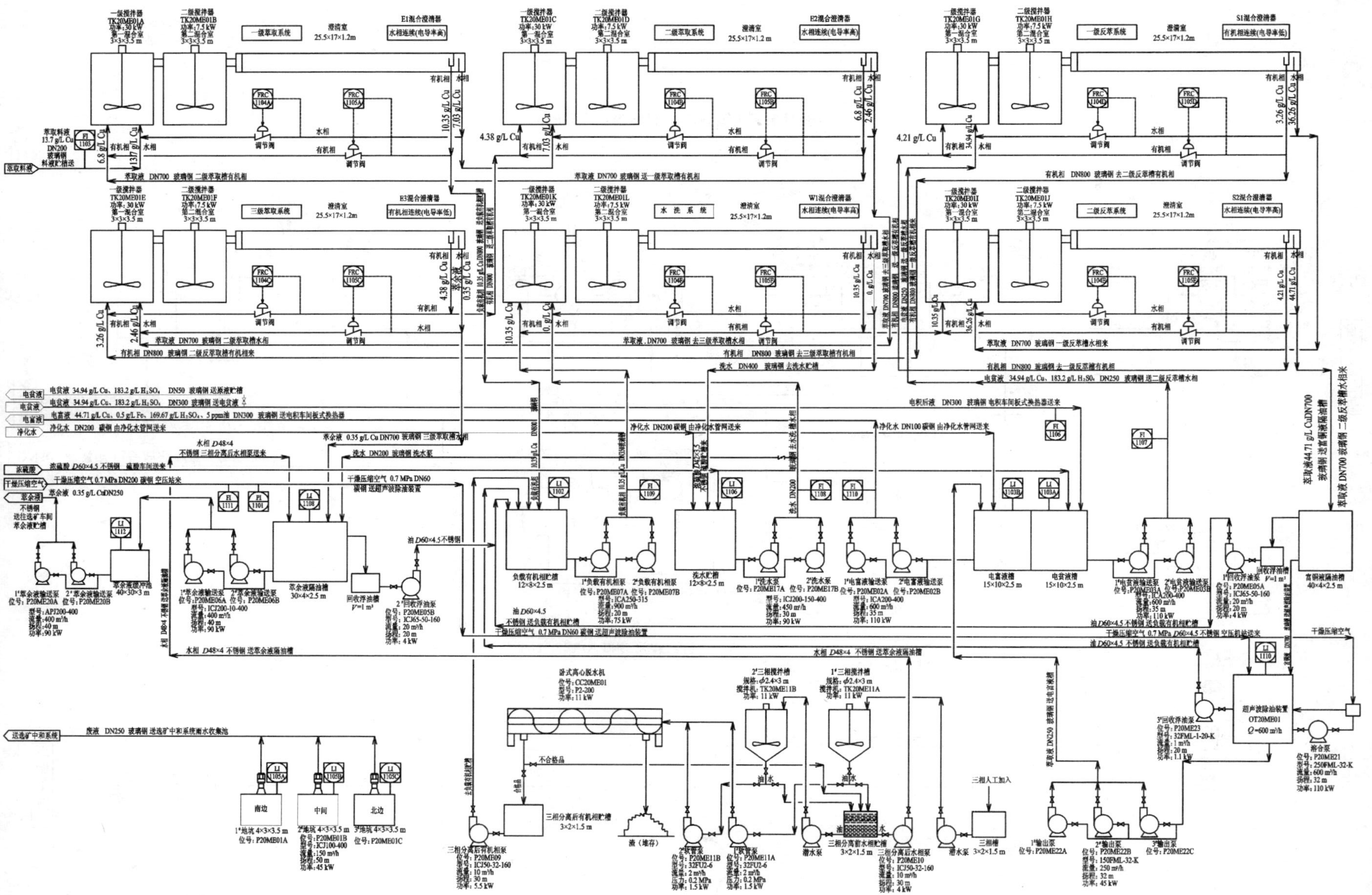

图8-2 萃取系统工艺流程图

将空载有机相和富含铜离子的料液（水相）充分搅拌混合时，水相中的一个 Cu^{2+} 和有机相两个萃取剂分子中的 H^+ 以阳离子等价交换的原则互相交换，料液（水相）中的 Cu^{2+} 跑到萃取剂分子中，生成了含铜的萃合物，使空载有机相变成了负载有机相，铜离子的浓度升高；而有机相两个萃取剂分子中的 H^+ 跑到水相中，生成硫酸，水相中铜离子的浓度降低，酸性增高，变成了不含铜的萃余液。这就是铜的溶液萃取。

铜萃取液的反萃：（强酸性环境：水相中酸浓度在 180 g/L 以上）

将萃取过程中生成含铜萃合物的负载有机相和另外一种水相（电积后的电贫液，酸浓在 180 g/L 以上）进行充分搅拌混合时，负载有机相中的 Cu^{2+} 和水相中的两个 H^+ 以阳离子等价交换的原则进行互相交换：负载有机相中的 Cu^{2+} 跑到水相中，使水相中铜离子的浓度大大提高，由电贫液变成了电富液；而水相中的 H^+ 跑到有机相中，使负载有机相还原成空载有机相。这就是铜萃取液的反萃。

8.1.2　名词解释

（1）**萃取**：将一种称为“萃取剂”的化合物溶解在有机溶剂中组成“有机相”（所选的有机溶剂应不与水互相混溶）。在专门的设备中（混合澄清槽），将有机相与含有多种成分的水溶液（在萃取作业中常称作“水相”）充分接触，在一定的条件下（酸度值），水相中的某种成分（铜）优先与萃取剂起反应，生成能溶于有机溶剂，被称为“萃合物”的化合物，从而实现与不生成萃合物的成分分离，这就是“萃取”。

（2）**反萃**：负荷（可理解为被吸附）在有机相中的萃合物在一定的条件下，与另一个水溶液接触而被分解，被萃取的成分（铜）又回到新的水溶液中，这就是“反萃”。

通过萃取、反萃，不但能实现不同组分的分离，而且采用不同的有机相和水相的体积比，还能达到富集的目的，也就是使反萃得到的水溶液中，被分离的成分的浓度高于原来溶液中的浓度。

萃取时，有机相的质子与水相的铜离子交换，使铜被萃取到有机相，而质子进入水相补充浸取消耗的酸，萃余液返回浸取工序。

反萃是萃取的逆反应，铜返回水相，萃取剂从水相获得质子，恢复酸式结构，返回萃取。用于反萃的电解残液铜浓度上升，酸度降低成为富电解液，返回电积。

萃取过程是金属离子的萃取过程，是溶解于有机溶剂中的萃取剂与水溶液中的金属离子反应，生成溶解于有机溶剂中的化合物（萃合物）的过程。

（3）**有机相**：将萃取剂溶解在有机溶剂中，组成有机相。所选有机溶剂应不与水溶液混溶。

（4）**水相**：溶解有多种金属的水溶液称为水相。

萃取反应是在两个不同的相中进行的，是一种复相反应。

（5）**负荷有机相**：含有萃合物的有机相叫负荷有机相。

（6）**电富液**：也就是“电积富铜液”，就是含铜离子浓度比较高的溶液。SMCO 设计浓度是 44.71 g/L Cu、0.5 g/L Fe、169.67 g/L H_2SO_4、5 ppm 油，是从反萃系统来的含铜离子浓度比较高的溶液。经富铜液隔油槽隔油、超声波除油装置除油以后，用电富液输送泵输送到电积系统电积。

（7）**电贫液**：也就是“电积贫铜液”，是含铜离子浓度比较低的溶液。SMCO 设计浓度是

34.94 g/L Cu、183.2 g/L H_2SO_4，是从电积系统来的电积（提铜）以后的含铜离子浓度比较低的溶液。在电贫液槽加了硫酸调整 pH 以后，再送到萃取系统作为反萃的水相，以提高铜离子的浓度。

（8）**相比**：有机相和水相流量之比。通过控制进混合器的有机相和水相的流量计算相比，通常取相比为 1∶1。

例如，在图 8－2 萃取系统工艺流程图中，若料液输送泵（P20ME12）的转速一定，则料液流量一定。这时，若将负载有机相泵（P20ME07）的转速提高，有机相的流量就增大，那么，相比就增大了；相反，若将负载有机相泵（P20ME07）的转速降低，有机相的流量就减少，那么，相比就减小了。

所以，萃取工序的相比与料液输送泵（P20ME12）和负载有机相泵（P20ME07）的转速有关的，改变任何一台设备的频率都可以改变相比。

同样，反萃工序的相比与电贫液输送泵（P20ME03）和负载有机相泵（P20ME07）的转速有关的，改变任何一台设备的频率都可以改变相比。

SMCO 在萃取时控制相比约为 1.3∶1，在反萃时控制相比约为 1.8∶1，萃取率可达 99%。

（9）**相连续**：在混合澄清槽的混合溶液中，哪一相的量大就是该相连续。水相量大于有机相量就是水相连续，有机相量大于水相量就是有机相连续。通过调节回流量可以改变相连续。

- 水相连续。水相流量大于有机相流量，周围分布着有机相的小液滴。
- 有机相连续。有机相流量大于水相流量，周围分布着水相的小液滴。

相连续将确定有机相离开澄清室相堰时的行为：①当为水相连续时，有机相中不含水相，在水相中含有机相液滴；②当为有机相连续时，水相中不含有机相，在有机相中含有水相液滴。

为减少相夹带水平，通常要运行的混合室相连续为二萃一反工艺。

- 一级萃取。水相连续，减少水相在负载有机相中的夹带（当有污物时，可采用有机相）。
- 二级萃取。有机相连续，减少有机相在萃余液中的损失。

反萃：有机相连续，减少有机相在电解中的损失。

SMCO 的相连续：

一级萃取水相连续（出负载有机相）；

二级萃取水相连续；

三级萃取有机相连续（出萃余液）；

一级反萃有机相连续（出富铜液）；

二级反萃水相连续；

水洗系统水相连续。

- 水相夹带有机相。水相夹带有机相会引起有机相在萃余液和电解液中的损失，有机相进入电积液中会造成阴极铜变色或阴极铜黏在不锈钢阴极板上难剥离，在电积车间有机相会降解，因此不能返回到萃取车间。

- 有机相夹带水相。负载有机相中夹带水相会将杂质元素，特别是铁传递到反萃段，夹带在空载有机相中的水相会把酸和铜传递到萃取液出口段，这会导致萃取段铜的回收率下降。

(10)**萃取剂**：一种化学溶剂。对萃取剂的要求是：

- 对铜有高选择性、负载容量大。
- 动力学速度快，选择性好，容易反萃，分相快。
- 萃合物溶于稀释剂，化学稳定性好，抗氧化，不易降解，水溶性极小。
- 即有较高的萃取常数，又有良好的反萃性能。
- 较高的萃取和反萃速度。
- 萃取剂及生成的萃合物油溶性好。
- 无毒性、无异味。
- 表面活性较低。
- 蒸汽压低，不容易燃烧。
- 性价比高。

SMCO 使用的萃取剂是美国 CYTEC 公司生产的 AcorgaOPT5510，萃取能力是体积比为1%浓度的萃取剂每升可以提取 0.545 g 铜，即每升该浓度的萃取剂大约可以转移 0.34 g 铜。

(11)**稀释剂**：是在萃取过程中用来溶解萃取剂和改质剂的有机溶剂，改善有机相物理性质(密度、黏度)，在溶剂萃取中稀释剂通常在有机相中占 80% 以上(笔者公司的占 82%)。

稀释剂的作用：它可以调节萃取剂的萃取能力、改善萃取性能，是一种惰性溶剂，一般不参与萃取反应，而只是作为载体应用，但严格要求，它必须是能与萃取剂或改质剂互溶，对萃合物有很高的溶解度。

对稀释剂的要求是：

- 低挥发性、低黏度、不含固体。
- 部分蒸发后不会引起组成和性质的变化。
- 闪点在 70℃ 以上。
- 有利于萃取剂的快速萃取、反萃、分相以及选择性。
- 能保证萃取剂及铜的萃合物充分溶解。
- 在萃取、反萃的工作条件下化学稳定性好。
- 低水溶性，与水之间的界面张力较大，不与水发生乳化作用。
- 低毒性。
- 价格适当。

工业上常用的稀释剂为煤油、苯、二甲苯、四氯化碳和氯仿等。其中煤油应用最为广泛，因为其价格便宜，对多种萃取剂都有较大的溶解能力，不易降解，挥发性低，闪点高，不溶于水，表面张力低，密度和黏度小。

SMCO 使用的稀释剂是英国壳牌公司生产的 260# 煤油($1\ m^3$ 煤油 = 0.83 t 260# 煤油)，萃取剂和煤油的质量比是 15%(萃取剂)：85%(煤油)。萃取率在 95% 以上，萃余液是 0.35 g/L Cu、20 g/L H_2SO_4。

(12)**萃取率**：被萃取物进入有机相的量占萃取前料液中被萃取物总量的百分比，它表示萃取平衡中萃取剂的实际萃取能力。

$$萃取率 = (被萃取进入有机相的量/被萃物的原始总量) \times 100\%$$

浸出液里铜离子的浓度和有机相里铜离子的浓度差越大越容易萃取出来。

浸出液里铜离子的浓度提高了，则要提高相比，即增加有机相流量；若浸出液里铜离子的浓度降低了，则要减小相比，即减少有机相流量，可以减少能源的消耗。

影响萃取率的因素有：

- 萃取剂的性能；
- 料液的酸度；
- 萃取剂的浓度；
- 有机相的流量即相比；
- 搅拌的混合强度；
- 外部环境温度等。

8.1.3 萃取工艺的三个阶段、四个循环

三个阶段：萃取、洗涤、反萃。

第一阶段：萃取。具体来说，选矿车间的浸出液经过澄清及过滤后进入萃取系统，与有机相混合起反应，铜离子就进入有机相中。

第二阶段：洗涤——用水对负载有机相进行洗涤，除去杂质。

第三阶段：反萃——用电积来的电贫液将负载有机相中的铜反萃。

四个循环：料液循环、洗水循环、电贫液循环、有机相循环。

(1)萃取系统水相(料液)循环：将浸出液中的铜萃到有机相中去。

循环路线图：参见图 8－1 料液过滤系统工艺流程图、图 8－2 萃取系统工艺流程图。

选矿浸出液(铜离子浓度为 13.7 g/L Cu)→原液沉淀池→原液缓冲池→原液贮槽→料液过滤器→料液贮槽→一级萃取槽水相进口→一级萃取槽水相出口→二级萃取槽水相进口→二级萃取槽水相出口→三级萃取槽水相进口→三级萃取槽水相出口(成为萃余液，铜离子浓度为 0.35 g/L Cu)→萃余液隔油槽→返回选矿车间萃余液贮槽。

从循环路线图中可以看出：铜离子浓度为 13.7 g/L 的浸出液经过三级萃取后，变成了铜离子浓度为 0.35 g/L 的萃余液，说明水相(料液)中的铜被萃取到有机相中去了。

(2)洗涤系统水相(洗涤水)循环：用带酸的水洗涤负载有机相中的杂质，铜的浓度没有变化。

循环路线图：

洗水贮槽→水洗槽水相进口→水洗槽水相出口→洗水贮槽。

(3)反萃系统水相(电贫液)循环：将有机相中的铜反萃到电贫液中去。

循环路线图：(和负载有机相是逆向进行的)

电贫液(新的水相，铜离子浓度为 34.94 g/L Cu)→一级反萃槽水相进口→一级反萃槽水相出口→二级反萃槽水相进口→二级反萃槽水相出口(成为电富液，铜离子浓度为 44.71 g/L Cu)→富铜液隔油槽。

从循环路线图中可以看出：铜离子浓度仅为 34.94 g/L 的电贫液经过二级反萃后，变成了铜离子浓度为 44.71 g/L 的电富液，说明负载有机相中的铜被反萃到新的水相中去了。

(4)有机相循环

A：萃取部分

循环路线图：(和料液是逆向进行的)

有机相(铜离子浓度为 3.26 g/L)→三级萃取槽有机相进口→三级萃取槽有机相出口→

二级萃取槽有机相进口→二级萃取槽有机相出口→一级萃取槽有机相进口→一级萃取槽有机相出口(成为负载有机相，铜离子浓度为 10.35 g/L)→负载有机相贮槽。

B：反萃部分

循环路线图(和电贫液是逆向进行的)：

负载有机相(铜离子浓度为 10.35 g/L)→二级反萃槽有机相进口→二级反萃槽有机相出口→一级反萃槽有机相进口→一级反萃槽有机相出口(成为铜离子浓度为 3.26 g/L 的空载要机相)。

从这两部分的循环路线图中可以看出：在萃取阶段，铜离子浓度为 3.26 g/L 的空载有机相经过三级萃取后，变成了铜离子浓度为 10.35 g/L 的负载有机相，说明(料液)水相中的铜被萃取到有机相中去了；在反萃阶段，铜离子浓度为 10.35 g/L 的负载有机相经过二级反萃后，又成为铜离子浓度仅为 3.26 g/L 的空载有机相，说明负载有机相中的铜被反萃到新的水相(电贫液)中去了。

从图 8－2 萃取系统工艺流程图中可以看出：这两个循环系统实质上是一个循环整体，是不可分割的，只是为了叙述说明方便才将它们分成两个循环的，它们的循环路线是：

负载有机相贮槽(铜离子浓度为 10.35 g/L)→水洗槽有机相进口→水洗槽有机相出口(除去杂质)→二级反萃槽有机相进口→二级反萃槽有机相出口→一级反萃槽有机相进口→一级反萃槽有机相出口(成为铜离子浓度为 3.26 g/L 的空载要机相)→三级萃取槽有机相进口→三级萃取槽有机相出口→二级萃取槽有机相进口→二级萃取槽有机相出口→一级萃取槽有机相进口→一级萃取槽有机相出口(又成为负载有机相，铜离子浓度为 10.35 g/L)→负载有机相贮槽→水洗槽有机相进口……无限循环下去，完成铜离子的富集、除杂后得到合格的电富液。

萃取车间就是由以上四个循环系统组成，它们之间相互联系又相互制约，其中若有任何一个循环出现问题，整个平衡都会被破坏，如果处理不及时就会导致有机相或水相冒槽，后果非常严重。

8.1.4　通俗的说明萃取和反萃

所谓萃取、反萃工艺实质上是对铜浸出液中铜离子浓度进行富集。

萃取时，水相中的铜离子都跑到有机相中去了；反萃时，有机相中的铜离子却跑到水相(不是以前的水相，是另外一个新的水相——电积贫铜液)中去了。

下面介绍萃取时水相和有机相中铜离子浓度的变化过程(参见图 8－3 萃取工艺原理简图)。水相中铜离子浓度的变化过程为：

铜浸出液(水相)进入第一级萃取时(顺向)，铜离子浓度是 13.7 g/L，从第一级萃取出来时铜离子浓度变成了 7.03 g/L，再进入第二级萃取，从第二级萃取出来时铜离子浓度变成了 2.46 g/L，再进入第三级萃取，从第三级萃取出来时铜离子浓度变成了 0.35 g/L(萃余液)。铜离子浓度从 13.7 g/L 变为 0.35 g/L(萃余液)，浓度大大降低，铜浸出液中的铜都到哪里去了呢?

有机相中铜离子浓度的变化过程如下：

有机相进入第三级萃取时(有机相和水相是逆向进行的)，铜离子浓度是 3.26 g/L，从第三级萃取出来时铜离子浓度变成了 4.38 g/L，再进入第二级萃取，从第二级萃取出来时铜离子浓度变成了6.8 g/L，再进入第一级萃取，从第一级萃取出来时铜离子浓度变成了10.35 g/L（负载有机相）。

萃取时，有机相中铜离子浓度从3.26 g/L变为10.35 g/L（负载有机相），铜离子浓度大大上升；而水相中铜离子浓度从13.7 g/L变为0.35 g/L（萃余液），铜离子浓度大大下降。这说明铜浸出液（水相）中的铜都跑到有机相中去了。

反萃时水相和有机相中铜离子浓度的变化过程如下。

有机相中铜离子浓度的变化过程为：

有机相进入第二级反萃时（顺向），铜离子浓度是10.35 g/L（负载有机相），从第二级反萃出来时铜离子浓度变成了4.21 g/L，再进入第一级反萃，从第一级反萃出来时铜离子浓度变成了3.26 g/L。铜离子浓度从10.35 g/L变为3.26 g/L，铜离子浓度大大降低，有机相中的铜都到哪里去了呢？

水相中铜离子浓度的变化过程为：

水相（电积来的电贫液）进入第一级反萃时（逆向），铜离子浓度是34.94 g/L，从第一级反萃出来时铜离子浓度变成了36.26 g/L，再进入第二级反萃，从第二级反萃出来时铜离子浓度变成了44.71 g/L。铜离子浓度从34.94 g/L变为44.71 g/L，铜离子浓度大大上升。

反萃时，有机相中铜离子浓度从10.35 g/L变为3.26 g/L，铜离子浓度大大下降；而水相中铜离子浓度从34.94 g/L变为44.71 g/L，铜离子浓度大大上升。这说明有机相中的铜都“跑”到水相中去了。

就这样，选矿车间送来的浸出液的铜离子浓度只有13.7 g/L，经过萃取、反萃工艺后，得到的铜离子浓度是44.71 g/L。这说明萃取、反萃工艺实质上是对铜浸出液中铜离子浓度进行了浓缩。

而从萃取到反萃，有机相中铜离子的浓度并没有什么变化，还是3.26 g/L。

8.1.5 工艺流程说明

1. 料液的流程说明

选矿车间的浸出液，含铜浓度为13.7 g/L，含悬浮物约为550 mg/L。用泵送到萃取车间原液沉淀池进行沉淀后，溢流进原液缓冲池，然后用泵送到原液贮槽，再次沉淀后用泵送到料液过滤器过滤，除去杂质后料液中的悬浮物小于5 mg/L，溢流到料液贮槽。再用泵送到一级萃取槽水相进口，和有机相一起在混合室混合后进入澄清室。在澄清室，水相和有机相根据密度不同分成两层，水相密度比较大，沉在澄清室的下部，从一级萃取槽水相出口出来，进入二级萃取槽水相进口。同样，和有机相一起在混合室进行混合后进入澄清室，从二级萃取槽水相出口出来，再进入三级萃取槽水相进口，再和有机相一起在混合室混合后进入澄清室，最后从三级萃取槽水相出口出来。料液中的铜没有了，成为含铜离子浓度仅为0.35 g/L的萃余液，在萃余液隔油槽除油后，用泵送到选矿车间萃余液贮槽。

2. 有机相的流程说明

铜离子浓度只有3.26 g/L的空载有机相，进入三级萃取槽有机相进口，和水相一起在混合室混合后进入澄清室。在澄清室，水相和有机相根据密度不同分成两层，有机相密度比较小，浮在澄清室的上部。从三级萃取槽有机相出口出来，进入二级萃取槽有机相进口。同样，和水相一起在混合室混合后进入澄清室，再从二级萃取槽有机相出口出来，进入一级萃取槽有机相进口。从一级萃取槽有机相出口出来，就成为铜离子浓度有 10.35 g/L 的负载有机相，回到负载有机相贮槽。

萃余液隔油槽、富铜液隔油槽、超声波除油装置回收的油都用泵送到负载有机相贮槽，在这里，铜离子浓度为 10.35 g/L。用泵送到水洗槽有机相进口，在混合澄清室内，用酸性水对负载有机相清洗，除去杂质后从水洗槽的有机相出口出来，自流到二级反萃槽有机相进口。和水相(电贫液)一起在混合室混合后进入澄清室。在澄清室，水相和有机相根据密度不同分成两层，有机相密度比较小，浮在澄清室的上部，从二级反萃槽有机相出口出来，进入一级反萃槽有机相进口。同样，和水相一起在混合室混合后进入澄清室，从一级反萃取槽有机相出口出来，成为铜离子浓度只有 3.26 g/L 的空载有机相。

负载有机相中的铜又反萃到新的水相(电贫液)中去了。

在萃取箱，将水相(料液)中的铜萃取到有机相，成为负载有机相；在反萃箱，又将负载有机相中的铜反萃到新的水相(电贫液)中，成为空载有机相。再回到萃取箱，去萃取新的水相中的铜。这样无限循环下去，完成铜离子的富集，除杂后得到合格的电富液。

3. 电贫液的流程说明

电积车间来的电贫液，铜离子浓度只有 34.94 g/L，在电贫液槽里加硫酸调整 pH 后，用泵送到一级反萃取槽水相进口，和有机相一起在混合室混合后进入澄清室。在澄清室，水相和有机相根据密度不同分成两层，水相密度比较大，沉在澄清室的下部。从一级反萃槽水相出口出来，进入二级反萃槽水相进口。同样，和有机相一起在混合室混合后进入澄清室，再从二级萃取槽水相出口出来，就成为铜离子浓度有 44.71 g/L 的富铜液。富铜液自流到富铜液隔油槽除去一部分浮油后，又自流到超声波除油装置除去剩下的浮油，用泵送到电富液槽，再用泵送到电积车间。

电贫液槽抽出 2.5 m^3/h 的电积后液送到原液贮槽，使 Fe 开路。

4. 洗涤水的流程说明

将洗水贮槽的酸性水用泵送到水洗槽水相进口，在混合澄清室内，酸性水对负载有机相进行清洗，除去杂质后从水洗槽的水相出口出来，返回到洗水贮槽。

5. 三相的处理流程说明

从图 8-2 萃取系统工艺流程图可以看出，在铜的萃取生产过程中，经常会产生除水相、有机相以外的杂物，以絮凝物的形式存在，通常将这些杂物称为“三相”。有用的水相、有机相都混杂在三相中，为了有效地回收这些宝贵资源，就要对三相进行处理。

三相絮凝物由人工定期抽出，装在桶内，倒进三相槽，然后用泵送到第一个三相搅拌槽内。经搅拌沉淀后分成两个部分：水相沉在下部，有机相浮在上部。将水相排放到下面的三相分离前水相贮槽再进行沉淀分层，将有机相用软管泵泵入卧式离心脱水机过滤。过滤合格的有机相自流到三相分离后有机相贮槽，再用泵送到负载有机相贮槽，滤渣送尾矿库堆放。

三相分离前水相贮槽中的油水混合物经沉淀后又分成两个部分：水相沉在下部，有机相浮在上部。将下面的水用泵送到萃余液隔油槽；将上面的油用泵送到第二个三相搅拌槽内。经搅拌沉淀后分成两个部分：水相沉在下部，有机相浮在上部。将水相排放到下面的三相分离前水相贮槽再进行沉淀分层，将有机相用软管泵送到卧式离心脱水机过滤。过滤合格的有机相自流到三相分离后有机相贮槽，再用泵送到负载有机相贮槽，滤渣送尾矿库堆放。

8.2 工序设备

8.2.1 主要设备

1. 地坑泵(3 台)

工位号：P20ME01A ~ C；生产厂家：无锡斯普流体设备公司。型号：ICJ100 - 400；流量：150 m^3/h；扬程：50 m；功率：45 kW。电机由施耐德公司的 ATV61 系列变频器控制。

2. 电富液输送泵(2 台)

工位号：P20ME02A ~ B；生产厂家：无锡斯普流体设备公司。型号：ICA200 - 400；流量：600 m^3/h；扬程：35 m；功率：110 kW。电机由施耐德公司的 ATV61 系列变频器控制。

3. 电贫液输送泵(2 台)

工位号：P20ME03A ~ B；生产厂家：无锡斯普流体设备公司。型号：ICA200 - 400；流量：600 m^3/h；扬程：35 m；功率：110 kW。电机由施耐德公司的 ATV61 系列变频器控制。

4. 硫酸计量泵(2 台)

工位号：P20ME04A ~ B；生产厂家：上海顺子机电制造公司；型号：SJM - C - 1000/0.2；流量：1000 L/h；排压：0.25 MPa；功率：0.75 kW。

5. 回收浮油泵(2 台)

工位号：P20ME05A ~ B；生产厂家：无锡斯普流体设备公司。型号：ICJ65 - 50 - 160；流量：20 m^3/h；扬程：20 m；功率：4 kW。

6. 萃余液输送泵(2 台)

工位号：P20ME06A ~ B；生产厂家：无锡斯普流体设备公司。型号：ICJ200 - 10 - 400；流量：400 m^3/h；扬程：40 m；功率：90 kW。电机由施耐德公司的 ATV61 系列变频器控制。

7. 负载有机相泵(2 台)

工位号：P20ME07A ~ B；生产厂家：无锡斯普流体设备公司。型号：ICA250 - 315；流量：900 m^3/h；扬程：20 m；功率：75 kW。电机由施耐德公司的 ATV61 系列变频器控制。

8. 絮凝物泵(1 台)

工位号：P20ME08；型号：ICJ50 - 32 - 160；流量：10 m^3/h；扬程：30 m；功率：4 kW。

9. 三相分离后有机相泵(1 台)

工位号：P20ME09；生产厂家：无锡斯普流体设备公司。型号：ICJ50 - 32 - 160；流量：10 m^3/h；扬程：30 m；功率：5.5 kW。

10. 三相分离后水相泵(1 台)

工位号：P20ME10；生产厂家：无锡斯普流体设备公司。型号：ICJ50 - 32 - 160；流量：10 m^3/h；扬程：30 m；功率：4 kW。

11. 软管泵(2 台)

工位号：P20ME11A ~ B；生产厂家：宜兴灵谷塑料设备公司。型号：32FRU2 - 6；流量：2 m^3/h；压力：0.2 MPa；功率：1.5 kW。

12. 料液输送泵(2 台)

工位号：P20ME12A ~ B；生产厂家：无锡斯普流体设备公司。型号：ICJ200 - 150 - 250；

流量：400 m^3/h；扬程：20 m；功率：55 kW。电机由施耐德公司的ATV61系列变频器控制。

13. 压滤泵[2台(旧)]

工位号：P20ME14A、C；生产厂家：石家庄强大泵业集团公司。型号：40KSH－B；流量：30 m^3/h；扬程：60 m；功率：22 kW。

14. 压滤泵[2台(新)]

工位号：P20ME14B、D；生产厂家：无锡斯普流体设备公司。型号：ICJ65－40－250；流量：30 m^3/h；扬程：60 m；功率：30 kW。

15. 原液泵(8台)

工位号：P20ME15A～F；生产厂家：无锡斯普流体设备公司。型号：ICJ100－80－160；流量：100 m^3/h；扬程：30 m；功率：22 kW。电机由施耐德公司的ATV61系列变频器控制。

16. 压滤后液泵(2台)

工位号：P20ME16A～B；生产厂家：无锡斯普流体设备公司。型号：ICJ80－65－160；流量：30 m^3/h；扬程：50 m；功率：15 kW。

17. 水洗泵(2台)

工位号：P20ME17A～B；生产厂家：无锡斯普流体设备公司。型号：ICJ200－150－40；流量：450 m^3/h；扬程：30 m；功率：90 kW。电机由施耐德公司的ATV61系列变频器控制。

18. 新增缓冲槽原液输送泵(2台)

工位号：P20ME19A～B；生产厂家：无锡斯普流体设备公司。型号：APJ200－315；流量：400 m^3/h；扬程：30 m；功率：75 kW。电机由ABB公司的ACS510系列变频器控制。

19. 新增缓冲槽萃余液输送泵(2台)

工位号：P20ME20A～B；生产厂家：无锡斯普流体设备公司。型号：APJ200－400；流量：400 m^3/h；扬程：40 m；功率：90 kW。电机由ABB公司的ACS510系列变频器控制。

20. 混合澄清槽搅拌器(12台)

工位号：TK20ME01A～L；生产厂家：美国莱宁公司(LIGHTNIM)。型号：76Q40；转速：70 r/min，转速比：21.1；功率：30 kW(大)；7.5 kW(小)。由北京红旭达公司代理，电机等是红旭达公司国内配套的。

21. 三相搅拌槽搅拌机(2台)

工位号：TK20ME01A～B；功率：11 kW。

22. 料液过滤器

工位号：CC20ME02；生产厂家：上海西恩化工设备有限公司。型号：CNⅡ－2200；处理量：400 m^3/h。由西门子公司的S7－200系列PLC系统控制。

23. 超声波除油装置

工位号：OT20ME01；生产厂家：江苏宜兴星晨环保集团有限公司。处理量：600 m^3/h。由西门子公司的S7－200系列PLC系统控制。

(1)超声波除油装置溶合泵(1台)

工位号：P20ME21；生产厂家：无锡斯普流体设备公司。型号：APJ－200－400；流量：600 m^3/h；扬程：32 m；功率：110 kW。

(2)超声波除油装置输出泵(3台)

工位号：P20ME22A～C；生产厂家：无锡宜兴云峰泵业公司。型号：150FML－32－K；

流量：250 m^3/h；扬程：32 m；功率：45 kW。

(3)超声波除油装置回收浮油泵(1 台)

工位号：P20ME23；生产厂家：无锡宜兴云峰泵业公司。型号：32FML－1－20－K；流量：1 m^3/h；扬程：20 m；功率：1.1 kW。

24. 浑液压滤机(2 台)

工位号：CC20ME03A～B；生产厂家：景津压滤机集团公司。型号：XZAGF150/1250－UK；面积：150 m^2；压力：20 MPa/0.6 MPa。由西门子公司的 S7－200 系列 PLC 系统控制。

25. 三相压滤机(1 台)

工位号：CC20ME01；生产厂家：阿法拉伐进口。型号：P2－200；压力：3.0/dm^2。转速：4400 r/min。由 PLC 系统控制。

8.2.2 主要设备介绍

1. 混合澄清槽

主要介绍混合澄清槽的原理和结构，见图 8－4。

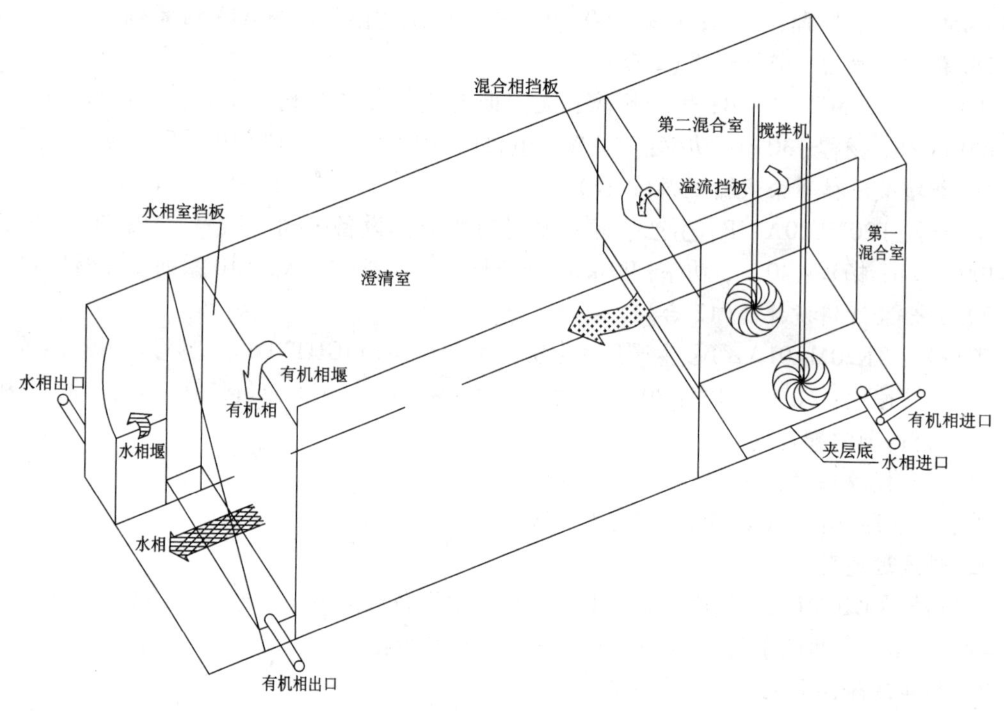

图 8－4 混合澄清槽的基本结构图

混合澄清槽是一个长方形的结构，材质是水泥或玻璃钢。由混合室和澄清室两个部分组成。混合室的尺寸为 3 m×3 m×3.5 m，澄清室的尺寸为 25.5 m×17 m×1.2 m，见图 8－5，图 8－6。

混合室由上、下两部分组成，中间用一个隔板将其分开。下部是有机相和水相的进口部分，上部安装有搅拌机，主要作用是使有机相和水相充分混合。

图 8 -5　SMCO 的萃取混合槽

图 8 -6　SMCO 的萃取澄清槽

混合室的左边有一个溢流口和一个挡板，混合后的混合液从溢流口出来后经挡板挡住，从下边流进澄清室。

为了确保有机相和水相进行充分的混合，一般都设置了两个混合室，有机相和水相先进入第一个混合室，混合后的混合液再进入第二个混合室，再次进行混合后才进入澄清室。

中间较大的空间就是澄清室，从混合室出来的混合液在澄清室里根据密度不同而分成上、下两相，密度较大的沉积在下面，就是水相；密度较小的浮在上面，就是有机相。

澄清室的左边有一个有机相堰，密度较小的有机相越过有机相堰从有机相出口排出混合澄清槽；在有机相出口的左侧有一个水相室挡板和一个水相堰，密度较大的水相沉积在澄清室的下面，越过水相堰从水相出口排出混合澄清槽。

2. 高性能搅拌器

搅拌器是美国莱宁公司(LIGHTNIM)生产的，型号是 76Q40，转速是 70 r/min，转速比是 21.1，功率是 30 kW。由北京红旭达公司代理，电机是红旭达公司国内配套的。

搅拌器由搅拌桨、轴、电机和减速器等组成。

图 8 -7 是从美国莱宁公司购买的搅拌器的搅拌桨叶的备品(在仓库存放，中间孔是固定搅拌轴用的)。

图 8 -7　萃取混合槽的搅拌器

搅拌桨叶的叶片高 30 mm，直径约 2000 mm。其叶片和一般泵的结构类似，故此搅拌机兼有搅拌和液体提升的功能。

从图 8 -5 萃取混合槽的图片可以看出，水相和有机相的进口位置要比萃取混合槽低得多，在水相和有机相进到混合槽的进口，搅拌器启动以后，使水相和有机相混合，同时，由于搅拌器具有提升液体的功能，水相和有机相的混合液被从很低的进口位置提升到位于 3.5 m高的澄清室进口，完成了搅拌和液体输送的功能。

3. 料液过滤器

料液过滤器是上海西恩化工设备有限公司生产的，型号是 CNⅡ -2200。

(1)料液过滤器的工作原理

CNⅡ -2200 过滤器采用整体玻璃钢制作，耐酸耐碱抗氧化，耐高温。过滤器内部装有半米高的悬浮介质层，悬浮过滤介质为 1 ~2 mm 的小球，小球采用高分子加工，密度大约为水的 1/10。

球型介质在过滤器内均匀分布，紧密排列，吸附截留水中的悬浮物，在介质表面形成滤饼层，随着滤饼层的变厚，重力大于浮力，滤饼层脱落掉入底部的浓缩液区。另外本身还带有对偶极子，可以吸附进入悬浮层的细小悬浮物，并且可以结合高效无机絮凝剂吸附废水中的有机物。由于悬浮物结合力比较弱，可通过反冲洗快速冲刷下来，从而又恢复吸附能力。球形介质耐有机物和氧化剂污染，运行过程中不必更换，每年只需添加少许即可。

过滤器反冲洗，采用自身排泥反冲洗，操作简单。

(2)料液过滤器的结构和工作说明

SMCO 的料液过滤器由 4 个布水器、28 个过滤器、28 个自动控制气动蝶阀和一套 PLC 控制系统组成。每个布水器向 7 台过滤器提供待过滤的浑水。浑水从过滤器的中部进入，经过上面半米高的悬浮介质层吸附杂质后从上部溢流出来，见图 8 -8。

图 8 -8　料液过滤器

经过 2 h 的工作(此时间要根据料液的脏污程度而定)，悬浮介质层吸附的大量杂质被集中在下部的浓缩液区，要进行反冲洗以除去这些污泥。这时 PLC 系统就打开第一个过滤器底部的排污阀，对第一个过滤器进行反冲洗。浓缩液区的废液快速冲向处于低处的浑液池，经过 15 秒的快速排放，约 0.5 m^3的废液排放完了，过滤器清洗干净了，PLC 系统就关闭排污阀。45 秒后再打开第二过滤器底部的排污阀，对第二个过滤器进行反冲洗。直到第 28 分钟清洗第 28 个过滤器。

程序设定过滤器的工作周期是 2 小时，每个过滤器的反冲洗时间是 15 秒，每两个过滤器的清洗间隔是 1 分钟。

4. 超声波除油器

超声波除油器是江苏宜兴星晨环保集团有限公司生产，专门用于溶液介质的除油。

超声波除油器的工作原理：

混合在溶液中的小油珠外表都有一层亲水的保护膜，若能去掉这层保护膜，则小油珠就能聚合成大油滴，浮到水面上，就很容易被除去。超声波除油装置就有这个功能。

如图 8 -9 所示，超声波除油器是一个长方形的槽，表面分成多个大小相同的空间；溶液从槽前面的下部进入(由于其液面比富铜液隔油槽低，故是自行流入)，从槽后面排出。槽的前面接入一根 DN50 mm 的钢管，通入 0.7 MPa 的压缩空气。在槽的旁边装了一台循环用的“溶合泵”，在溶合泵的出口有一个压力容器，称溶合罐，往溶合罐里面通入 0.7 MPa 的压缩空气。溶合泵将混有压缩空气的溶液泵入超声波除油器的下部，在突然卸压后，混合在溶液里的小油珠就被分离出来，浮在溶液上，被回收浮油泵定期抽走。在下部的溶液就用泵抽到电富液槽(由于其液面比电富液槽低，故要用泵打进电富液槽)。此排液泵共有 3 台，设计是用 PLC 根据槽内的液位控制的，液位低时只开一台泵，若液位增高则开 2 台排液泵。

在超声波除油器的下部还安放了很多能吸油和杂质的棉球，用格栅将它们封在除油器的下部，以防冲走，一般半年左右要取出进行清洗。图 8 -10 为超声波除油器的溶合罐。

图8-9 超声波除油器

图8-10 超声波除油器的溶合罐

8.3 自动控制系统

由于萃取车间使用的萃取稀释剂是煤油，容易着火燃烧，一不小心发生火灾的后果是相当危险的。2009年，刚果中铁绿纱矿业公司在投料前夕发生一场大火，将整个萃取车间烧为灰烬，损失几亿人民币。

为了防止电火花等，消灭火灾的源头。一般在萃取车间都不设立电气配电室和仪表控制室，而将萃取的电气设备和电积的电积设备共用一个低压配电室；萃取的仪表和电积的仪表共用一个仪表控制室。

萃取系统的监控和联锁都由设立在萃取、电积仪表室的DCS系统进行，电气控制柜设立在萃取、电积系统南边的低压配电室，通过光纤和设立在萃取、电积仪表室的DCS系统通信，进行数据交换。

12台搅拌器和25台各种输送泵都采用施耐德公司的ATV61e（大于90 kW）和ATV 61 s（小于90 kW）系列变频器进行无级调速，即可以在现场进行手动启动和调速，也可以在仪表室进行自动启动和调速。

料液过滤器和超声波除油器都是由西门子公司的S7－200系列PLC进行控制。

8.3.1 FRC1104A 萃取一级循环水相流量调节系统

该系统由下列部分组成。

1. 检测仪表

超声波流量计，型号：7ME3210－3TB25－1QC0，西门子公司生产。将萃取一级循环水相流量变换成4～20 mA DC电流信号。

2. 指示调节器

指示、控制萃取一级循环水相流量。量程是0～500 m^3/h，控制值是379 m^3/h，调节器的动作方向为反作用(RA)。

3. 执行机构

气动衬氟调节蝶阀，型号：HL410180－400C，DN400，气开式(PO)，大连亨利公司生产。控制萃取一级循环水相流量的反馈量。

8.3.2 FRC1104B 萃取二级循环水相流量调节系统

该系统由下列部分组成。

1. 检测仪表

超声波流量计，型号：7ME3210－3TB25－1QC0，西门子公司生产。将萃取二级循环水相流量变换成4～20 mA DC电流信号。

2. 指示调节器

指示、控制萃取二级循环水相流量。量程是0～500 m^3/h，控制值是375 m^3/h，调节器的动作方向为反作用(RA)。

3. 执行机构

气动衬氟调节蝶阀，型号：HL410180－400C，DN400，气开式(PO)，大连亨利公司生产。控制萃取二级循环水相流量的反馈量。

8.3.3 FRC1104C 萃取三级循环水相流量调节系统

该系统由下列部分组成。

1. 检测仪表

超声波流量计，型号：7ME3210－3KB25－1QC0，西门子公司生产。将萃取三级循环水相流量变换成4～20 mA DC电流信号。

2. 指示调节器

指示、控制萃取三级循环水相流量。量程是0～400 m^3/h，控制值是269 m^3/h，调节器的动作方向为反作用(RA)。

3. 执行机构

气动衬氟调节蝶阀，型号：HL410180－300C，DN300，气开式(PO)，大连亨利公司生产。控制萃取三级循环水相流量的反馈量。

8.3.4 FRC1104D 反萃一级循环水相流量调节系统

该系统由下列部分组成。

1. 检测仪表

超声波流量计，型号：7ME3210－3BA25－1QC0，西门子公司生产。将反萃一级循环水相流量变换成4～20 mA DC电流信号。

2. 指示调节器

指示、控制反萃一级循环水相流量。量程是0～300 m^3/h，控制值是214 m^3/h，调节器的动作方向为反作用(RA)。

3. 执行机构

气动衬氟调节蝶阀，型号：HL410180－250C，DN250，气开式(PO)，大连亨利公司生产。控制反萃一级循环水相流量的反馈量。

8.3.5 FRC1104E 反萃二级循环水相流量调节系统

该系统由下列部分组成。

1. 检测仪表

超声波流量计，型号：7ME3210－2PB25－1QC0，西门子公司生产。将反萃二级循环水相流量变换成4～20 mA DC电流信号。

2. 指示调节器

指示、控制反萃二级循环水相流量。量程是0～200 m^3/h，控制值是114 m^3/h，调节器的动作方向为反作用(RA)。

3. 执行机构

气动衬氟调节蝶阀，型号：HL410180－200C，DN200，气开式(PO)，大连亨利公司生产。控制反萃二级循环水相流量的反馈量。

8.3.6 FRC1104F 洗涤一级循环水相流量调节系统

该系统由下列部分组成。

1. 检测仪表

超声波流量计，型号：7ME3210－2PB25－1QC0，西门子公司生产。将洗涤一级循环水相流量变换成4～20 mA DC电流信号。

2. 指示调节器

指示、控制洗涤一级循环水相流量。量程是0～150 m^3/h，控制值是91 m^3/h，调节器的动作方向为反作用(RA)。

3. 执行机构

气动衬氟调节蝶阀，型号：HL410180－150C，DN150，气开式(PO)，大连亨利公司生产。控制洗涤一级循环水相流量的反馈量。

8.3.7 FRC1105A 萃取一级循环有机相流量调节系统

该系统由下列部分组成。

1. 检测仪表

超声波流量计，型号：7ME3210－2PB25－1QC0，西门子公司生产。将萃取一级循环有机相流量变换成4～20 mA DC电流信号。

2. 指示调节器

指示、控制萃取一级循环有机相流量。量程是0～150 m^3/h，控制值是91 m^3/h，调节器的动作方向为反作用(RA)。

3. 执行机构

气动衬氟调节蝶阀，型号：HL410180－150C，DN150，气开式(PO)，大连亨利公司生产。控制萃取一级循环有机相流量的反馈量。

8.3.8 FRC1105B 萃取二级循环有机相流量调节系统

该系统由下列部分组成。

1. 检测仪表

超声波流量计，型号：7ME3210－2PB25－1QC0，西门子公司生产。将萃取二级循环有机相流量变换成4～20 mA DC电流信号。

2. 指示调节器

指示、控制萃取二级循环有机相流量。量程是0～150 m^3/h，调节器的动作方向为反作用(RA)。

3. 执行机构

气动衬氟调节蝶阀，型号：HL410180－150C，DN150，气开式(PO)，大连亨利公司生产。控制萃取二级循环有机相流量的反馈量。

8.3.9 FRC1105C 萃取三级循环有机相流量调节系统

该系统由下列部分组成。

1. 检测仪表

超声波流量计，型号：7ME3210－2PB25－1QC0，西门子公司生产。将萃取三级循环有机相流量变换成4～20 mA DC 电流信号。

2. 指示调节器

指示、控制萃取三级循环有机相流量。量程是0～150 m^3/h，调节器的动作方向为反作用(RA)。

3. 执行机构

气动衬氟调节蝶阀，型号：HL410180－150C，DN150，气开式(PO)，大连亨利公司生产。控制萃取三级循环有机相流量的反馈量。

8.3.10 FRC1105D 反萃一级循环有机相流量调节系统

该系统由下列部分组成。

1. 检测仪表

超声波流量计，型号：7ME3210－2PB25－1QC0，西门子公司生产。将反萃一级循环有机相流量变换成4～20 mA DC 电流信号。

2. 指示调节器

指示、控制反萃一级循环有机相流量。量程是0～150 m^3/h，调节器的动作方向为反作用(RA)。

3. 执行机构

气动衬氟调节蝶阀，型号：HL410180－150C，DN150，气开式(PO)，大连亨利公司生产。控制反萃一级循环有机相流量的反馈量。

8.3.11 FRC1105E 反萃二级循环有机相流量调节系统

该系统由下列部分组成。

1. 检测仪表

超声波流量计，型号：7ME3210－2PB25－1QC0，西门子公司生产。将反萃二级循环有机相流量变换成4～20 mA DC 电流信号。

2. 指示调节器

指示、控制反萃二级循环有机相流量。量程是0～150 m^3/h，调节器的动作方向为反作用(RA)。

3. 执行机构

气动衬氟调节蝶阀，型号：HL410180－150C，DN150，气开式(PO)，大连亨利公司生产。控制反萃二级循环有机相流量的反馈量。

8.3.12　FRC1105F 洗涤一级循环有机相流量调节系统

该系统由下列部分组成。

1. 检测仪表

超声波流量计，型号：7ME3210－2PB25－1QC0，西门子公司生产。将洗涤一级循环有机相流量变换成 4～20 mA DC 电流信号。

2. 指示调节器

指示、控制洗涤一级循环有机相流量。量程是 0～150 m^3/h，调节器的动作方向为反作用(RA)。

3. 执行机构

气动衬氟调节蝶阀，型号：HL410180－150C，DN150，气开式(PO)，大连亨利公司生产。控制洗涤一级循环有机相流量的反馈量。

8.4　仪表监测系统

1. FI1101 萃取原液流量

超声波流量计，西门子公司生产，型号：7ME3210－2PB25－1QC0，量程：0～500 m^3/h。安装在原液槽进口。

2. FI1103 萃取料液流量

超声波流量计，西门子公司生产，型号：7ME3210－2PB25－1QC0，量程：0～500 m^3/h。安装在 1#萃取槽水相进口管。

3. FI1106 电贫液流量

超声波流量计，西门子公司生产，型号：7ME3210－2PB25－1QC0，量程：0～700 m^3/h。安装在电贫液泵出口管。

4. FI1107 反萃前液流量

超声波流量计，西门子公司生产，型号：7ME3210－2KB25－1QC0，量程：0～700 m^3/h。安装在电积后液泵出口管。

5. FI1108 水洗液流量

超声波流量计，西门子公司生产，型号：7ME3210－2TB25－1QC0，量程是 0～600 m^3/h。安装在洗水泵出口管。

6. FI1109 负载有机相流量

超声波流量计，西门子公司生产，型号：7ME3210－2TB25－1QC0，量程：0～1000 m^3/h。安装在负载有机相泵出口管。

7. FI1110 电富液流量

超声波流量计，西门子公司生产，型号：7ME3210－2PB25－1QC0，量程是 0～700 m^3/h。安装在电富液泵出口管。

8. FI1111 压缩空气流量

气体质量流量计，北京德菲生产，型号：FT2－INSERTION－6I－SS－ST－E2－DD－BO

-G2，量程是 0~5000 m^3(标)/h。安装在压缩空气管上。

9. PI1101 压缩空气压力

压力变送器，四川仪表厂生产，型号：EJA530A-DBS4N-02DE/NF1，量程：0~1.0 MPa。安装在压缩空气管上。

10. LI1101 料液槽液位

雷达液位计，西门子公司生产，型号：7ML5431-0AD20-1DG1，量程：0~3.0 m。安装在料液槽上。

11. LI1102 负载有机相槽液位

雷达液位计，西门子公司生产，型号：7ML5431-0AD20-1DG1，量程：0~3.0 m。安装在负载有机相槽上。

12. LI1103A 电贫液槽液位

雷达液位计，西门子公司生产，型号：7ML5431-0AD20-1DG1，量程：0~3.0 m。安装在电贫液槽上。

13. LI1103B 电富液槽液位

雷达液位计，西门子公司生产，型号：7ML5431-0AD20-1DG1，量程：0~3.0 m。安装在电富液槽上。

14. LI1105A

1#地坑液位，雷达液位计，西门子公司生产，型号：7ML5431-0AD20-1DG1，量程：0~3 m。安装在1#地坑上。

15. LI1105B

2#地坑液位，雷达液位计，西门子公司生产，型号：7ML5431-0AD20-1DG1，量程：0~3 m。安装在2#地坑上。

16. LI1105C

3#地坑液位，雷达液位计，西门子公司生产，型号：7ML5431-0AD20-1DG1，量程：0~3 m。安装在3#地坑上。

17. LI1106 洗水槽液位

雷达液位计，西门子公司生产，型号：7ML5431-0AD20-1DG1，量程：0~3 m。安装在洗水槽上。

18. LI1107 原液槽液位

雷达液位计，西门子公司生产，型号：7ML5431-0AD20-1DG1，量程：0~3.0 m。安装在原液槽上。

19. LI1108

萃余液隔油槽液位，雷达液位计，西门子公司生产，型号：7ML5431-0AD20-1DG1，量程：0~2.5 m。安装在萃余液隔油槽上。

20. LI1109

超声波除油器液位，超声波液位计，西门子公司生产，型号：7ML1201-0EF00，量程：0~2.0 m。安装在超声波除油器上。

21. LI1111

原液缓冲池液位，超声波液位计，西门子公司生产，型号：7ML1201-0EF00，量程：

0 ~4.0 m。安装在原液缓冲池上。

22. LI1112

萃余液缓冲池液位，超声波液位计，西门子公司生产，型号：7ML1201 - 0EF00，量程：0 ~4.0 m。安装在萃余液缓冲池上。

8.5　设备联锁系统

选矿的浸出液送到萃取车间，经萃取、反萃提高了溶液的铜品位后送到电积车间去电积产生阴极铜，铜离子浓度下降了的电贫液再送到萃取车间作反萃的水相。

1. 三个车间有关槽的液位互相之间都有自约的关系

- 若电积车间的电积后液泵因故停止，电积后液送不出去。而萃取车间的电富液泵照常往电积系统送料液，电积系统就会冒槽，甚至损坏由玻璃钢制作的贮槽；
- 若萃取车间的电富液泵因故停止，电富液送不出去。而电积车间的电积后液泵照常往萃取系统送料液，萃取系统也会冒槽。

为了解决萃取车间和电积车间各溶液贮槽之间的矛盾，我们设计了一套选冶厂联锁系统：

- 电积车间的电积后液泵因故停止，则萃取车间的电富液泵也要延时停止，选矿车间的送液泵也要延时停止；
- 萃取车间的电富液泵因故停止，则电积车间的电积后液泵也要延时停止，选矿车间的送液泵也要延时停止。
- 不管是萃取还是电积的系统出了故障，选矿的送料泵都要停止。

选冶厂溶液流向示意如图 8 - 11 所示。

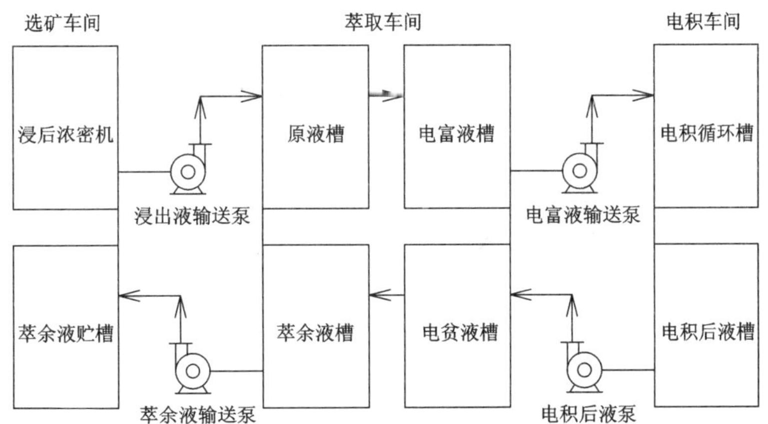

图 8 - 11　选冶厂溶液流向示意图

2. 根据上述原则编制的联锁程序

- 4 台电积后液泵若全部停止（指在正常生产过程中突然停止），则萃取车间的 2 台电富液输送泵（通常是一用一备）也要延时停止，延迟时间定多少可以在 DCS 系统进行设定，也可以在程序上设定。

• 电富液输送泵启动的设定：先启动电富液输送泵，在电富液输送泵运行一段时间后必须启动电积后液泵，延迟时间可以在DCS系统设定，也可以在程序上设定。若在规定的时间内电积后液泵没有正常启动，则电富液输送泵马上自动停止(为了防止电积系统冒槽事故)先启动电积后液泵也是一样的。

这两个程序和前一个程序是一样的：

• 2台电富液输送泵若全部停止(指在正常生产过程中突然停止)，则电积车间的4台电积后液泵(通常是二用二备)也要延时停止，延迟时间定多少可以在DCS系统设定，也可以在程序上设定。

• 电积后液泵启动的设定：先启动电积后液泵，在电积后液泵运行一段时间后必须启动电富液输送泵，延迟时间可以在DCS系统设定，也可以在程序上设定。若在规定的时间内电富液输送泵没有正常启动，则电积后液泵马上自动停止(为了防止萃取系统冒槽事故)先启动电富液输送泵也是一样的。

这两个程序和前一个程序是一样的：

在正常生产过程中，2台电富液输送泵或4台电积后液泵都停止运行(指在正常生产过程中突然停止)，则选矿车间的3台浸出液泵也要延时停止，延迟时间可以在DCS系统设定，也可以在程序上设定。

选矿车间的3台浸出液泵的启动是这样定的：只有电积后液泵和电富液输送泵都在正常运行，选矿车间的3台浸出液泵才能正常启动。

8.6 生产操作

选矿车间有7个子项，它们互相之间基本上都是独立的，可以单独启动与停止，与其他工序没有太多的牵连。由于工序的特点，它们必须严格执行“逆向启动”和“顺向停止”的原则。

萃取车间和选矿车间不一样，从前面介绍过的“工艺流程说明”可以看出，全车间就是一个工序，所有的设备组成一个闭合的循环回路，就像物理学中的串联电路一样，若其中一个环节出了故障，整个车间都要停下来，否则就要出生产事故。

由于该车间都是一些槽槽罐罐，正常生产时槽内的液位一般控制在60%～70%，还有一定的余量，所以，槽内的溶液即使“先进后出”也没有太大的关系，只是各设备之间的启动间隔时间不要太长。

故在萃取车间开车时，不一定要遵循“逆向启动”的原则，在正常停车时也不一定要遵循“顺向停止”的原则。

图8－12至图8－16为溶液控制逻辑图。

8.6.1 开车前的准备

(1)检查所有设备是否准备就绪。

(2)检查要运行的设备供电是否正常(操作箱内电源指示灯是否亮)。

(3)所有玻璃钢管道、法兰及膨胀接有无滴漏情况。

(4)车间地面及地沟的防腐情况。

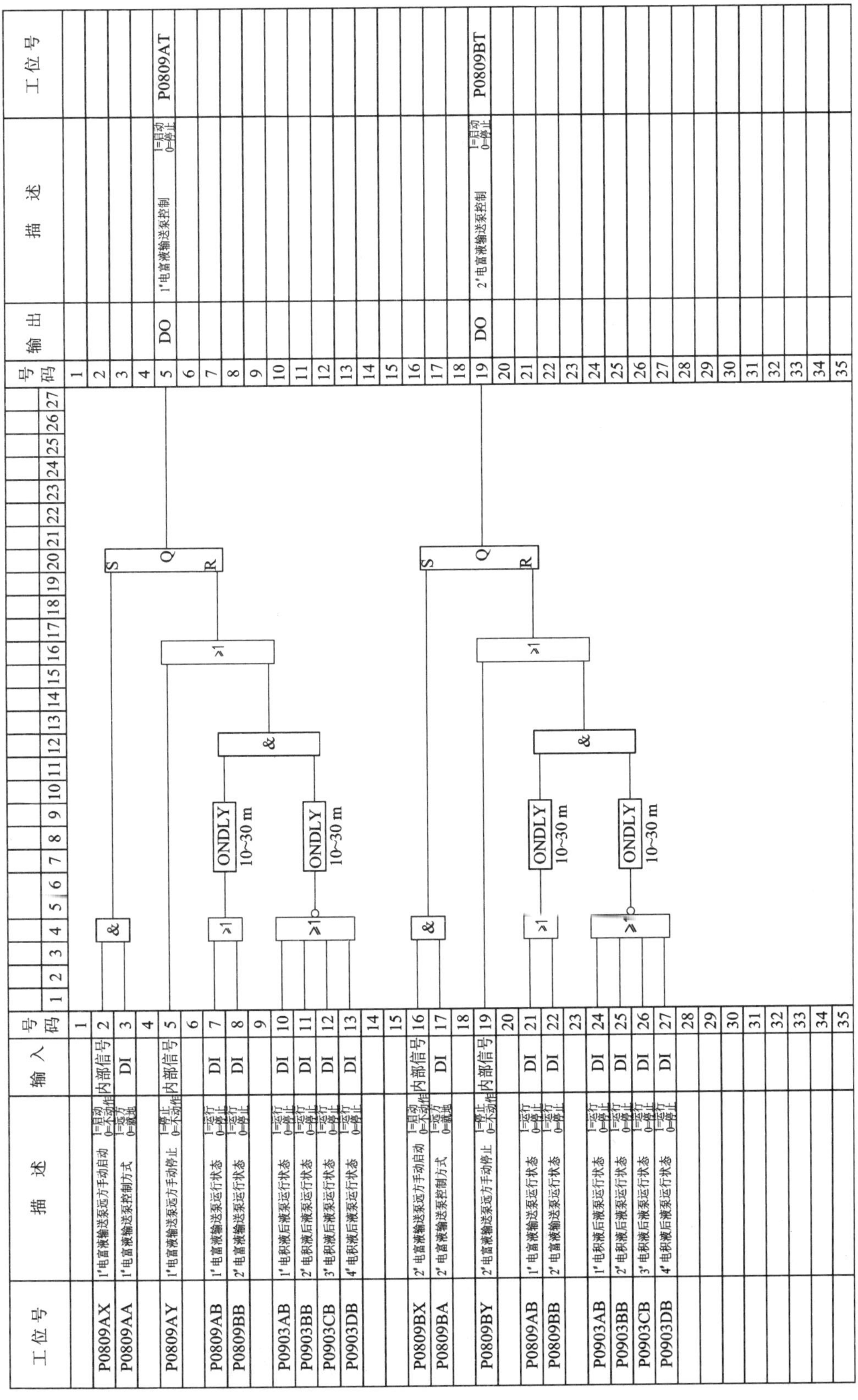

工位号	描　述		输　入	号码
				1
P0809AX	1#电富液输送泵远方手动启动	1=启动 0=不动作	内部信号	2
P0809AA	1#电富液输送泵控制方式	1=远方 0=就地	DI	3
				4
P0809AY	1#电富液输送泵远方手动停止	1=停止 0=不动作	内部信号	5
				6
P0809AB	1#电富液输送泵运行状态	1=运行 0=停止	DI	7
P0809BB	2#电富液输送泵运行状态	1=运行 0=停止	DI	8
				9
P0903AB	1#电积液后液泵运行状态	1=运行 0=停止	DI	10
P0903BB	2#电积液后液泵运行状态	1=运行 0=停止	DI	11
P0903CB	3#电积液后液泵运行状态	1=运行 0=停止	DI	12
P0903DB	4#电积液后液泵运行状态	1=运行 0=停止	DI	13
				14
				15
P0809BX	2#电富液输送泵远方手动启动	1=启动 0=不动作	内部信号	16
P0809BA	2#电富液输送泵控制方式	1=远方 0=就地	DI	17
				18
P0809BY	2#电富液输送泵远方手动停止	1=停止 0=不动作	内部信号	19
				20
P0809AB	1#电富液输送泵运行状态	1=运行 0=停止	DI	21
P0809BB	2#电富液输送泵运行状态	1=运行 0=停止	DI	22
				23
P0903AB	1#电积液后液泵运行状态	1=运行 0=停止	DI	24
P0903BB	2#电积液后液泵运行状态	1=运行 0=停止	DI	25
P0903CB	3#电积液后液泵运行状态	1=运行 0=停止	DI	26
P0903DB	4#电积液后液泵运行状态	1=运行 0=停止	DI	27
				28
				29
				30
				31
				32
				33
				34
				35

1 2 3 4 5 6 7 8 9 10 11 12 13 14 15 16 17 18 19 20 21 22 23 24 25 26 27

&
≥1
≥1
ONDLY 10~30 m
ONDLY 10~30 m
&
≥1
S Q R
&
≥1
≥1
ONDLY 10~30 m
ONDLY 10~30 m
&
≥1
S Q R

号码	输　出	描　述		工位号
1				
2				
3				
4				
5	DO	1#电富液输送泵控制	1=启动 0=停止	P0809AT
6				
7				
8				
9				
10				
11				
12				
13				
14				
15				
16				
17				
18				
19	DO	2#电富液输送泵控制	1=启动 0=停止	P0809BT
20				
21				
22				
23				
24				
25				
26				
27				
28				
29				
30				
31				
32				
33				
34				
35				

图8-12　萃取车间1#、2#电富液输送泵控制逻辑图

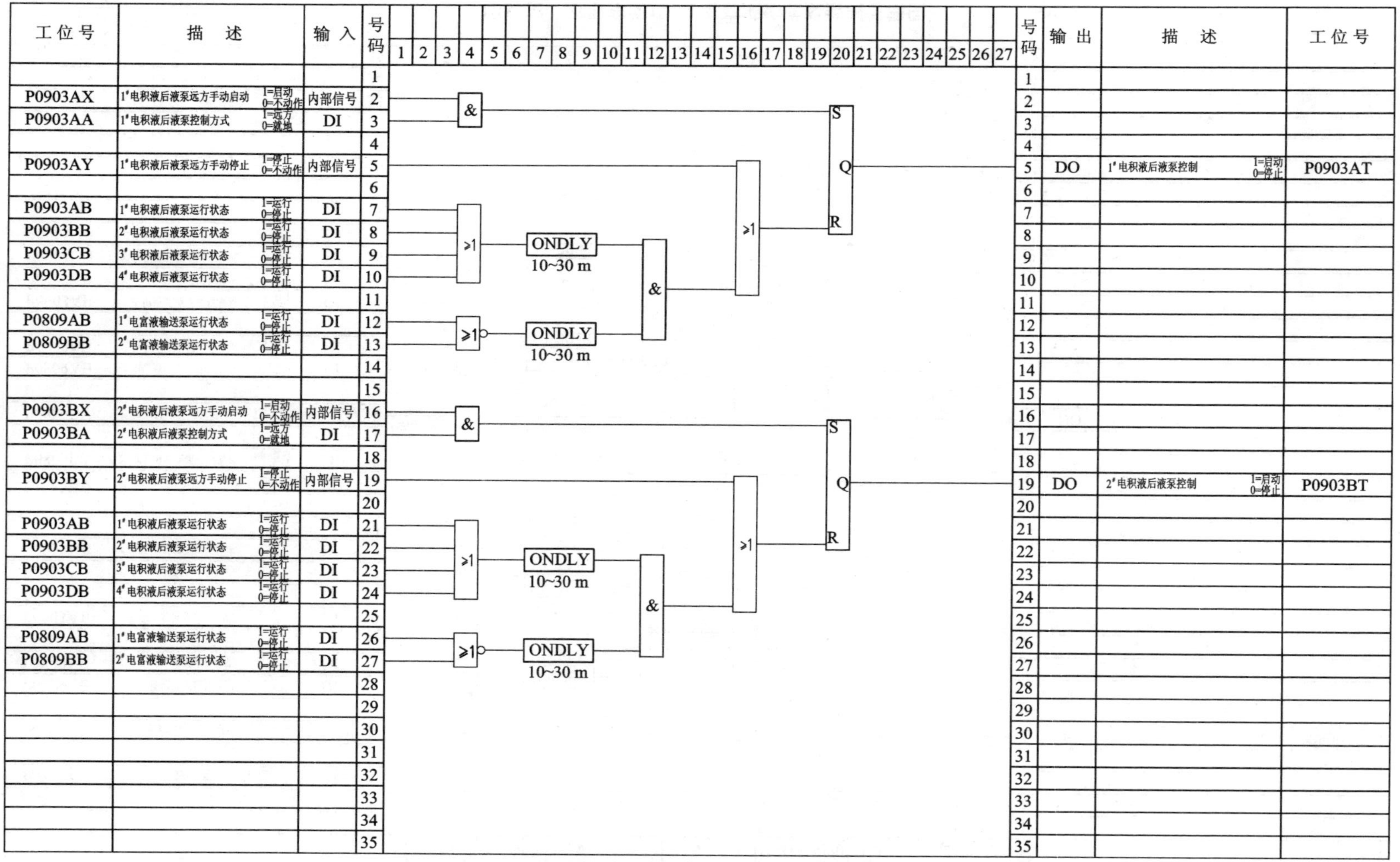

工位号	描述		输入	号码
				1
P0903AX	1#电积液后液泵远方手动启动	1=启动 0=不动作	内部信号	2
P0903AA	1#电积液后液泵控制方式	1=远方 0=就地	DI	3
				4
P0903AY	1#电积液后液泵远方手动停止	1=停止 0=不动作	内部信号	5
				6
P0903AB	1#电积液后液泵运行状态	1=运行 0=停止	DI	7
P0903BB	2#电积液后液泵运行状态	1=运行 0=停止	DI	8
P0903CB	3#电积液后液泵运行状态	1=运行 0=停止	DI	9
P0903DB	4#电积液后液泵运行状态	1=运行 0=停止	DI	10
				11
P0809AB	1#电富液输送泵运行状态	1=运行 0=停止	DI	12
P0809BB	2#电富液输送泵运行状态	1=运行 0=停止	DI	13
				14
				15
P0903BX	2#电积液后液泵远方手动启动	1=启动 0=不动作	内部信号	16
P0903BA	2#电积液后液泵控制方式	1=远方 0=就地	DI	17
				18
P0903BY	2#电积液后液泵远方手动停止	1=停止 0=不动作	内部信号	19
				20
P0903AB	1#电积液后液泵运行状态	1=运行 0=停止	DI	21
P0903BB	2#电积液后液泵运行状态	1=运行 0=停止	DI	22
P0903CB	3#电积液后液泵运行状态	1=运行 0=停止	DI	23
P0903DB	4#电积液后液泵运行状态	1=运行 0=停止	DI	24
				25
P0809AB	1#电富液输送泵运行状态	1=运行 0=停止	DI	26
P0809BB	2#电富液输送泵运行状态	1=运行 0=停止	DI	27
				28
				29
				30
				31
				32
				33
				34
				35

1 2 3 4 5 6 7 8 9 10 11 12 13 14 15 16 17 18 19 20 21 22 23 24 25 26 27

&
≥1
≥1
ONDLY 10~30 m
ONDLY 10~30 m
&
≥1
S Q R

号码	输出	描述		工位号
1				
2				
3				
4				
5	DO	1#电积液后液泵控制	1=启动 0=停止	P0903AT
6				
7				
8				
9				
10				
11				
12				
13				
14				
15				
16				
17				
18				
19	DO	2#电积液后液泵控制	1=启动 0=停止	P0903BT
20				
21				
22				
23				
24				
25				
26				
27				
28				
29				
30				
31				
32				
33				
34				
35				

图8-13　电积车间1#、2#电积后液泵控制逻辑图

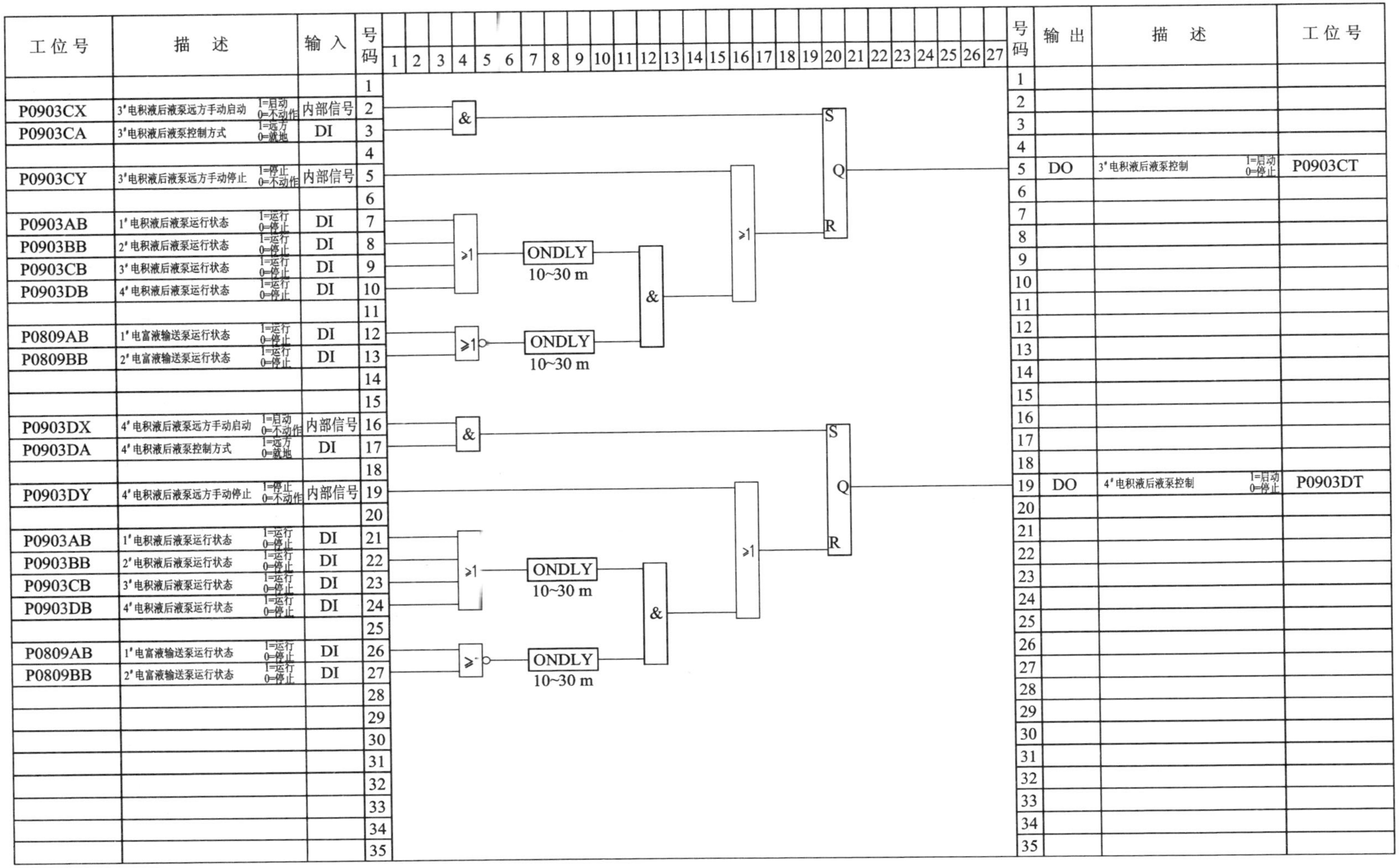

工位号	描　述		输　入	号码
				1
P0903CX	3#电积液后液泵远方手动启动	1=启动 0=不动作	内部信号	2
P0903CA	3#电积液后液泵控制方式	1=远方 0=就地	DI	3
				4
P0903CY	3#电积液后液泵远方手动停止	1=停止 0=不动作	内部信号	5
				6
P0903AB	1#电积液后液泵运行状态	1=运行 0=停止	DI	7
P0903BB	2#电积液后液泵运行状态	1=运行 0=停止	DI	8
P0903CB	3#电积液后液泵运行状态	1=运行 0=停止	DI	9
P0903DB	4#电积液后液泵运行状态	1=运行 0=停止	DI	10
				11
P0809AB	1#电富液输送泵运行状态	1=运行 0=停止	DI	12
P0809BB	2#电富液输送泵运行状态	1=运行 0=停止	DI	13
				14
				15
P0903DX	4#电积液后液泵远方手动启动	1=启动 0=不动作	内部信号	16
P0903DA	4#电积液后液泵控制方式	1=远方 0=就地	DI	17
				18
P0903DY	4#电积液后液泵远方手动停止	1=停止 0=不动作	内部信号	19
				20
P0903AB	1#电积液后液泵运行状态	1=运行 0=停止	DI	21
P0903BB	2#电积液后液泵运行状态	1=运行 0=停止	DI	22
P0903CB	3#电积液后液泵运行状态	1=运行 0=停止	DI	23
P0903DB	4#电积液后液泵运行状态	1=运行 0=停止	DI	24
				25
P0809AB	1#电富液输送泵运行状态	1=运行 0=停止	DI	26
P0809BB	2#电富液输送泵运行状态	1=运行 0=停止	DI	27
				28
				29
				30
				31
				32
				33
				34
				35

号码	输　出	描　述		工位号
1				
2				
3				
4				
5	DO	3#电积液后液泵控制	1=启动 0=停止	P0903CT
6				
7				
8				
9				
10				
11				
12				
13				
14				
15				
16				
17				
18				
19	DO	4#电积液后液泵控制	1=启动 0=停止	P0903DT
20				
21				
22				
23				
24				
25				
26				
27				
28				
29				
30				
31				
32				
33				
34				
35				

图8-14　电积车间3#、4#电积后液泵控制逻辑图

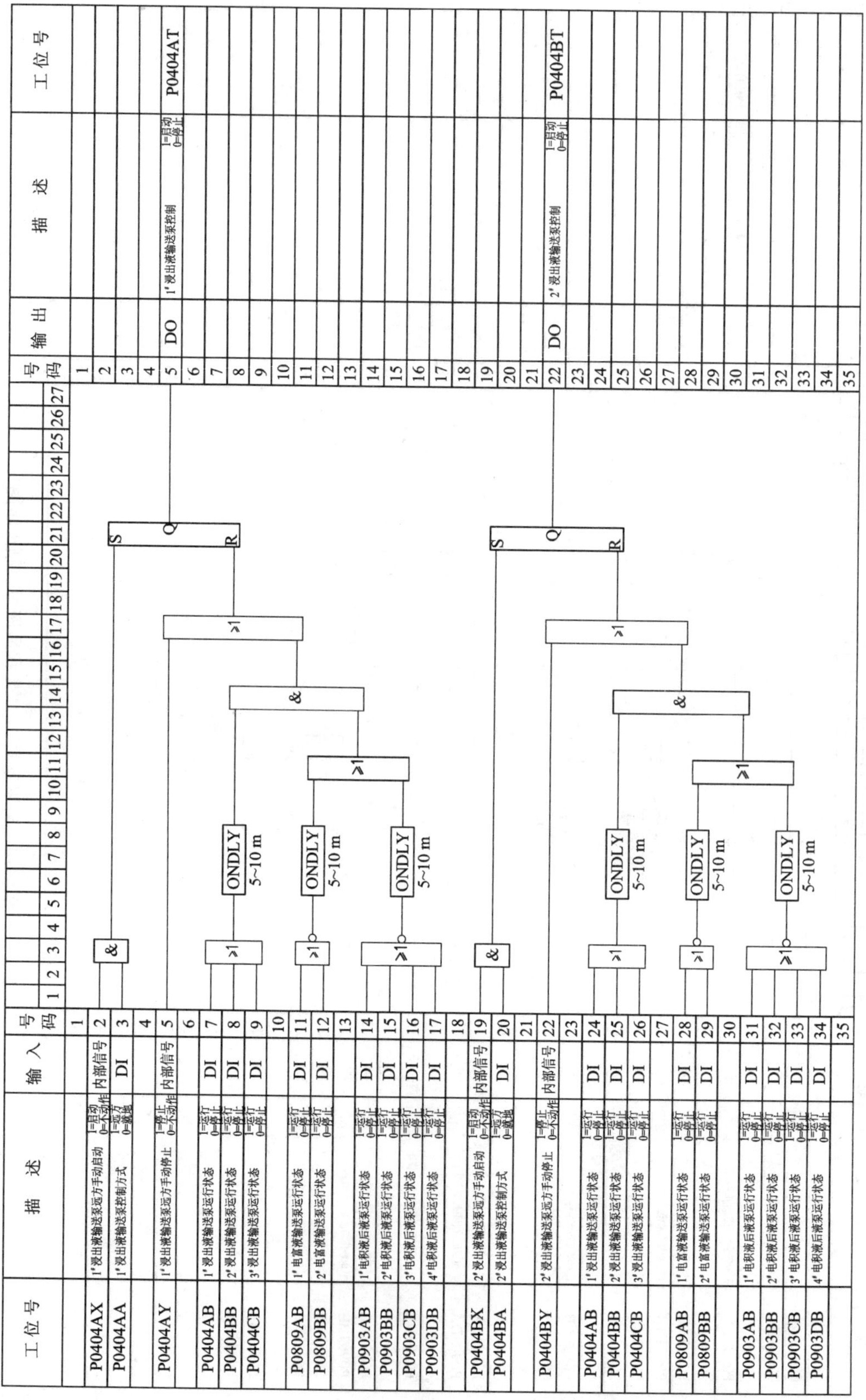

工位号	描述		输入	号码
				1
P0404AX	1#浸出液输送泵远方手动启动	1=启动 0=不动作	内部信号	2
P0404AA	1#浸出液输送泵控制方式	1=远方 0=就地	DI	3
				4
P0404AY	1#浸出液输送泵远方手动停止	1=停止 0=不动作	内部信号	5
				6
P0404AB	1#浸出液输送泵运行状态	1=运行 0=停止	DI	7
P0404BB	2#浸出液输送泵运行状态	1=运行 0=停止	DI	8
P0404CB	3#浸出液输送泵运行状态	1=运行 0=停止	DI	9
				10
P0809AB	1#电富液输送泵运行状态	1=运行 0=停止	DI	11
P0809BB	2#电富液输送泵运行状态	1=运行 0=停止	DI	12
				13
P0903AB	1#电积液后液泵运行状态	1=运行 0=停止	DI	14
P0903BB	2#电积液后液泵运行状态	1=运行 0=停止	DI	15
P0903CB	3#电积液后液泵运行状态	1=运行 0=停止	DI	16
P0903DB	4#电积液后液泵运行状态	1=运行 0=停止	DI	17
				18
P0404BX	2#浸出液输送泵远方手动启动	1=启动 0=不动作	内部信号	19
P0404BA	2#浸出液输送泵控制方式	1=远方 0=就地	DI	20
				21
P0404BY	2#浸出液输送泵远方手动停止	1=停止 0=不动作	内部信号	22
				23
P0404AB	1#浸出液输送泵运行状态	1=运行 0=停止	DI	24
P0404BB	2#浸出液输送泵运行状态	1=运行 0=停止	DI	25
P0404CB	3#浸出液输送泵运行状态	1=运行 0=停止	DI	26
				27
P0809AB	1#电富液输送泵运行状态	1=运行 0=停止	DI	28
P0809BB	2#电富液输送泵运行状态	1=运行 0=停止	DI	29
				30
P0903AB	1#电积液后液泵运行状态	1=运行 0=停止	DI	31
P0903BB	2#电积液后液泵运行状态	1=运行 0=停止	DI	32
P0903CB	3#电积液后液泵运行状态	1=运行 0=停止	DI	33
P0903DB	4#电积液后液泵运行状态	1=运行 0=停止	DI	34
				35

号码	输出	描述		工位号
1				
2				
3				
4				
5	DO	1#浸出液输送泵控制	1=启动 0=停止	P0404AT
6				
7				
8				
9				
10				
11				
12				
13				
14				
15				
16				
17				
18				
19				
20				
21				
22	DO	2#浸出液输送泵控制	1=启动 0=停止	P0404BT
23				
24				
25				
26				
27				
28				
29				
30				
31				
32				
33				
34				
35				

图8-15 选矿车间1#、2#浸出液泵控制逻辑图

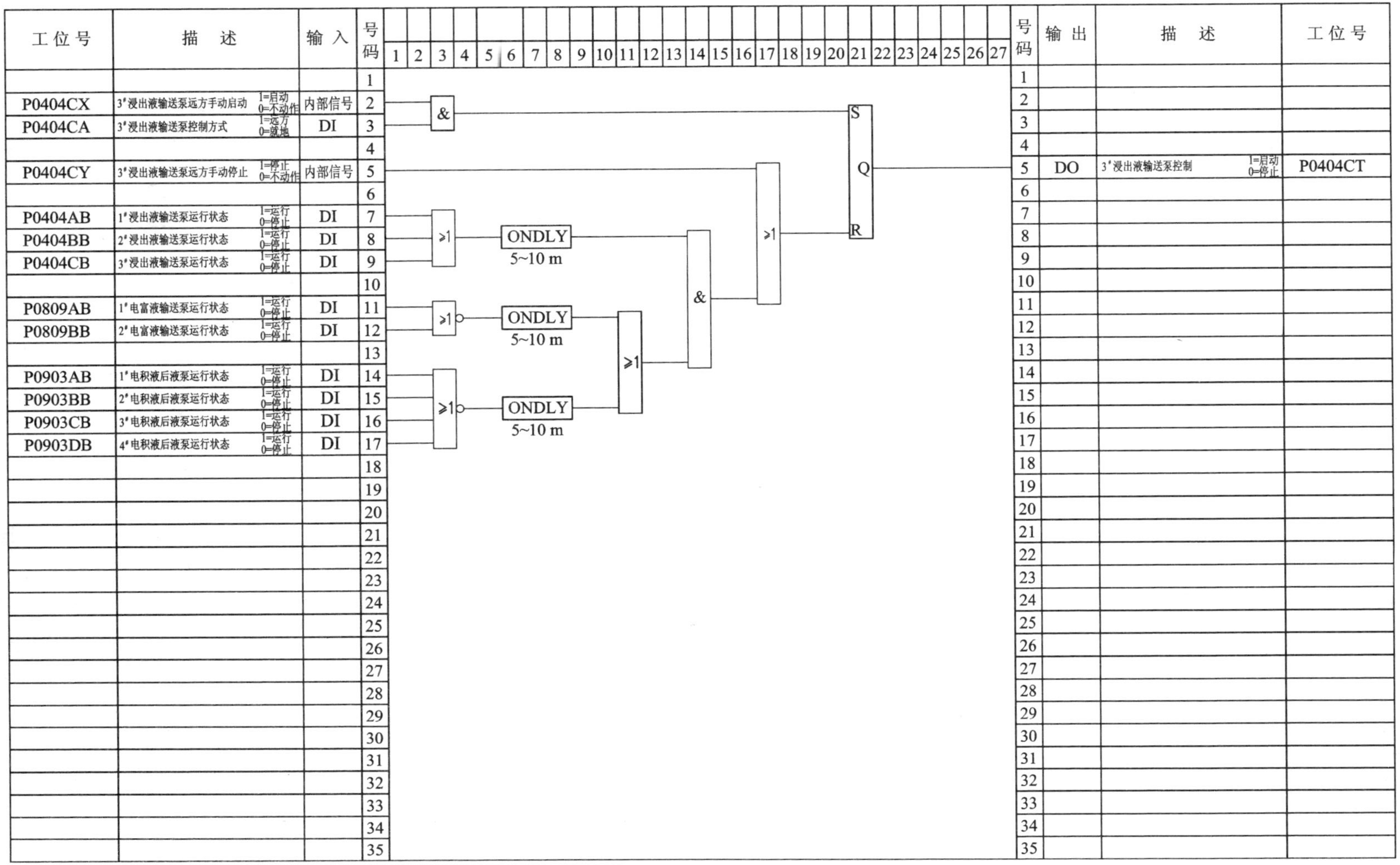

工位号	描　述		输入	号码
				1
P0404CX	3#浸出液输送泵远方手动启动	1=启动 0=不动作	内部信号	2
P0404CA	3#浸出液输送泵控制方式	1=远方 0=就地	DI	3
				4
P0404CY	3#浸出液输送泵远方手动停止	1=停止 0=不动作	内部信号	5
				6
P0404AB	1#浸出液输送泵运行状态	1=运行 0=停止	DI	7
P0404BB	2#浸出液输送泵运行状态	1=运行 0=停止	DI	8
P0404CB	3#浸出液输送泵运行状态	1=运行 0=停止	DI	9
				10
P0809AB	1#电富液输送泵运行状态	1=运行 0=停止	DI	11
P0809BB	2#电富液输送泵运行状态	1=运行 0=停止	DI	12
				13
P0903AB	1#电积液后液泵运行状态	1=运行 0=停止	DI	14
P0903BB	2#电积液后液泵运行状态	1=运行 0=停止	DI	15
P0903CB	3#电积液后液泵运行状态	1=运行 0=停止	DI	16
P0903DB	4#电积液后液泵运行状态	1=运行 0=停止	DI	17
				18
				19
				20
				21
				22
				23
				24
				25
				26
				27
				28
				29
				30
				31
				32
				33
				34
				35

1 2 3 4 5 6 7 8 9 10 11 12 13 14 15 16 17 18 19 20 21 22 23 24 25 26 27

&
≥1
ONDLY
5~10 m
≥1
ONDLY
5~10 m
≥1
ONDLY
5~10 m
≥1
&
≥1
S
Q
R

号码	输出	描　述		工位号
1				
2				
3				
4				
5	DO	3#浸出液输送泵控制	1=启动 0=停止	P0404CT
6				
7				
8				
9				
10				
11				
12				
13				
14				
15				
16				
17				
18				
19				
20				
21				
22				
23				
24				
25				
26				
27				
28				
29				
30				
31				
32				
33				
34				
35				

图8-16　选矿车间3#浸出液泵控制逻辑图

(5)所有工艺槽体的渗漏情况。

(6)所有泵、搅拌器、仪表的点动调试及点检工作。

8.6.2 设备启动

1. 启动顺序

料液系统：萃余液输送泵→料液输送泵→原液泵(过滤)→原液输送泵(逆向)。

原液输送泵→原液泵(过滤)→料液输送泵→萃余液输送泵(顺向)。

有机相系统：负载有机相泵。

洗涤系统：洗水泵。

反萃系统：电贫液泵→超声波除油装置输出泵(溶合泵)→电富液输送泵。

操作说明：萃取车间的主要设备都是由施耐德公司的 ATV61e(大于 90 kW)和 ATV61 s(小于 90 kW)系列变频器进行无级调速，即可以在现场进行手动启动和调速，也可以在仪表室进行自动启动和调速，一般情况下都是在仪表室进行自动启动和调速。

2. 操作步骤

(1)现场手动

①将现场操作箱内的“转换开关”掷于“手动”(或“本地”)位置。②按下操作箱内的绿色启动按钮，设备空载启动。③顺时针慢慢转动操作箱内的速度调节旋钮，设备开始加速运转。④根据操作箱内频率表的指示值，将速度设定在合适的数值。

(2)远程自动

按一般正确的操作规程应该是这样操作：①先手动(远方)启动设备；②手动操作调整设备的转速；③设定设备正常需要的转速；④当设备的实际运行转速等于设定的(工艺正常需要的)转速时，将操作状态从手动切换到自动。

这就是“无扰动切换”，这样的操作对现场设备没有任何干扰。具体操作步骤如下：

①将现场操作箱内的“转换开关”掷于“自动”(或“远程”)位置。

②在 DCS 系统调出萃取车间的工艺流程图画面。

③用鼠标左键双击要启动的设备的图标，在屏幕上弹出一个“操作画面”。

画面上排显示设备的几种状态：远程/就地、正常/故障、运行/停止；画面中间显示该设备的频率“设定”方框和实际的频率“反馈”方框；画面下排是该设备的两个操作方框：“启动”“停止”。

④用鼠标左键单击“操作画面”中下排的“启动”方框，在屏幕上又弹出一个“手动操作画面”。

⑤用鼠标左键单击“手动操作画面”中间的“ON”方框，在屏幕上又弹出一个“操作确认画面”，用鼠标左键单击下排的“确认”方框，设备就空载启动了。

⑥用鼠标左键单击第③步“操作画面”中间右边的“设定”方框，在屏幕上弹出一个“运行画面”。画面上排显示该设备的几种参数方框：PV(频率反馈信号)、SV(频率设定信号)、MV(调节器输出信号)。

画面中间显示该设备的两个操作方式方框：“手动”方式、“自动”方式。

在操作方式方框下面是两个参数显示棒状图：一个显示“PV”(测量值)，一个显示“MV”(操作值)。

在下面还有一个上升(▲)操作按钮、一个下降(▼)操作按钮，一个快速上升(▲▲)操作按钮，一个快速下降(▼▼)操作按钮。

⑦用鼠标左键单击“运行画面”中间的“手动”方框，在屏幕上就弹出一个“操作确认画面”，用鼠标左键单击下排的“确认”方框，设备就定为远方手动状态。

⑧用鼠标左键点击下部的上升(▲)按钮(或快速上升(▲▲)按钮)，该设备开始加速运转，直到设备正常需要的转速。(此时在“MV”(操作值)棒状图上同步显示此设定值(是按0～100%的方式表示))。(也可以在上部MV(调节器输出信号)参数方框里，用键盘直接键入某一固定的数值，回车，设备就按此操作值运行。)

⑨该画面中的PV(测量值)(频率反馈信号)自动跟踪上一步中“MV”的设定值，在“PV”棒状图上也同步显示此测量值(是按0～100%的方式表示)。

⑩在该画面的“SV”(频率设定信号)方框内，用键盘键入和现在的PV(测量值)相同的数值，回车。

⑪这时，SV(设定频率)＝PV(实际运行频率)，用鼠标左键单击“运行画面”中间的“自动”方框，在屏幕上就弹出一个“操作确认画面”，用鼠标左键单击下排的“确认”方框，设备就定为远方自动状态。

这样，该设备就在全自动方式下运行。

8.6.3　设备停止

设备停止和启动差不多，不一定要求“顺向停止”，只是各台设备之间的停止间隔时间不要太长。具体操作步骤根据手动或自动有所不同。

1. 现场手动

(1)将速度调节旋钮慢慢的反时针旋转到底，该设备慢慢减速到停止。(这样可以避免再次启动时高速启动。)

(2)按下操作箱内的红色停止按钮，该设备停止运行。

(3)将该设备现场操作箱内的“转换开关”掷于“停止”(中间)位置。

注意：尽量不要用操作箱内的“紧急停止按钮”停止设备，如果是用“紧急停止按钮”停止设备的，在设备完全停止后要马上将此开关松开，否则下次再启动时，该设备将无法正常启动。

2. 远方自动

按一般正确的操作规程应该是这样操作：

(1)先将自动运行的设备切换为手动操作；

(2)再慢慢减小“MV”的手动输出值直至零；

(3)最后停止运行。

具体操作步骤可以参照前面启动方式。

8.6.4　日常检查内容

(1)仪表室的值班人员必须时时监视DCS画面上各槽、罐的液位、各泵出口流量、泵的运转频率等，严防冒槽。在突然停电的情况下，要不慌不忙，冷静处理，进行合理有序的操作，力求不发生任何意外事故。

(2)各槽罐的液位要严格控制在60%～70%。

(3)按照要求、按时点检所有泵、搅拌器、槽体、管道支架、仪表等，观察是否有异常情况。

(4)按时取样化验、分析所有工艺参数，注意波动情况。

(5)按时记录流量、压力、频率等所有的工艺参数。

(6)提醒所有员工必须按照操作规程进行操作。

(7)注意车间所有员工的健康状况、情绪波动情况等影响车间安全生产的隐患，保证车间正常生产。

(8)注意车间的其他安全隐患。

(9)所有设备的现场操作箱上都有紧急停止按钮，遇到紧急情况可以按下这些紧急停止按钮，运行设备马上自动停止。

(10)每个星期一次抽滤有机相池内的水，抽滤的水相视情况而定，如果是料液则抽到一级萃取的混合室内，如果是富铜液，将要抽到反萃混合室或者富铜液缓冲池，然后再用桶捞回有机相。抽滤后，吸管应该进萃余液池内冲洗有机相，以免有机相损失。

8.7 生产中应注意的几个问题

8.7.1 萃取过程的技术指标控制

吨铜煤油消耗、吨铜萃取剂消耗是萃取过程的技术控制指标。

控制较好的萃取工厂是每吨铜消耗煤油 50 kg、消耗萃取剂 5 kg，消耗量越少说明该车间的工艺指标控制得好。我们的煤油消耗约是 45 kg 每吨铜、萃取剂消耗在 4.6 kg 左右。

如何控制能减少煤油、萃取剂的消耗：

(1)通过控制相连续，减少水相夹带有机相。

(2)打捞出来的三相经过处理后回收有机相。

(3)水相通过隔油槽、气浮塔、超声波除油后回收有机相等。

8.7.2 萃取过程中杂质离子的控制

影响铜质量的原因有：

锰离子 Mn^{2+}、铁离子 Fe^{2+}、氯离子 Cl^-、电积液夹带有机相、电富液的电位等。

杂质离子控制范围：

(1)Fe < 2 g/L(铁含量不要太低，电积液电位通常控制在 400 ~ 500 mV)。

(2)Cl^- < 30 ppm。

(3)Mn^{2+} < 40 ppm(通常控制 Fe/Mn > 10)。

(4)有机相 < 10 ppm。

8.7.3 锰的危害控制

氧化态锰的存在，在电积车间的运转中是非常明显的。第一个征兆是黑色 MnO_2 固体在电解槽沉积，并且阳极表面颜色变暗。第二个征兆是电积槽溢流电积液的颜色，呈深紫色，表明有高锰离子存在。这种离子是极强的氧化剂，会与肟分子起反应。比对 MnO_2，即便更低的电位，也会有 Mn^{3+} 离子。该组分也是强氧化剂，可能有与 MnO_4 相似的作用。随着锰氧化以及锰浓度的增加，电积液的化学反应电位也增加，从通常的 400 mV 增至高达 900 mV(相对于标准甘汞电极，SCE)。在这样的情况下，副反应的范围和速率会增加到造成麻烦的程度：

(1)氯化物(Cl)会起反应生成氯气(Cl_2)，释放到电积车间环境中。

(2)溶剂萃取的有机物(特别是肟萃取剂)被氧化，反应产物积聚在有机相。

(3)添加亚铁离子 Fe^{2+}，可以抑制高价锰的影响。

如方程式所示：$Mn^{7+} + 5Fe^{2+} \xlongequal{} 5Fe^{3+} + Mn^{2+}$

实际上已经发现，欲抑制 E_h 并使锰的影响处于控制之中，至少必须保持 8∶1 或 10∶1 的 Fe/Mn。这大约是化学计量和质量比的两倍。还发现，要防止电积液 E_h 过高，电积液总铁含量至少要在 1 g/L 以上。

8.7.4　对有机相危害的另外因素

(1)硫酸浓度控制。硫酸浓度必须控制在 220 g/L 以下，过高会导致萃取剂水解。曾经有工厂发生过浓硫酸造成萃取剂降解，他们往反萃液里直接加酸时，浓硫酸局部沉积在泵的吸入口附近，被泵往反萃，此时造成有机相大量水解，有机相变黑，分相困难，最后全部有机相报废。

(2)温度不要超过 55℃，高温也会导致萃取液降解。

(3)其他氧化性物质，如氯酸钠，高价铬，三价钴等。

(4)腐殖酸和真菌等会导致分相困难，甚至使整个澄清室变成凝乳状。

8.7.5　混合室效率

铜的回收率，取决于混合室效率，对于一个设计和操作都很好的萃取车间，混合室的效率应为：

$$\text{萃取效率} = \frac{O_p - O_f}{O_e - O_p} \times 100\% = \frac{A_f - A_p}{A_f - A_e} \times 100\%$$

$$\text{反萃效率} = \frac{O_f - O_p}{O_f - O_e} \times 100\% = \frac{A_p - A_f}{A_p - A_e} \times 100\%$$

A_f：料液中的 Cu；A_p：萃余液中的 Cu；A_e：平衡后水相中的 Cu；

O_p：平衡后有机相的 Cu；O_f：空载有机相的 Cu；O_e：平衡后水相的 Cu。

萃取：90% ~93%，反萃：98% ~100%。

混合室效率 =(在混合室中实现的金属传递质量/达到平衡时的金属传递质量)×100%。

在达到平衡时的金属传递质量可通过从混合室中取乳液的样品并进一步将其混合 6 ~ 10 分钟，以使体系达到平衡。

8.7.6　控制澄清室中有机相厚度

要控制澄清室中有机相厚度，不能太小，否则会：

(1)增加有机相的位移速度。

(2)减少有机相在澄清室中的停留时间。

(3)增大两相界面区的速度。

(4)还会导致相夹带水平提高。

8.7.7　三相的处理

在萃取过程中产生的，主要是由固体悬浮物降解的有机物和水组成的不稳定乳状物统称为三相。

如何减少三相的形成?

(1)料液经过过滤后再进入萃取系统。

(2)将相连续为有机相连续,使三相挤压在相界面。

(3)控制杂质离子的含量降低、有机相的氧化分解等。

SMCO 原来三相物较多,现在将选矿的浸出液经沉淀池沉淀后、经缓冲池再送到萃取系统,三相物大大减少。

三相物如何处理?

三相物经过人工打捞出来后,用卧式离心机反复压滤,最终得到合格的有机相、水相,返回生产系统。

具体过程参见 8.1.5 节中的三相的处理流程说明。

8.7.8 避免混合澄清槽中产生空气

混合澄清槽中若有空气,会造成下列不良影响:

(1)空气在混合室中是第三相,它将减慢萃取和反萃取动力学。

(2)在澄清室中它会阻止分相。

(3)空气会让污物漂浮起来,并传递到有机相的堰里。

空气的来源及处理方法:

(1)相邻的混合室,提高在溜槽中有机相的厚度可以防止这个问题。

(2)混合室中的湍流,提高混合室的高度,采用折流障板。

8.7.9 控制电贫液的酸度

如果电贫液酸度下降,达不到 180 g/L 则会发生:

(1)负载有机相的铜不能完全反萃下来。

(2)进入三萃的再生有机相仍会有较高的铜。

(3)萃余液中的含铜量会增加、而酸度会降低。

(4)萃取工序的铜回收率会下降。

(5)由于返回的萃余液酸度不够,铜的浸出率将下降,料液中铜的浓度会下降。

要在电贫液槽补充硫酸,提高电贫液的酸度,达到 180 g/L 以上。

8.7.10 萃余液开路

萃余液开路主要是为了控制总体溶液中杂质水平和过剩的酸。

8.7.11 电积液开路

电积液开路的主要目的是控制电积液中铁浓度在一定的水平,铁的浓度每升高 1 g/L,电流效率大约降低 3%,一般电积效率约为 92%,在电积车间铁的浓度一般控制在 2 g/L 以下,铁通过物理夹带和化学反应的方式在反萃时进入电积,因为铁不会在电积槽中析出金属铁,所以在电积液中铁浓度会不断增加。

8.8 投产以来的技术改造

(1)原设计料液过滤器在进行反冲洗时,浑液流到下面的浑液槽,再用泵打到上面的浑液压滤机进行压滤，滤液返回原液槽。由于浑液压滤机选型有问题，不适于在此使用。现在已经取消了浑液压滤机，浑液槽里面的泥浆直接用泵抽走，同时用水冲，浑液槽上面的清液则用泵抽到原液槽去。

(2) 两个硫酸贮槽安装的位置离加酸的电贫液槽太远，故将这两个硫酸贮槽及两台硫酸计量泵全部取消。

(3) 原设计在几个槽有温度检测，实际上这些地方都是常温，现在将这些温度检测点都取消了。

(4) 在各槽、罐上都应有液位计，对其液位进行监测，以防冒槽。但在萃余液隔油槽、原液贮槽上没有设计液位检测，后来都加上了，方便了生产。

(5) 原设计 37 台变频器控制的设备即可以在现场进行手动启动和调速，也可以在仪表室进行自动启动和调速。但是在订货时厂家搞错了，只能在仪表室进行控制，不能在现场进行调速。后来我们进行了改造，增加了信号转换器，现在在现场也可以进行手动启动和调速。

(6) 由于各方面的原因，有些贮槽设计的容量太小，例如萃取车间原液槽的容积只有 337.5 m^3，萃余液槽的容积只有 300 m^3，选矿车间的萃余液槽的容积只有 198 m^3。由于这些槽的容积小，生产稍有波动就会引起这些槽冒槽，以至于停产。

为了解决这一问题，我们在生产区外不太远的地方建了 3 个溶液缓冲槽，圆满地解决了这一问题。

图 8－17 为萃取车间新增溶液缓冲系统工艺流程图。

由于各种原因，选矿车间送来的浸出液中含有不少杂质。以前这些原液是用泵直接打到原液贮槽，过不多久杂质和污泥等就会沉积在原液贮槽下部，就要停产处理。

从图可以看出：这次新建的第一个槽就是“原液沉淀池”，选矿车间送来的原液先存放在这个“原液沉淀池”进行沉淀，若有杂质和污泥就会留存在原液沉淀池里，沉淀后槽上面的清液经过溢流口溢流到下面的“原液缓冲池”。由于这 3 个新建的池都有 3000 m^3 的容量，所以，在原液沉淀池里有一些杂质和污泥也没有什么大问题。另外，即使萃取车间停产，也不会影响选矿车间原液的输送。大大解决了原来存在的问题。

从图可以看出：这次新建的第 3 个槽就是“萃余液槽”。原来萃余液是直接送到选矿车间的萃余液贮槽，由于槽容量太小，选矿车间浸出工序用不了这么多萃余液，萃余液贮槽就会冒槽，以至于要求萃取车间停产。现在由于建了有 3000 m^3 容量的萃余液缓冲池，即使选矿车间停产，也不会影响萃取车间萃余液的输送。大大地解决了原来存在的问题。

(7) 给所有的混合室、电贫液槽、电富液槽都增加了防腐盖板，减少了酸雾对房屋主体的腐蚀。

(8) 更换料液过滤装置布水器出口的管道。

(9) 对三相处理系统进行了全面的改造，根据改造后的三相处理工艺，完全解决了三相的问题，最大限度地回收了有机相和铜，减少了不应有的损失。

(10) 专家认为澄清槽里栅栏的位置不对，前面栅栏的位置太远，影响分相效果，后面的栅栏是多余的。另外，混合澄清槽的溢流挡板位置太高，从搅拌混合槽出来的溶液的速度太快，也不利于分相。因此，以上问题都有待于改进。

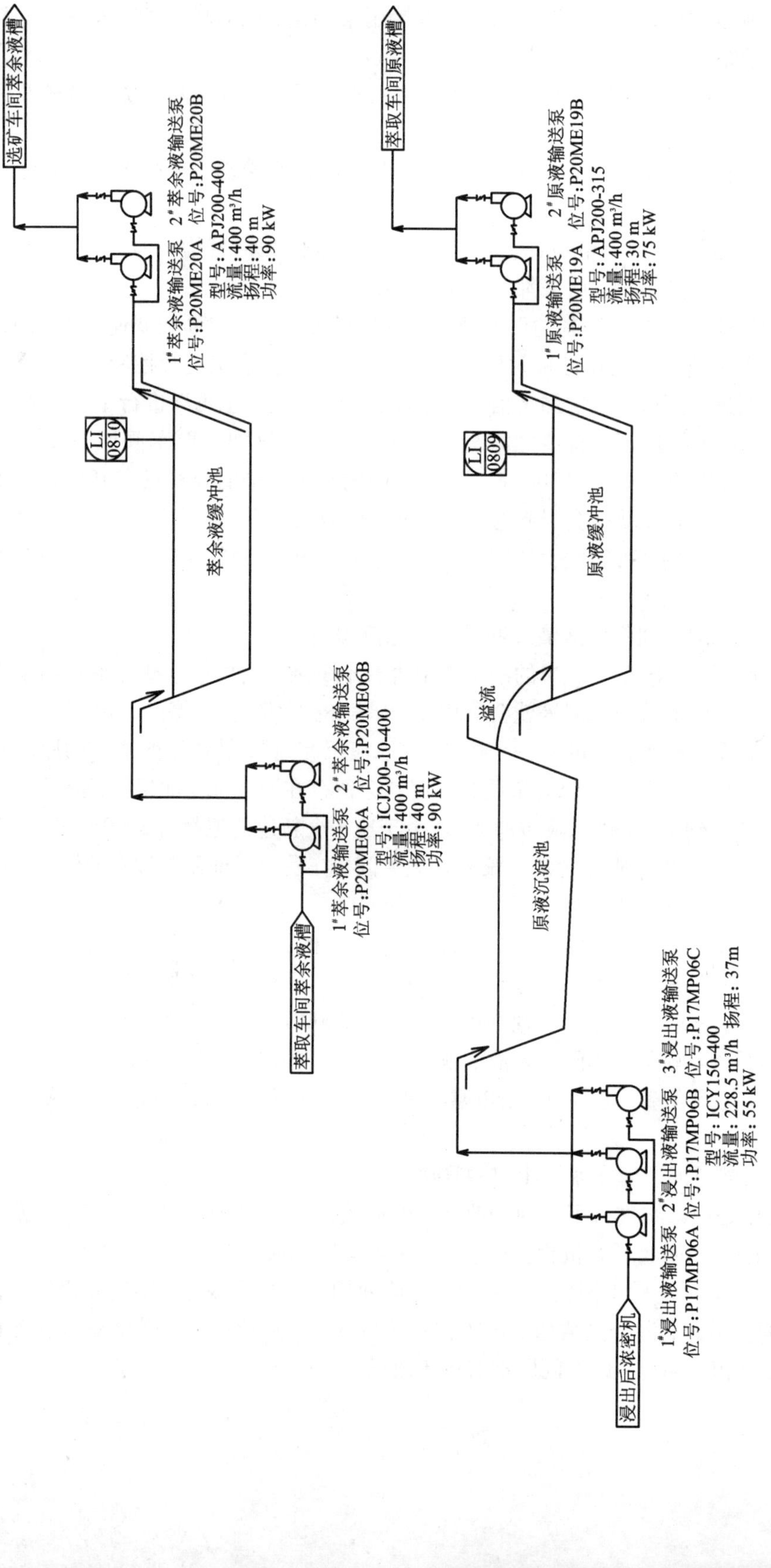

图8-17　萃取车间新增溶液缓冲系统工艺流程图

第9章 电积工序

将不溶阳极和不锈钢阴极放进铜电积槽，在直流电的作用下，电积液中的铜离子从阴极板上析出，成为电积铜，这是湿法冶金的最终产品。

9.1 工艺流程

电积工艺流程图如图9-1所示。

9.1.1 铜电积的理论

(1)铜电积的电极反应

电积：电流通过电解质溶液，在阴极和阳极引起电化学变化的过程称为电解，以不溶解电极作阳极的则称为电积。

电积的目的：通过电积法，使铜以高纯状态在阴极析出，达到与其他杂质分离的目的。

电积原理：

铜的水溶液电沉积是一个电化学过程。溶液中的硫酸铜水解为铜离子(Cu^{2+})和硫酸根离子(SO_4^{2-})，在外加电场的作用下，溶液中的铜离子(Cu^{2+})在阴极获得电子，被还原为金属铜，沉积在阴极上。溶液中的水，在电场作用下分解成氢离子(H^+)和氢氧根离子(OH^-)，氢氧根离子在阴极失去电子被氧化，析出氧气，而溶液中未参与氧化还原反应的氢离子(H^+)和硫酸根离子(SO_4^{2-})在溶液中就以硫酸的形式存在。

电积过程的电化学反应是：

阴极反应：$Cu^{2+} + 2e \longrightarrow Cu$

阳极反应：$2H_2O \longrightarrow 4H^+ + O_2\uparrow + 4e$

$(2OH^- - 2e \longrightarrow 2H^+ + O_2\uparrow)$

总反应：$CuSO_4 + H_2O \rightarrow Cu + H_2SO_4 + O_2\uparrow$

铜电积是在硫酸铜和硫酸溶液中进行的，在这个溶液中，根据电离理论，存在H^+、Cu^{2+}、SO_4^{2-}离子和水分子等，因此在阳极和阴极之间施加一定的直流电压时，将发生相应的反应。

电积使用不溶(惰性)阳极，阳极板由Pb-Ca-Sn三元合金组成，不会失去电子而成为铅离子的，它只负责提供电源，故在阳极上不进行反应。

在电积过程中所有沉积在阴极上的铜都来源于铜溶液，溶液中铜的浓度不断下降。

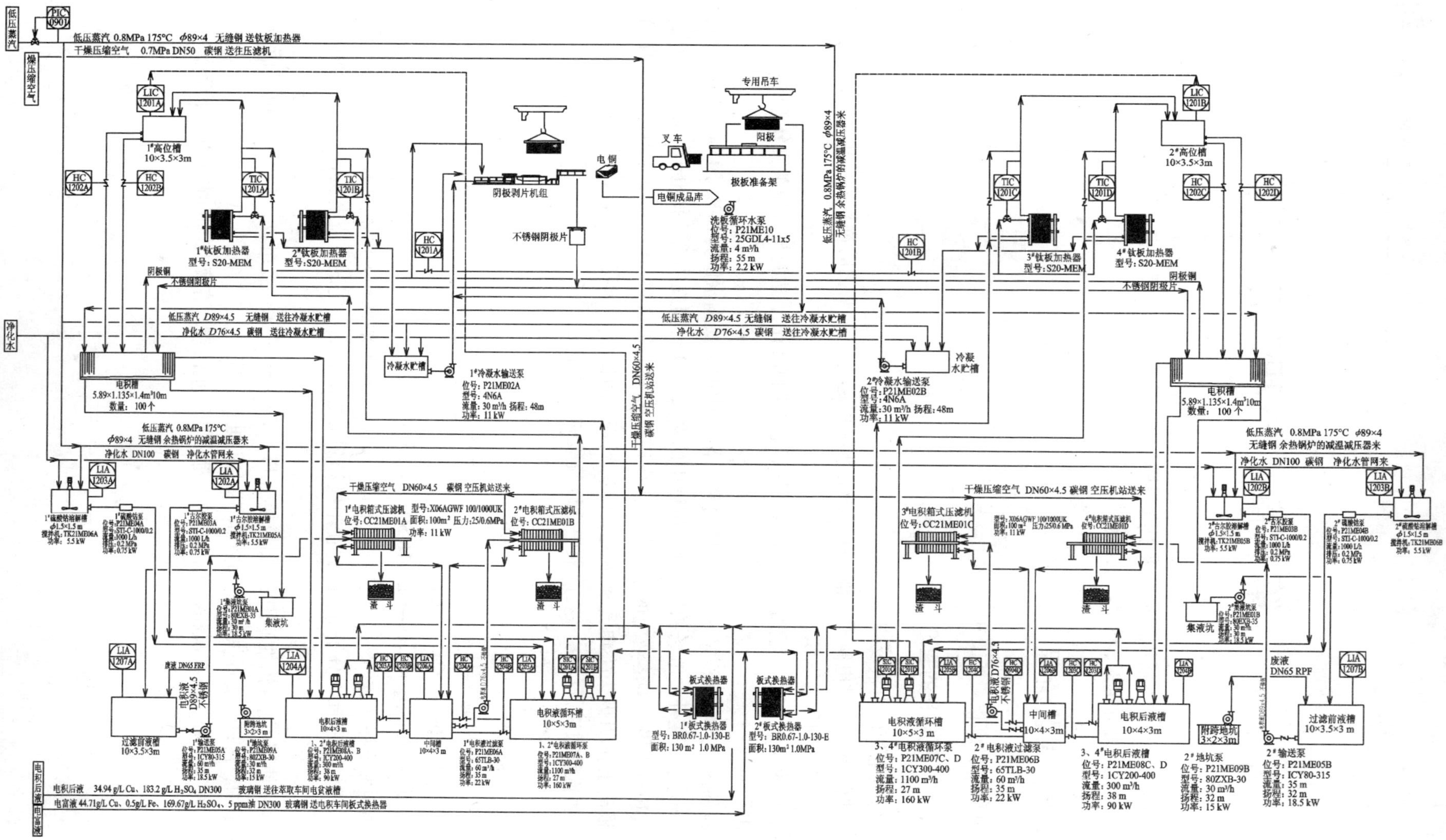

图9-1　电积工序工艺流程图

(2)理论铜产量

根据法拉第定律，通过1 A·h的电量时，在阴极上沉积1.186 g铜。

$$W = nqIt \times 10^{-6}$$

式中：W——铜电积的理论铜量(t)；

n——电积槽数；

q——铜的电化当量(1.186g/A·h)；

I——电流强度(A)；

t——通电的时间(h)。

这是理论值，即阴极电流效率为100%时的值，实际上，由于各方面的原因，阴极电流效率会远远低于这个值。

实际铜产量与理论铜产量的比值叫做阴极电流效率，阴极电流效率一般在85%～90%，一般能达到85%就可以了。

(3)影响电流效率的因素

①电解液中的Fe^{3+}可以溶解已沉积的阴极铜，从而使电流效率大约降低1%。

②漏电入地损失1%～3%。

③阴、阳极间短路损失1%～3%，在操作过程中，要保持槽面及周围干净，对极板和铜排的接触点，要经常用细砂布打磨，除去氧化层保证接触良好，防止短路和断路发生。

9.1.2 工艺流程说明

来自萃取车间的电富液(即电积前液)用循环泵从循环槽中送至钛板加热器，由蒸汽加热至40～45℃后，进入高位槽。电积槽内的供液方式采用下进上出的循环方式。阳极板由Pb－Ca－Sn三元合金组成，属不溶阳极，56块不溶阳极板和55块不锈钢阴极板都按极距100 mm排列，吊装至电积槽。在直流电(DC240V、30000A)的作用下，电积液中的铜离子失去电子后在不锈钢阴极板上析出，成为高纯度的铜，叫阴极铜或电积铜，简称电铜。电积的电流密度为280 A/m^2，槽电压为1.8～2.5 V，阴极周期为8 d。电积经过一个阴极周期后，由吊车送至剥片机组进行洗涤和剥片，剥下的阴极铜即为成品电铜。

经过电积后的溶液为“电贫液”，其铜离子浓度大大下降。电贫液从电积槽溢流出来，自流到电积后液槽，用泵送到板式换热器，与萃取车间送来的电富液进行热量交换(电富液升温、电贫液降温)后再返回到萃取车间电贫液槽，加酸调整pH后作为反萃系统的水相再次进入萃取系统。

为了提高电积铜的质量，防止电积铜表面起包，还要往电积液里加一些添加剂，如硫酸钴、古尔胶等。

加硫酸钴的作用是保护阳极，抑制阳极腐蚀，降低阴极铜中铅的含量。

加古尔胶的作用是保护阴极不起包，以改善阴极纯度。古尔胶是阴极平滑剂，有助于阴极沉积层光滑，减少沉积铜对电积液的夹带，吸附在晶体凸出部分，增加局部的电阻，保证阴极致密平整。一定量的钴离子可以和铅氧化物一起形成活化中心，有利于降低氧气析出的超电位，也有助于形成牢固的氧化物，减少含铅微粒。

古尔胶用量：200～1000 g/t阴极铜(低电流密度时100～200 g/t即可)。

硫酸钴在电解液中的含量为100～200 ppm。

9.1.3 电解和电积的不同点

将阳极和阴极插入电解质溶液，在两极间通入直流电，在电场力的作用下，阳极和阴极间就会发生电化学反应。插入的阳极若是可溶性阳极，此电化学反应过程就被称为“电解”；插入的阳极若是不溶性阳极，此电化学反应过程就被称为“电积”。

“电解”是火法炼铜的最后一道工序，出来的产品是高纯阴极铜，“电积”是湿法炼铜的最后一道工序，出来的产品也是高纯阴极铜。

从上述可知：“电解工序”和“电积工序”在很多方面都是相同的，如工艺、设备、操作、各种监控参数等都差不多一样，两者的不同之处为：

(1)阳极板不同

“电解”的阳极板是在火法炼铜的阳极炉工序，将成品液体阳极铜铸造成适合电解槽大小需要的铜板，其成分是99.5% Cu，另外还有一些其他杂质。它是“可溶性阳极”，在电解的过程中阳极板会逐步消耗掉，变成阴极铜从不锈钢永久阴极上析出。阳极板在电解过程中有两个作用：提供直流电源，向阴极提供铜源。

经过3个周期的电解，阳极板会逐步消耗，变成残极，要重新更换阳极板。

“电积”的阳极板是从专用工厂买来的成品，由Pb－Sn－Ca三元合金组成，一般含Pb 93%～98%、Sn 1%～2%、Ca <0.1%。它是“不溶性阳极”，在电积的过程中不会消耗。阳极板在电积过程中只有一个作用：提供直流电源。

在电积的过程中，阳极板永远不会消耗，也不须重新更换阳极板，但阳极板每隔60～90天要进行一次清洗和矫直，主要是清除铅渣，减少铅对阴极铜的污染。

(2)铜的来源不同

“电解”时，阳极板先溶解到电解液里成为铜离子，从阴极上获得2个电子后，被还原为金属铜，再从不锈钢永久阴极上析出；“电积”时，从不锈钢永久阴极上析出的铜是从电解液里直接提取的。

(3)阳极上的反应不同

铜电解时，阳极上进行的反应是：$Cu-2e=\!=\!=Cu^{2+}$

即铜原子失去两个电子后成为铜离子，溶解于硫酸铜溶液中。

铜电积时，阳极上进行的反应是：$2OH^- - 2e \longrightarrow 2H^+ + O_2\uparrow$

由于阳极产生氧气，电积槽中的酸雾被氧气带出，故电积时在空气中存在大量的酸雾，生产环境比较差。

(4)硫酸铜的作用不同

在铜的电解过程中，硫酸铜溶液只起电解质的作用；在铜的电积过程中，硫酸铜溶液除起电解质的作用外，还向阴极提供铜源。

(5)电解液的处理方式不同

在铜的电解过程中，阳极板首先溶解在电解液中，以铜离子的形式存在，然后从阴极上析出。但是总有些铜离子还没有析出来，存留在电解液中。所以，循环的电解液中的铜离子浓度是越来越高。一般要求，电解液中的铜离子浓度不能超过50 g/L，否则电解的效率就要下降。其方法是定时抽出一部分含铜离子浓度高的电解液，补充一些新的含铜离子浓度低的电解液。要保证电解液成分有合适的铜离子浓度和H_2SO_4浓度：铜离子浓度大可以防止杂质析出，硫酸浓度大导电性好。但这两个条件是互相制约的，即H_2SO_4浓度大时，铜的溶解度降低，反之则升高。通常铜离子浓度为40~50 g/L，酸度为180~240 g/L。

在铜的电积过程中，所有沉积在阴极上的铜都来源于电积液，溶液中铜离子的浓度会不断下降。将电积后的电贫液返回萃取工序进行反萃，再次提高铜离子的浓度。由于反复循环，电积液中的杂质会升高，不利于电积。就要定期将一部分电贫液开路排出去，以减少电积液中的杂质。

9.2　工序设备

9.2.1　主要设备

1. 集液坑泵(2台)

工位号：P21ME01A~B；生产厂家：无锡斯普流体设备公司。型号：80EXB-35，流量：30 m^3/h；扬程：30 m；功率：18.5 kW。

2. 冷凝水泵(2台)

工位号：P21ME02A~B；生产厂家：石家庄强大泵业集团公司。型号：4N6A；流量：30 m^3/h；扬程：48 m；功率：11 kW。

3. 古尔胶计量泵(2台)

工位号：P21ME03A~B；生产厂家：上海顺子机电制造公司。型号：STI-C-1000/0.2；流量：1000 L/h；排压：0.2 MPa；功率：0.75 kW。

4. 硫酸钴泵(2台)

工位号：P21ME04A~B；生产厂家：上海顺子机电制造公司。型号：STI-C-1000/0.2；流量：1000 L/h；排压：0.2 MPa；功率：0.75 kW。

5. 过滤前液泵(2台)

工位号：P21ME05A~B；生产厂家：无锡斯普流体设备公司。型号：1CY80-315；流量：60 m^3/h；扬程：35 m；功率：18.5 kW。电机由施耐德公司的ATV61系列变频器控制。

6. 电积液过滤泵(2台)

工位号：P21ME06A~B；生产厂家：无锡斯普流体设备公司。型号：65TLB-30；流量：60 m^3/h；扬程：35 m；功率：22 kW。电机由施耐德公司的ATV61系列变频器控制。

7. 电积液循环泵(4台)

工位号：P21ME07A~D；生产厂家：无锡斯普流体设备公司。型号：1CY300-400；流量：1100 m^3/h；扬程：27 m；功率：160 kW。电机由施耐德公司的ATV61系列变频器控制。

8. 电积后液泵(4台)

工位号：P21ME08A~D；生产厂家：无锡斯普流体设备公司。型号：ICY200-400；流量：300 m^3/h；扬程：38 m；功率：90 kW。电机由施耐德公司的ATV61系列变频器控制。

9. 地坑泵(2台)

工位号：P21ME09A~B；生产厂家：无锡斯普流体设备公司。型号：80ZXB-30；流量：30 m^3/h；扬程：32 m；功率：15 kW。

10. 洗板循环水泵(1台)

工位号：P21ME10；生产厂家：随剥片机组带来。型号：25GDL4-11x5；流量：4 m^3/h；扬程：55 m；功率：2.2 kW。

11. 古尔胶槽搅拌机(2 台)

工位号：TK21ME05A ~ B；生产厂家：浙江长城减速机公司。功率：5.5 kW。

12. 硫酸钴溶解槽搅拌机(2 台)

工位号：TK21ME06A ~ B；生产厂家：浙江长城减速机公司。功率：5.5 kW。

13. 钛板加热器(4 台)

生产厂家：阿法拉伐进口；型号：JS20 - MF。

14. 板式换热器(2 台)

生产厂家：上海板换机电设备公司；型号：BR0.67 - 1.0 - 130 - E；面积：130 m^2；压力：1.0 MPa；温度：150℃。

15. 压滤机(4 台)

生产厂家：杭州兴源过滤科技公司；型号：X06AGWF 100/1000UK；面积：100 m^2；容积：1507 L；压力：25/0.6 MPa；温度：150℃。

通常电积系统都分成两个部分，设备和配置基本一样。

SMCO 的电积系统分南、北两个系列，每个系列有 100 个电积槽、1 个高位槽、1 个循环槽、1 个电积后液槽、2 台板式换热器，在每一个电积槽里有 56 片阳极板和 55 片阴极板。

1 台剥片机组和 2 台行车是两个系列共用的，为了使行车行走的路线最短，一般将剥片机组安装在两个系列的中间。

9.2.2 主要设备介绍

在电积车间的设备中，槽、罐、泵等都是一般的通用设备，钛板换热器与前面介绍过的热交换器大同小异，故只对行车和剥片机组进行简单介绍。

1. 行车

一般大型冶炼厂的行车都是从国外进口的，有芬兰、日本、加拿大、澳大利亚等国生产的，主要是自动化程度高，全自动控制，见图 9 - 2。

图 9 - 2 电解专用行车

图 9 - 3 剥片机组

铜电解系统的专用行车的主体部分和其他行车没有多大区别，关键在于它设计了一个吊装阳极板和阴极板的专用工具，可以一次同时吊起 55 块阳极板或 54 块阴极板，也就是说在进行装槽或出槽时只进行一次操作就可以完成，非常方便。

在阴极铜出槽时，行车将它们从电积槽里提上来，难免会带出一些电积液，这些电积液到处滴落一定会严重污染环境。在行车的下部设计了一个伸缩自如的专用托盘，用于接受这些滴落的电积液。当需要使用托盘时，就将托盘搁在阴极铜的下面，若有电积液流下，则直接流到托盘里，这样就万无一失了。

一般行车设计的是全自动无人操作，用编码器对它进行精确定位。当需要使用时，生产工人只需输入一些参数：是装槽还是出槽，是装阳极板还是装阴极板，再输入槽号，这台专用行车就会根据设定的程序按指定的路线进行全自动操作。

SMCO 的行车是杭州起重机厂生产的，就是一般的行车，阳极吊架、阴极铜吊架也是自己加工制作的，且没有接液专用托盘。

2. 剥片机组

在以前的传统电积工艺中，电积的阴极采用始极片，是用阳极铜经专门电解槽电解制造的，故电积的第一道工序就是制造始极片，这属于电积的准备工作。

在正常的电积过程中，溶解在电积液中的铜离子在直流电的作用下从阴极（始极片）沉积析出，将始极片包在里面，经过一周左右的时间，阴极铜出槽，始极片也作为阴极铜的一部分被销售。

现在的电积新工艺再不用始极片了，采用被称为"不锈钢永久阴极"的不锈钢板代替始极片作阴极，可以重复多次使用，降低生产成本。在正常的电积过程中，溶解在电积液中的铜离子在直流电的作用下从不锈钢永久阴极析出，将不锈钢永久阴极包在里面，经过一周左右的时间，包着不锈钢永久阴极的阴极铜出槽。这时不锈钢永久阴极不能像始极片一样被卖掉，还要重复使用，故要采用剥片机，将生长在不锈钢永久阴极上的阴极铜剥下来，剥片机组见图 9－3。

（1）剥片机的组成

SMCO 的剥片机由瑞典奥图泰公司提供，目前国内也有生产，但质量不稳定。

一台完整的剥片机由下列部分组成：阴极铜接受输送机、1#传送机、洗涤输送机、洗涤室、2#传送机、横向输送机、绕曲装置（电积铜开口装置）、剥片单元（由剥片刀和承接（翻转）装置组成）、阴极铜推出机、堆垛台、打包机、称重系统、3#传送机、卸料输送机、拒收输送机等组成。（为了节省开支，SMCO 没有买专用打包机和称重系统，堆垛台上的阴极铜板到了一定数量后用叉车叉下，人工打包、人工称重）。

（2）剥片机的工艺介绍（动作说明）

行车将电积铜吊装到阴极板接受输送机上[大的铜电解系统都是进口行车，一次吊装一整槽的阴极板（55 块），SMCO 购买国产行车，一次只能吊装 1/2 槽的阴极铜（27 块）]，液压驱动的链式输送机将阴极板传送到 1#传送机，1#传送机每次从接受输送机上输送一块阴极板到洗涤输送机，洗涤输送机输送阴极板通过洗涤室，洗涤室内的喷嘴喷洒热水清洗阴极板表面的酸液和杂质。

阴极板清洗干净后被输送到洗涤输送机的末端，在此位置，2#传送机将阴极板输送到横向输送机，横向输送机将阴极板送到剥片系统和母板准备系统。

在剥片系统有一个绕曲装置（就是电积铜开口单元），是由液压马达驱动的两台滚动式旋转机架（横向输送机每边一台，即阴极板两边各一台），绕曲装置使不锈钢永久阴极向前、后两个方向弯曲，使阴极板上部两边各露出一道缝隙，这时，剥片刀（就是一个"铲子"）从缝隙处从上往下直插下来，将不锈钢永久阴极前后两边的阴极铜都剥(铲)下来。

两片阴极铜向两侧倾倒15°，安装在承接装置上的夹紧装置夹住铜板；接下来，承接装置继续倾倒75°，使得阴极铜进入水平位置，安装在承接架上的分离液压缸将两片阴极铜分开，阴极铜就被放到阴极铜推出机上，再将阴极铜推到堆垛台上。当堆垛台上的阴极铜形成一捆时，用叉车将其叉下，打包、称重、出厂。

在堆垛台上堆垛阴极铜的同时，剥完铜的母板在横向输送机上被检查站检查，然后母板被送到3#传送机。

3#传送机将母板输送到输出输送机或拒收输送机：合格的母板被输出输送机送到卸料输送机上存放起来，以便下一次装槽使用；不合格(变形)的母板送到拒收输送机，进行人工平整、校正。拒收输送机的运行方向是可逆的，目的是将手工剥离的或修复好了的母板送回到输出输送机。

(3)剥片机组的控制介绍

①电源安全控制回路(图9-4 剥片机组电源安全控制回路)

在剥片机组里有9个紧急停止按钮和3个安全闸。

控制台上的紧急停机按钮：CD. ES1；左冲洗传送带的紧急拉线开关：630. ES1；右冲洗传送带的紧急拉线开关：630. ES2；左卸料架的紧急拉线开关：720. ES1；右卸料架的紧急拉线开关：720. ES2；左废品传送带的紧急拉线开关：660. ES1；右废品传送带的紧急拉线开关：660. ES2；翻转装置的紧急停机按钮：920. ES1；液压间的紧急停机按钮：130. ES1；安全闸1：SG1；安全闸2：SG2；安全闸3：SG3。

正常生产时，上述9个紧急停止按钮和3个安全闸都不动作，所有系统都正常供电，即正常生产；若上述9个紧急停止按钮和3个安全闸中有一个动作，则通过安全继电器(CD. K101)控制，使所有控制系统都停电(操作台控制电源、各接线盒内PLC卡件电源、所有接触器控制电源)。

动作原理说明见图9-5 剥片机组PLC系统配置图。

②PLC系统配置图介绍

剥片机组的控制比较复杂,是由西门子公司的S7-300系列PLC系统控制的全自动机械装置。

现在对PLC系统进行简单介绍：整个PLC系统由一个主控制器和7个远程终端组成，主控制器(CPU315-2DP)安装在操作控制台(代号CD)里面的PLC主机架上；每个远程终端的机架上第一个卡件都是通信卡(IM153-1)，通过PROFIBUS-DP通信协议和主控制器(CPU315-2DP)通信，将各处的信号传递给主控制器(CPU315-2DP)，然后在操作面板(人机接口单元)上进行显示。

A. 在操作控制台(代号CD)上有一个PLC主机架，在主机架上装有：一个电源单元(PSU)，作用是给PLC各处提供直流电源；一个主控制器(CPU315-2DP)这是中央控制器，是PLC的核心；一个以太网接口卡(CP341-1)通信接口，一般是与上位机进行通信的，例如上位管理系统。

6个DI卡(16点数字输入卡，型号：SM321)，用了91个点，备用5点。

将各处的各种状态信号，例如：手动/自动、启动/停止等输入到PLC控制器。

2个DO卡(16点数字输出卡，型号：SM322)，用了9个点，备用23点。

将PLC控制器的各种控制信号输出到终端设备，例如：阀门、液压缸、指示灯等。

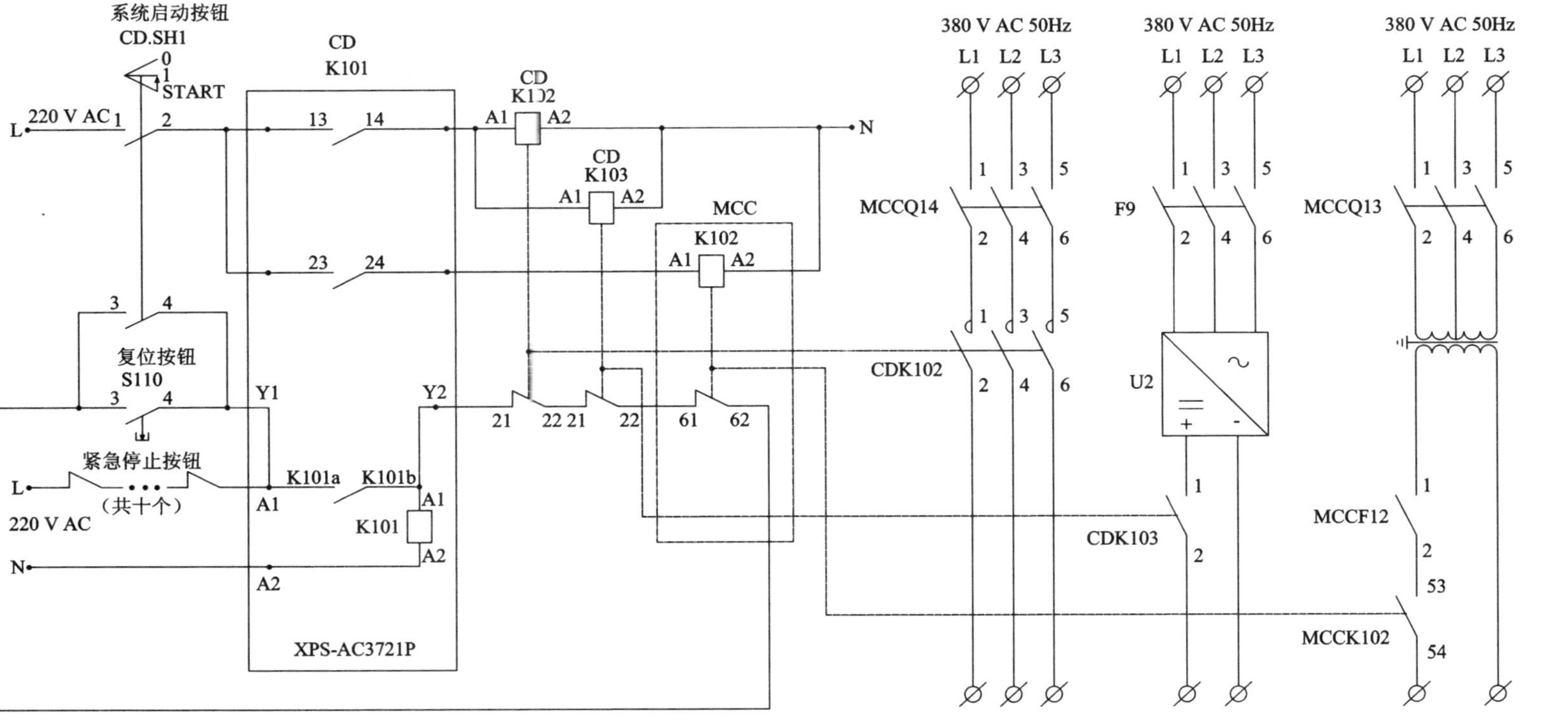

动作说明：

1：CD：控制操作台；MCC：电气控制中心；K101：安全继电器；XPS-AC3721P：安全继电器型号。

2：当所有（十个）紧急停止按钮都不动作时，说明系统正常，可以启动。

3：按下系统启动按钮（SH1），安全继电器的线圈得电，所有常开触点闭合，后面的电源系统全部供电。（由于自保，虽然(SH1-3,4)断开，但系统还是正常供电的。）

4：当有任何一个紧急停止按钮动作时，安全继电器的线圈掉电，所有常开触点开路，后面的电源系统全部停电。

5：当故障恢复正常后，按下复位按钮（S110），则系统恢复正常。

6：再按下系统启动按钮（SH1），安全继电器的线圈又得电　所有常开触点闭合，后面的电源系统又都全部供电。

图9-4　剥片机组电源安全控制回路

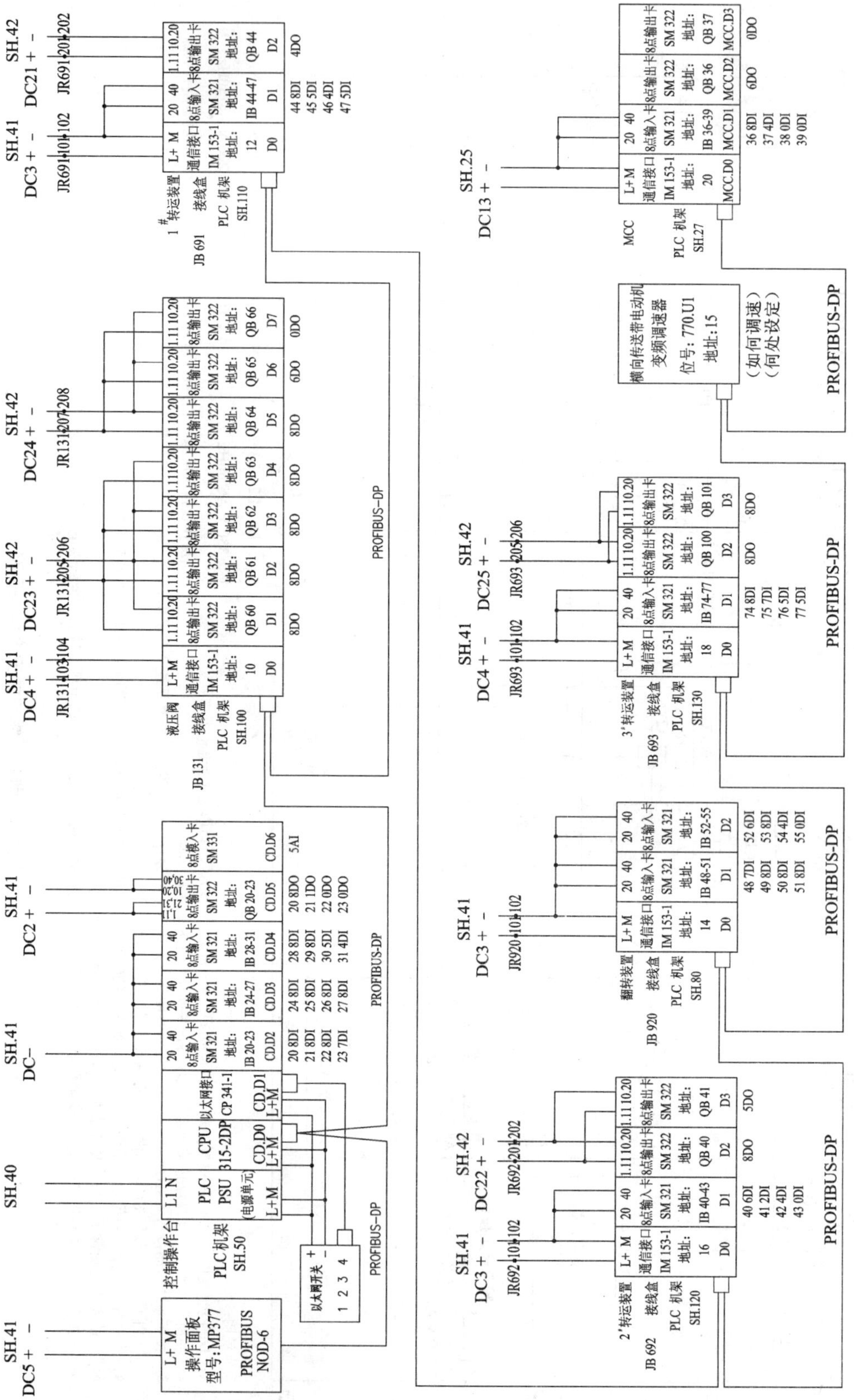

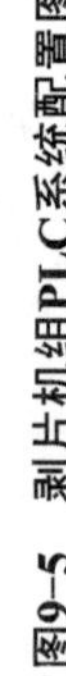

图9-5 剥片机组PLC系统配置图

1个AI卡(8点模拟输入卡，型号：SM331)，用了5个点，备用3点。

将各种模拟信号，例如：温度、压力等输入到PLC控制器。

在操作控制台上还有一个操作面板，型号是MP377，15英寸，通过PROFIBUS-DP通信协议和主控制器(CPU315-2DP)通信，地址是“6”。

操作面板(也叫人机接口)的作用是监示剥片机组各种设备的工作状态。

B. 在液压阀系统有一个接线盒(代号JB131)，接线盒里有一个PLC机架，内装有：

一个通信卡(IM153-1)，通过PROFIBUS-DP通信协议和主控制器(CPU315-2DP)通信，地址是“10”；

4个DO卡(16点数字输出卡，型号：SM322)，用了46个点，备用10点。

C. 在1#传送机系统有一个接线盒(代号JB691)，接线盒里有一个PLC机架，内装有：

一个通信卡(IM153-1)，通过PROFIBUS-DP通信协议和主控制器(CPU315-2DP)通信，地址是“12”；

2个DI卡(16点数字输入卡，型号：SM321)，用了22个点，备用10点；

1个DO卡(16点数字输出卡，型号：SM322)，用了4个点，备用12点。

D. 在2#传送机系统有一个接线盒(代号JB692)，接线盒里有一个PLC机架，内装有：

一个通信卡(IM153-1)，通过PROFIBUS-DP通信协议和主控制器(CPU315-2DP)通信，地址是“16”；

2个DI卡(16点数字输入卡，型号：SM321)，用了12个点，备用20点；

1个DO卡(16点数字输出卡，型号：SM322)，用了13个点，备用3点。

E. 在承接(翻转)系统有一个接线盒(代号JB920)，接线盒里有一个PLC机架，内装有：

一个通信卡(IM153-1)，通过PROFIBUS-DP通信协议和主控制器(CPU315-2DP)通信，地址是“14”；

4个DI卡(16点数字输入卡，型号：SM321)，用了49个点，备用15点。

F. 在3#传送机系统有一个接线盒(代号JB693)，接线盒里有一个PLC机架，内装有：

一个通信卡(IM153-1)，通过PROFIBUS-DP通信协议和主控制器(CPU315-2DP)通信，地址是“18”；

2个DI卡(16点数字输入卡，型号：SM321)，用了25个点，备用7点；

1个DO卡(16点数字输出卡，型号：SM322)，用了16个点，备用0点。

G. 横向传送机变频控制器，位号：770U1，通过PROFIBUS-DP通信协议和主控制器(CPU315-2DP)通信，地址是“15”。

H. 在电气控制室(代号MCC)机柜里有一个PLC机架，内装有：

一个通信卡(IM153-1)，通过PROFIBUS-DP通信协议和主控制器(CPU315-2DP)通信，地址是“20”；

2个DI卡(16点数字输入卡，型号：SM321)，用了12个点，备用20点；

1个DO卡(16点数字输出卡，型号：SM322)，用了6个点，备用10点。

③操作台面布置图(图9-6)

由47个带灯的和不带灯的按钮组成。

控制按钮动作说明：一般的控制按钮有三种状态：

1(OFF)：系统关闭，位于左侧，停车时使用。

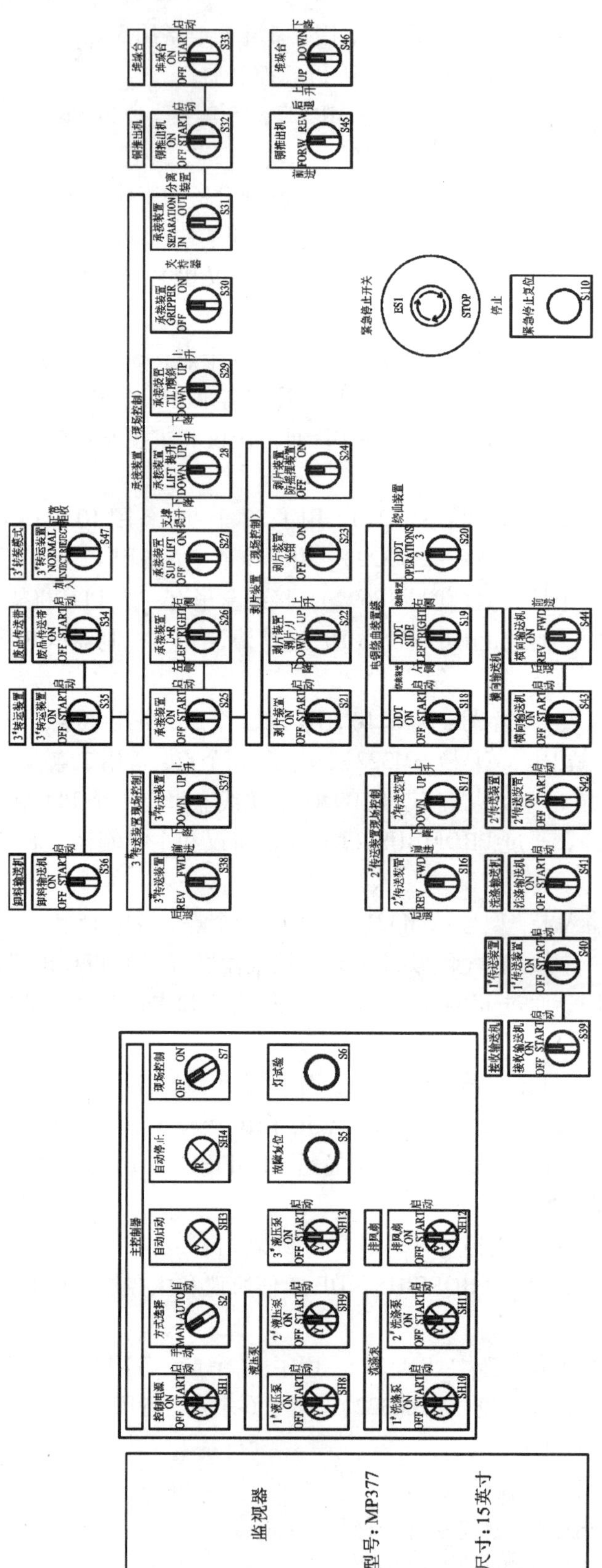

图9-6　剥片机组操作台面布置图

2(ON)：系统打开，位于中央，正常工作状态。

3(START)：系统启动，位于右侧，系统启动时使用。

当将该按钮掷向右侧，系统启动后，手一松，该按钮马上自动返回于中央的位置，但此时该设备已经启动，处于正常工作状态。

3. 电积槽

电积槽是钢筋混凝土制作的长方形外框，槽内衬玻璃钢以防腐蚀。电积槽放置于钢筋混凝土的横梁上，槽子底部与横梁之间要用橡胶板绝缘。易保养、整体化设计、容易安装、寿命长。

电积液分布有多种形式，大多是从槽底进液，槽深通常 1.3 m 左右，槽底有排液和排渣口，同名极板距离 90 ~ 100 mm。

电积槽的槽头接上液管道，管道的材质一般是聚氯乙烯，用一个手动塑料球阀控制。

进液管从槽上伸到槽的底部，从槽头延伸到槽尾，管的两头各钻有 6 个孔，电积液从孔内喷出。

电积槽的槽尾上方有一个溢流口，在下面进液的同时，上面会不停的溢流，以保证电积液的质量。

电积槽的底部从槽头到槽尾有一些倾斜，在槽头有一个比底部稍高的出液口，用于排出电积液。

电积槽的中间空出部分是装阳极板和阴极板的，搁置阳极板和阴极板的地方是用橡胶板互相绝缘的，每50 个电积槽为一组，每组电积槽的前面一个槽和后面一个槽的两侧边都有导电铜排，用于和其他组的导电铜排相连接，槽内是靠阴极板和阳极板导电的。

电积槽的结构参见图 9 -7、图 9 -8。

图 9 -7　电积槽

图 9 -8　电积槽的结构

4. 硅整流装置

硅整流装置是电积系统的核心装置，是一套非常重要的设备，它为电积系统提供强大的直流电源，没有硅整流装置就不存在电积系统。

硅整流装置由整流变压器、可控硅整流装置、油水冷却器、纯水冷却器和直流大电流刀开关等组成。

图 9 -9 是硅整流装置的外形图，左边是可控硅整流装置，右边是整流变压器。

整流变压器：作用是将 AC10000V 降压成 AC228V。

型号：ZHSSPT－9000/10；相数：3 相；频率：50 Hz；输入电压：AC10000V；输出电压：AC228V；功率：8372 kVA。柳州索能特种变压器公司生产。

可控硅整流装置：作用是将 AC218V 整流变成 DC240V，DC30KA。

型号：KES － 30KA/240V；输入电压：AC218V；输出电压：DC240V；输出电流：DC30KA。整流方式：双反星非同向逆并联。九江历源整流设备公司生产。

图 9－9　硅整流装置

油水冷却器(图 9－10)：作用是用纯水对整流变压器里面的油进行冷却，这里用的冷却水是纯水(冷却介质若用普通净化水，会使油水冷却器的内壁结垢，降低传热效率)。

图 9－10　油水冷却器

图 9－11　纯水冷却器

从图中可以看出，3 个油水冷却器并联使用，这样做是为了提高降温冷却效果，3 台油泵将整流变压器里的冷却用油进行强制冷却循环。油水冷却器是浙江温岭格兰特冷却设备公司生产。

纯水冷却器(图 9－11)：作用是用普通净化水对油水冷却器里面的纯水进行冷却。这样设计多用了一套纯水冷却器，但提高了油水冷却器的工作效率，还是值得的。纯水冷却器也是浙江温岭格兰特冷却设备公司生产。

可控硅整流装置内部配置图(图 9－12)：作用是将交流电整流成直流电。由于在整流过程中可控硅会发热，这里也是用纯水对可控硅进行冷却降温。

图9－13是直流大电流刀开关外形图，作用是切断供电回路内的大电流，是由电机控制操作的，由西安恒利电气设备公司生产。

图9－12 可控硅整流装置

图9－13 直流大电流刀开关

5. 铜电积用阳极板

铜电积用阳极板大多数是用铅－钙－锡合金轧制，含Pb 93%～98%、锡1%～2%、钙<0.1%，各家成分略有出入。

这项技术是RSR发明的。20世纪80年代PhecpsDodge第一次应用。铜导电棒包铅，平均寿命6年，有些工厂超过10年，也有工厂的阳极是用铅－锑合金制造，这多半是一些很老的工厂。

电积槽的阳极板每隔60～90天就要进行一次清洗和矫直，主要是清除铅渣，减少铅对阴极铜的污染。

图9－14所示为昆明理工大学恒达科技有限公司生产的SMCO所用不溶阳极板。

6. 不锈钢永久阴极板

铜电积原来也都采用薄铜始极片作为阴极，20世纪80年代以来，澳大利亚蒙特·阿沙矿业公司的电解铜厂首先直接使用不锈钢母板为阴极，十多年来许多铜电积厂也都纷纷应用于生产。

永久阴极优点：板面更垂直，可缩短极间距，避免短路，省去始极片制作，适合高电流密度操作，可获得高质量阴极铜。

图9－15所示为昆明理工大学恒达科技有限公司生产的SMCO所用不锈钢永久阴极板。

从图9－15可以看出，在不锈钢永久阴极板的两侧各有一条绝缘边条，俗称包边条。

包边条的作用：方便阴极铜的剥离。

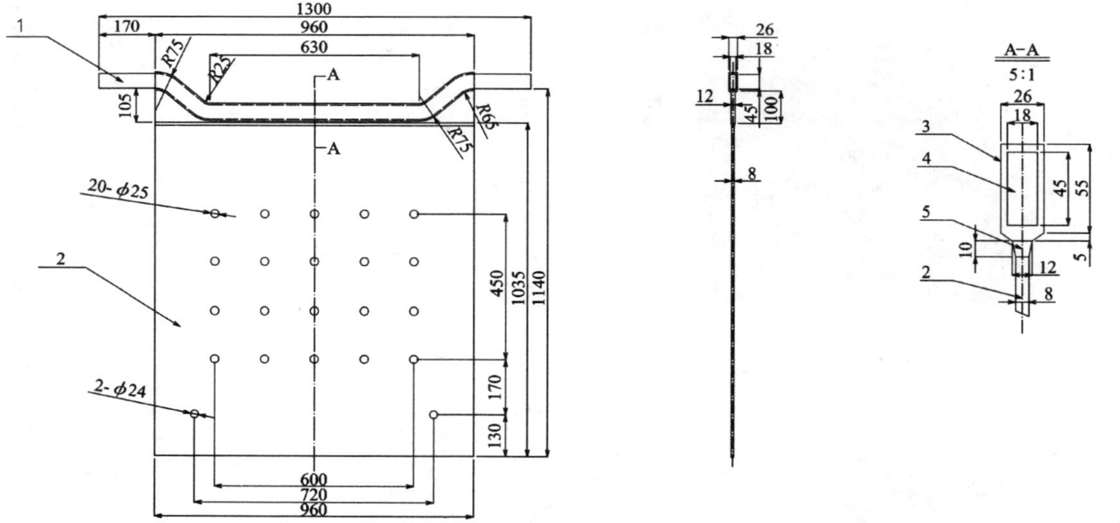

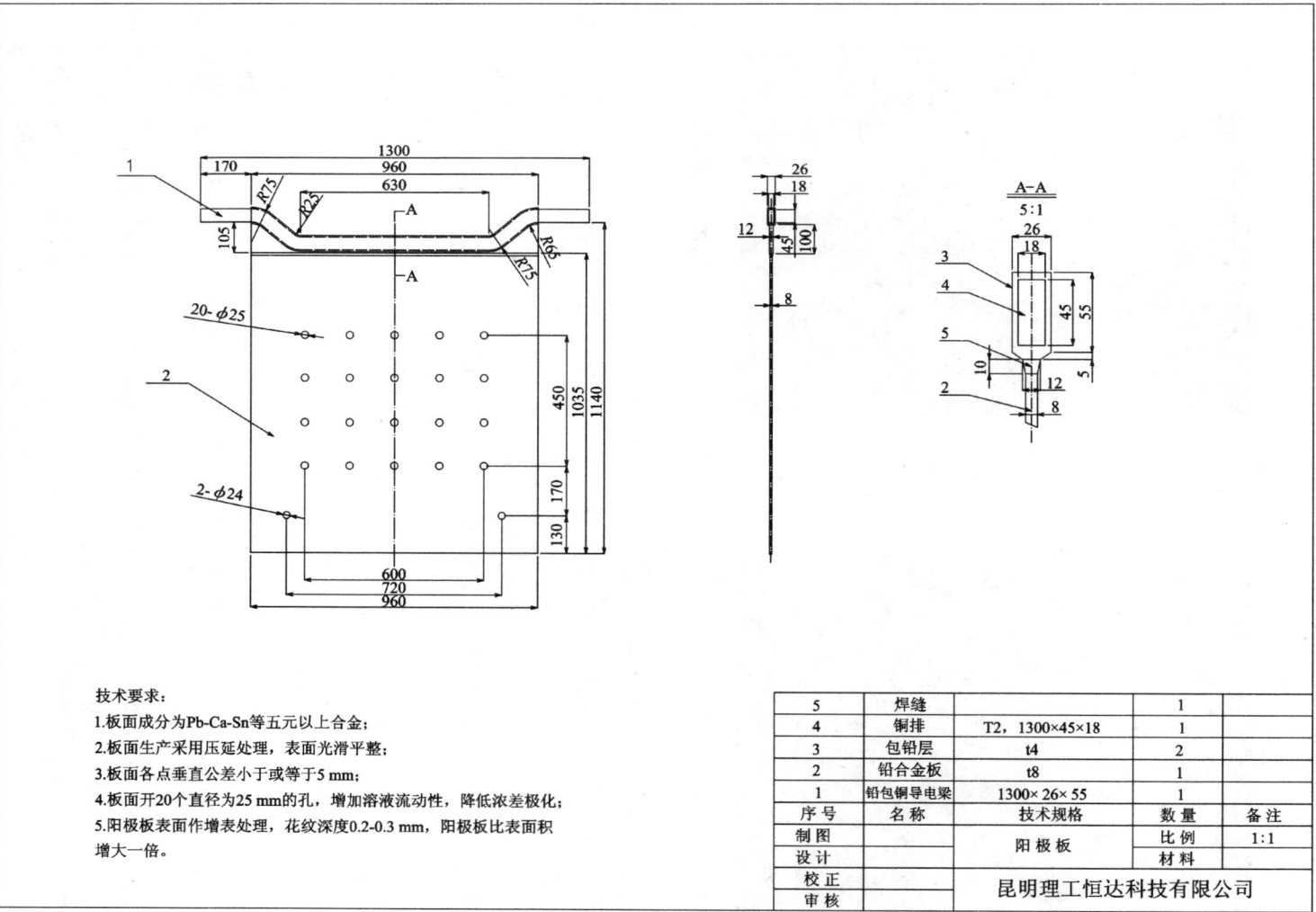

技术要求：

1.板面成分为Pb-Ca-Sn等五元以上合金；

2.板面生产采用压延处理，表面光滑平整；

3.板面各点垂直公差小于或等于5 mm；

4.板面开20个直径为25 mm的孔，增加溶液流动性，降低浓差极化；

5.阳极板表面作增表处理，花纹深度0.2-0.3 mm，阳极板比表面积增大一倍。

序号	名称	技术规格	数量	备注
5	焊缝		1	
4	铜排	T2，1300×45×18	1	
3	包铅层	t4	2	
2	铅合金板	t8	1	
1	铅包铜导电梁	1300× 26× 55	1	
制图		阳 极 板	比 例	1:1
设 计			材 料	
校 正		昆明理工恒达科技有限公司		
审 核				

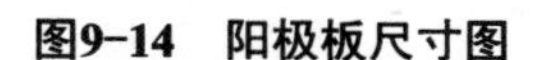

图9-14　阳极板尺寸图

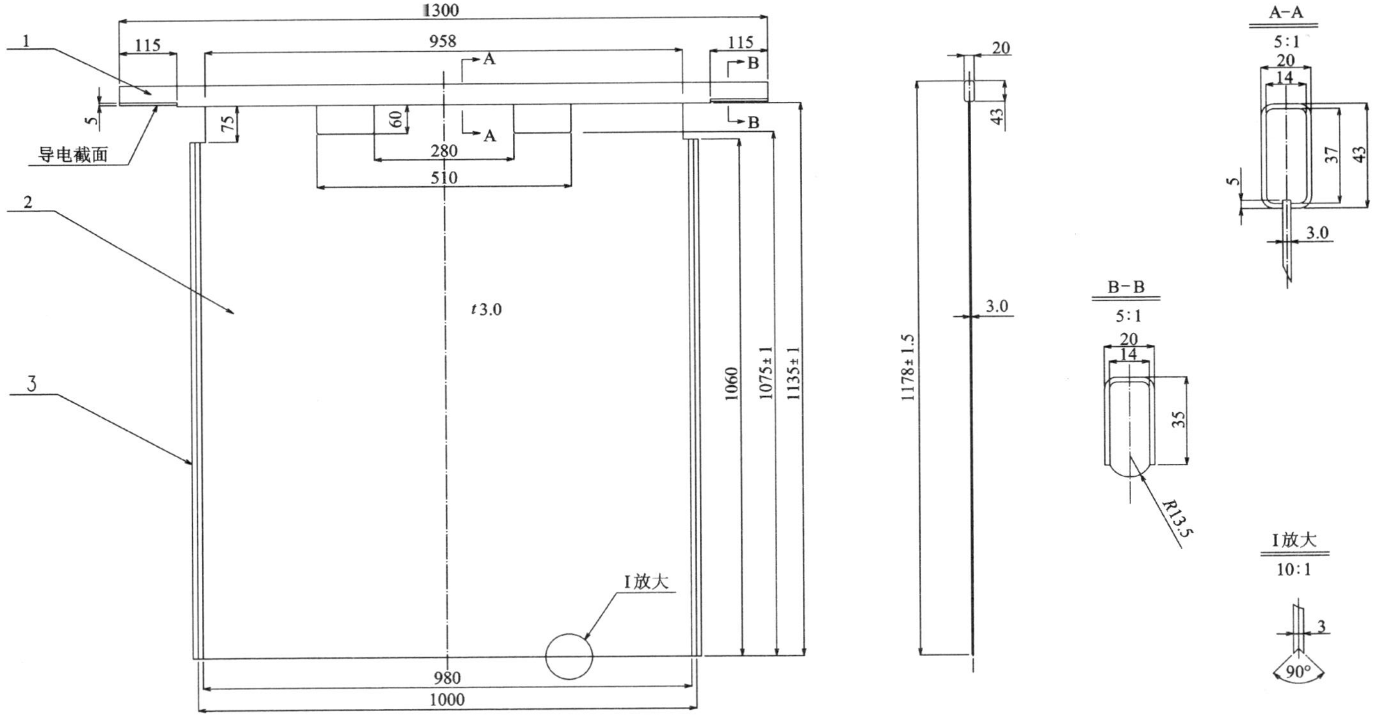

说明：

1.部件2材质为不锈钢，若采用316L材质吋，其厚度为3.0毫米；

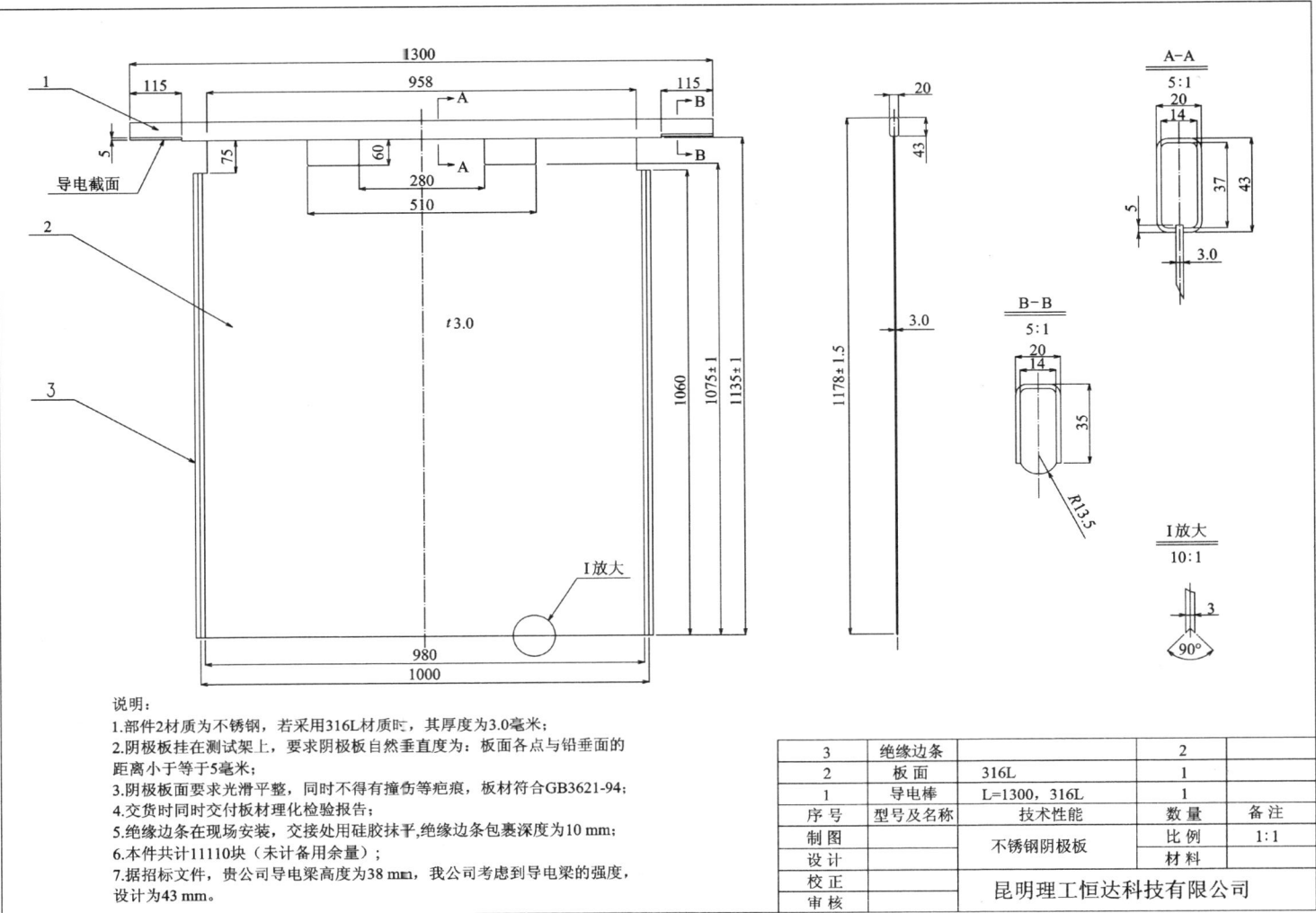

2.阴极板挂在测试架上，要求阴极板自然垂直度为：板面各点与铅垂面的距离小于等于5毫米；

3.阴极板面要求光滑平整，同时不得有撞伤等疤痕，板材符合GB3621-94；

4.交货时同时交付板材理化检验报告；

5.绝缘边条在现场安装，交接处用硅胶抹平,绝缘边条包裹深度为10 mm；

6.本件共计11110块（未计备用余量）；

7.据招标文件，贵公司导电梁高度为38 mm，我公司考虑到导电梁的强度，设计为43 mm。

3	绝缘边条		2	
2	板 面	316L	1	
1	导电棒	L=1300，316L	1	
序 号	型号及名称	技术性能	数 量	备 注
制 图		不锈钢阴极板	比 例	1:1
设 计			材 料	
校 正		昆明理工恒达科技有限公司		
审 核				

图9-15　不锈钢阴极板尺寸图

在不锈钢阴极板上若没有装上这个包边条，则在电积的过程中，整个不锈钢阴极板板面(包括两个侧面)都会长满阴极铜，不锈钢阴极板会被全部埋在电积铜里面，根本无法进行剥离。

当在不锈钢阴极板的两个侧面装上这个包边条后，由于绝缘的包边条的作用，在电积的过程中，不锈钢阴极板的两个侧面就不能生长阴极铜，不锈钢阴极板的前后板面就是分开的，就可以用剥片机将电积铜从不锈钢阴极板上剥离下来。

在进行电积铜剥离的过程中，要经常检查包边条，若有损坏要马上更换。

9.3 自动控制、仪表监测、设备联锁系统

9.3.1 自动控制系统

电积系统的监控和联锁都由设立在萃取、电积仪表室的 DCS 系统进行，电气控制柜设立在萃取、电积系统南边的低压配电室，通过光纤和设立在萃取、电积仪表室的 DCS 系统通信，进行数据交换。

12 台各种输送泵都采用施耐德公司的 ATV61e(大于 90 kW)和 ATV61s(小于 90 kW)系列变频器进行无级调速，既可以在现场进行手动启动和调速，也可以在仪表室进行自动启动和调速。

剥片机由西门子公司的 S7 - 300 系列 PLC 进行控制。

1. PIC1201 蒸汽总管压力控制系统

该系统由检测仪表、指示调节器和执行机构组成。

(1)检测仪表

压力变送器，型号 EJA530A - DBS4N - 02DE/NF1，量程 0 ~ 1.0 MPa，四川仪表厂生产。作用是将蒸汽压力转换成 4 ~ 20 mA DC 电流信号。

(2)指示调节器

作用是指示、控制蒸汽总管压力值，量程 0 ~ 1.0 MPa，调节器的输出是反作用(RA)。

(3)执行机构

气动中等负载调节蝶阀，型号 HL410170 - 150C，DN150，气开式(PO)，大连亨利公司生产。作用是控制蒸汽总管流通能力，将其压力控制在一定的范围内。

2. TIC1201A 1#板式换热器溶液出口温度控制系统

该系统由检测仪表、指示调节器和执行机构组成。

(1)检测仪表

铂电阻温度计，型号 WZP - 430，量程 0 ~ 100℃。江苏金科公司生产。1#将板式换热器溶液出口温度变成电阻信号。

(2)指示调节器

指示、控制 1#板式换热器溶液出口温度，量程 0 ~ 100℃。调节器的输出是反作用(RA)。

(3)执行机构

气动中等负载调节蝶阀，型号 HL410170 - 125C，DN125，气开式(PO)，大连亨利公司生产。作用是控制蒸汽流量，以达到控制 1#板式换热器溶液出口温度的作用。

3. TIC1201B 2#板式换热器溶液出口温度控制系统

该系统检测仪表、指示调节器和执行机构部分组成。

(1)检测仪表

铂电阻温度计，型号 WZP－430，量程 0～100℃。江苏金科公司生产。2#将板式换热器溶液出口温度变成电阻信号。

(2)指示调节器

指示、控制 2#板式换热器溶液出口温度，量程 0～100℃。调节器的输出是反作用(RA)。

(3)执行机构

气动中等负载调节蝶阀，型号 HL410170－125C，DN125，气开式(PO)，大连亨利公司生产。作用是控制蒸汽流量，以达到控制 2#板式换热器溶液出口温度的作用。

4. TIC1201C 3#板式换热器溶液出口温度控制系统

该系统由检测仪表、指示调节器和执行机构组成。

(1)检测仪表

铂电阻温度计，型号 WZP－430，量程 0～100℃。江苏金科公司生产。将 3#板式换热器溶液出口温度变成电阻信号。

(2)指示调节器

指示、控制 3#板式换热器溶液出口温度，量程 0～100℃。调节器的输出是反作用(RA)。

(3)执行机构

气动中等负载调节蝶阀，型号 HL410170－125C，DN125，气开式(PO)，大连亨利公司生产。作用是控制蒸汽流量，以达到控制 3#板式换热器溶液出口温度的作用。

5. TIC1201D 4#板式换热器溶液出口温度控制系统

该系统由检测仪表、指示调节器和执行机构组成。

(1)检测仪表

铂电阻温度计，型号 WZP－430，量程 0～100℃。江苏金科公司生产。将 4#板式换热器溶液出口温度变成电阻信号。

(2)指示调节器

指示、控制 4#板式换热器溶液出口温度，量程 0～100℃。调节器的输出是反作用(RA)。

(3)执行机构

气动中等负载调节蝶阀，型号 HL410170－125C，DN125，气开式(PO)，大连亨利公司生产。作用是控制蒸汽流量，以达到控制 4#板式换热器溶液出口温度的作用。

9.3.2 仪表监测系统

1. LIA1201A

1#电积高位槽液位，超声波液位计，西门子公司生产，型号 7ML1201－0EF00，量程0～3.0 m。

2. LIA1201B

2#电积高位槽液位，超声波液位计，西门子公司生产，型号 7ML1201－0EF00，量程0～3.0 m。

3. LIA1202A

1#胶溶解槽液位，超声波液位计，西门子公司生产，型号7ML1201－0EF00，量程0～1.2 m。

4. LIA1202B

2#胶溶解槽液位，超声波液位计，西门子公司生产，型号7ML1201－0EF00，量程0～1.2 m。

5. LIA1203A

1#硫酸钴溶解槽液位，超声波液位计，西门子公司生产，型号7ML1201－0EF00，量程0～1.2 m。

6. LIA1203B

2#硫酸钴溶解槽液位，超声波液位计，西门子公司生产，型号7ML1201－0EF00，量程0～1.2 m。

7. LIA1204A

1#电积后液槽液位，超声波液位计，西门子公司生产，型号7ML1201－0EF00，量程0～3.0 m。

8. LIA1204B

2#电积后液槽液位，超声波液位计，西门子公司生产，型号7ML1201－0EF00，量程0～3.0 m。

9. LIA1205A

1#电积液循环槽液位，超声波液位计，西门子公司生产，型号7ML1201－0EF00，量程0～3.0 m。

10. LIA1205B

2#电积液循环槽液位，超声波液位计，西门子公司生产，型号7ML1201－0EF00，量程0～3.0 m。

11. LIA1206A

1#中间槽液位，超声波液位计，西门子公司生产，型号7ML1201－0EF00，量程0～3.0 m。

12. LIA1206B

2#中间槽液位，超声波液位计，西门子公司生产，型号7ML1201－0EF00，量程0～3.0 m。

13. LIA1207A

1#过滤前槽液位，超声波液位计，西门子公司生产，型号7ML1201－0EF00，量程0～3.0 m。

14. LIA1207B

2#过滤前槽液位，超声波液位计，西门子公司生产，型号7ML1201－0EF00，量程0～3.0 m。

9.3.3 设备联锁系统

(1)电积液循环泵在发生停电事故时，立即切断板式换热器蒸气总管入口阀门(共2个)联锁逻辑参见图9－16。

(2)电积液循环泵在发生停电事故时，立即切断高位槽电积液出口阀(共4个DN500的阀门)。

联锁逻辑参见图9－17。

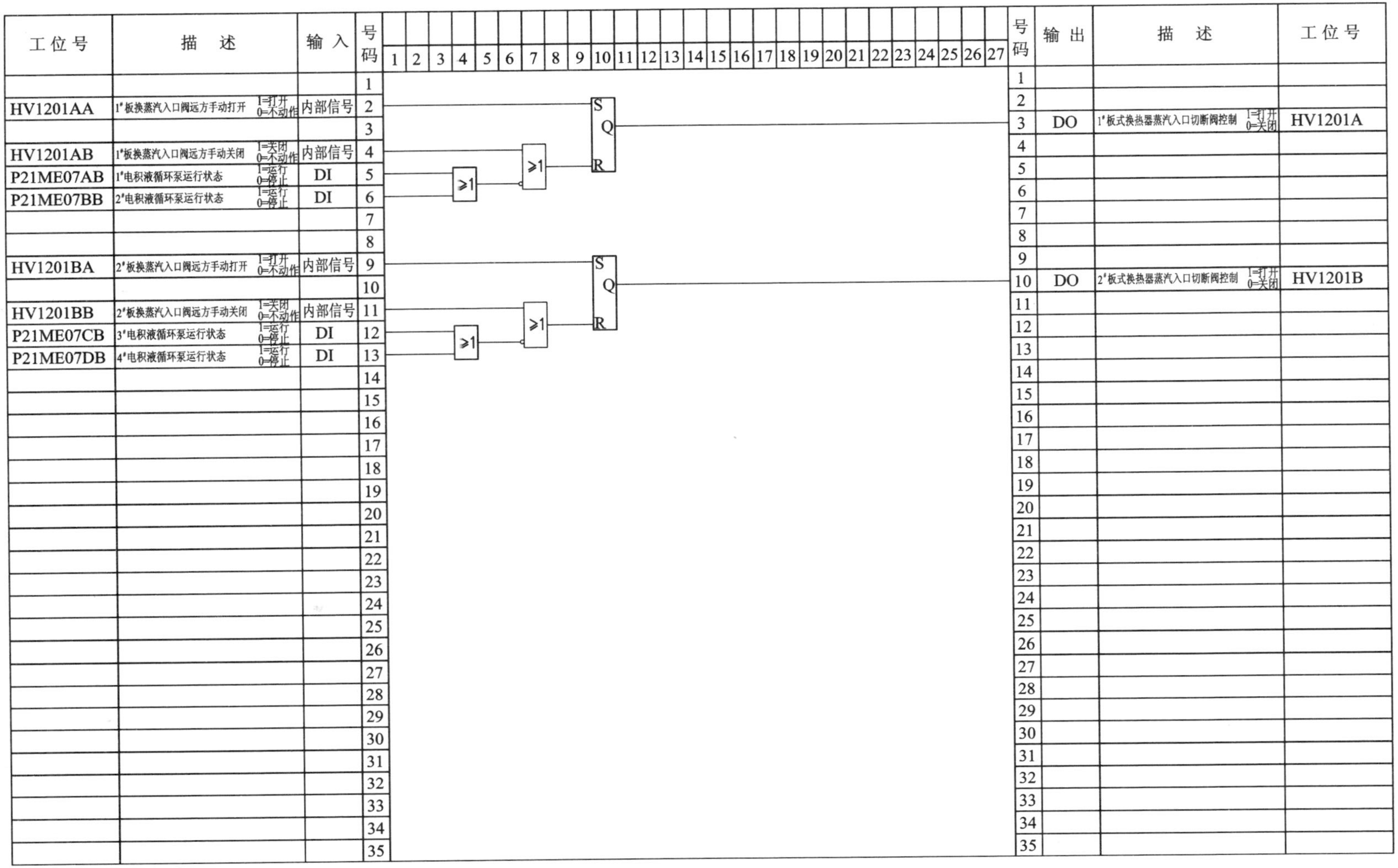

工位号	描述		输入	号码
				1
HV1201AA	1#板换蒸汽入口阀远方手动打开	1=打开 0=不动作	内部信号	2
				3
HV1201AB	1#板换蒸汽入口阀远方手动关闭	1=关闭 0=不动作	内部信号	4
P21ME07AB	1#电积液循环泵运行状态	1=运行 0=停止	DI	5
P21ME07BB	2#电积液循环泵运行状态	1=运行 0=停止	DI	6
				7
				8
HV1201BA	2#板换蒸汽入口阀远方手动打开	1=打开 0=不动作	内部信号	9
				10
HV1201BB	2#板换蒸汽入口阀远方手动关闭	1=关闭 0=不动作	内部信号	11
P21ME07CB	3#电积液循环泵运行状态	1=运行 0=停止	DI	12
P21ME07DB	4#电积液循环泵运行状态	1=运行 0=停止	DI	13
				14
				15
				16
				17
				18
				19
				20
				21
				22
				23
				24
				25
				26
				27
				28
				29
				30
				31
				32
				33
				34
				35

号码	输出	描述		工位号
1				
2				
3	DO	1#板式换热器蒸汽入口切断阀控制	1=打开 0=关闭	HV1201A
4				
5				
6				
7				
8				
9				
10	DO	2#板式换热器蒸汽入口切断阀控制	1=打开 0=关闭	HV1201B
11				
12				
13				
14				
15				
16				
17				
18				
19				
20				
21				
22				
23				
24				
25				
26				
27				
28				
29				
30				
31				
32				
33				
34				
35				

图9-16 板式换热器蒸汽入口切断阀控制逻辑图

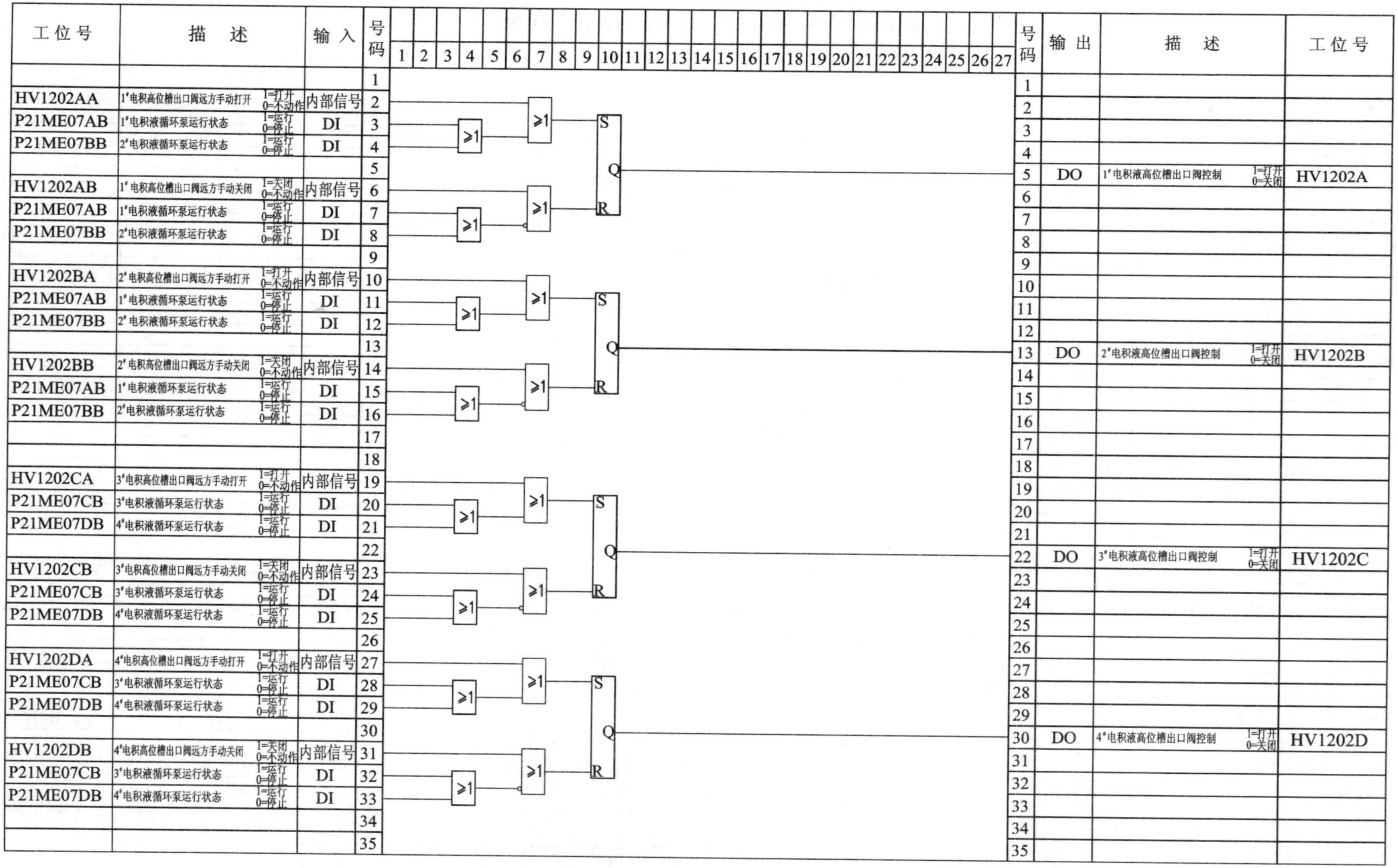

工位号	描述		输入	号码
				1
HV1202AA	1#电积高位槽出口阀远方手动打开	1=打开 0=不动作	内部信号	2
P21ME07AB	1#电积液循环泵运行状态	1=运行 0=停止	DI	3
P21ME07BB	2#电积液循环泵运行状态	1=运行 0=停止	DI	4
				5
HV1202AB	1#电积高位槽出口阀远方手动关闭	1=关闭 0=不动作	内部信号	6
P21ME07AB	1#电积液循环泵运行状态	1=运行 0=停止	DI	7
P21ME07BB	2#电积液循环泵运行状态	1=运行 0=停止	DI	8
				9
HV1202BA	2#电积高位槽出口阀远方手动打开	1=打开 0=不动作	内部信号	10
P21ME07AB	1#电积液循环泵运行状态	1=运行 0=停止	DI	11
P21ME07BB	2#电积液循环泵运行状态	1=运行 0=停止	DI	12
				13
HV1202BB	2#电积高位槽出口阀远方手动关闭	1=关闭 0=不动作	内部信号	14
P21ME07AB	1#电积液循环泵运行状态	1=运行 0=停止	DI	15
P21ME07BB	2#电积液循环泵运行状态	1=运行 0=停止	DI	16
				17
				18
HV1202CA	3#电积高位槽出口阀远方手动打开	1=打开 0=不动作	内部信号	19
P21ME07CB	3#电积液循环泵运行状态	1=运行 0=停止	DI	20
P21ME07DB	4#电积液循环泵运行状态	1=运行 0=停止	DI	21
				22
HV1202CB	3#电积高位槽出口阀远方手动关闭	1=关闭 0=不动作	内部信号	23
P21ME07CB	3#电积液循环泵运行状态	1=运行 0=停止	DI	24
P21ME07DB	4#电积液循环泵运行状态	1=运行 0=停止	DI	25
				26
HV1202DA	4#电积高位槽出口阀远方手动打开	1=打开 0=不动作	内部信号	27
P21ME07CB	3#电积液循环泵运行状态	1=运行 0=停止	DI	28
P21ME07DB	4#电积液循环泵运行状态	1=运行 0=停止	DI	29
				30
HV1202DB	4#电积高位槽出口阀远方手动关闭	1=关闭 0=不动作	内部信号	31
P21ME07CB	3#电积液循环泵运行状态	1=运行 0=停止	DI	32
P21ME07DB	4#电积液循环泵运行状态	1=运行 0=停止	DI	33
				34
				35

号码	输出	描述		工位号
1				
2				
3				
4				
5	DO	1#电积液高位槽出口阀控制	1=打开 0=关闭	HV1202A
6				
7				
8				
9				
10				
11				
12				
13	DO	2#电积液高位槽出口阀控制	1=打开 0=关闭	HV1202B
14				
15				
16				
17				
18				
19				
20				
21				
22	DO	3#电积液高位槽出口阀控制	1=打开 0=关闭	HV1202C
23				
24				
25				
26				
27				
28				
29				
30	DO	4#电积液高位槽出口阀控制	1=打开 0=关闭	HV1202D
31				
32				
33				
34				
35				

图9-17　高位槽电积液出口阀控制逻辑图

(3)电积后液槽、电积液循环槽和萃取车间的电贫液槽、电富液槽等组成一个闭合的循环回路，它们中间的任何一台泵出了故障停止运行，都会影响其他槽的正常液位，都有冒槽的危险。我们将这些泵都设计了联锁回路，只要其中一台泵停止运行，其他泵都要延时停止。这些控制逻辑在萃取车间已经有过介绍。

9.4　生产操作

和萃取车间一样，从电积车间的“工艺流程说明”可以看出，全车间也就是一个工序，所有的主要设备组成一个闭合的循环回路，若其中一个环节出了故障，整个车间都要停下来，否则就要出生产事故。

由于该车间都是一些槽槽罐罐，正常生产时槽内的液位一般控制在 60% ~70%，还有一定的余量，所以，槽内的溶液即使“先进后出”也没有太大的关系，只是各设备之间的启动间隔时间不要太长。

故在电积车间开车时，也不一定要遵循“逆向启动”的原则，在正常停车时也不一定要遵循“顺向停止”的原则。

9.4.1　开车前的准备

(1)检查所有设备是否准备就绪。

(2)检查要运行的设备供电是否正常(操作箱内电源指示灯是否亮)。

(3)所有玻璃钢管道、法兰及膨胀节，有无滴漏情况。

(4)车间地面及地沟的防腐情况。

(5)所有槽体有无渗漏。

(6)检查槽内液位，液位必须高于泵叶轮中心线。

(7)对要运行的泵进行手动盘车，确认运转灵活。

(8)打开板式换热器的进出口阀门。

(9)确认电积槽里阴、阳极板没有短路的地方，将进电积槽溶液管道阀门打开到适量位置。

(10)检查整流设备正常。

9.4.2　设备启动

设备启动没有特别要求。操作方法和操作步骤和萃取系统完全一样。

(这两个车间共用一台操作站)

9.4.3　停车顺序

停车顺序没有特别要求。

操作方法和操作步骤和萃取系统完全一样。

9.4.4　日常检查内容

(1)仪表室的值班人员必须时时监视 DCS 画面上各槽、罐的液位、各泵的运转频率等，严防冒槽。在突然停电的情况下，要不慌不忙，冷静处理，进行合理有序的操作，力求不发生任何意外事故。

(2)各槽、罐的液位要严格控制在60%～70%。

(3)按照要求、按时点检所有泵、搅拌器、槽体、管道支架、仪表等，观察是否有异常情况。

(4)运行设备有无不正常的声音等。

(5)对所有流过溶液的槽子、管道进行巡检。

(6)检查泵的润滑油及泵的运行情况，是否有杂音及发热情况。

(7)按照硅整流系统点检记录表内容点检。

(8)按照剥片机组点检记录表内容点检。

(9)按照行车点检记录表内容点检。

(10)提醒所有员工必须按照设备操作规程进行操作和维护工作。

(11)注意车间的其他安全隐患。

(12)吊运阴极铜时不允许从人头顶上经过。

(13)定期对电富液、电贫液进行化学分析，要达到工艺要求。

(14)所有设备的现场操作箱上都有紧急停止按钮，遇到紧急情况可以按下这些紧急停止按钮，运行设备马上自动停止。

9.5 生产中应注意的几个问题

9.5.1 阳极板的性能特点

(1)阳极板是新一代具有优良催化活性、强耐蚀性、高抗蠕变能力的节能惰性阳极板。具有好的机械性能、优良的导电性、较小的电阻。在使用过程中整体耐腐蚀性能强、不易断裂、阳极泥均匀致密、极板不易变形。从而有效防止阴阳极间的短路，有效延长了阳极板的使用寿命，降低了生产成本。

(2)为了提高阳极板的使用寿命，对阳极板进行了增表处理，增表处理后的阳极板与传统阳极板相比，比表面积增加了1倍，在相同电流密度的条件下，阳极板表面的电流密度只仅为传统阳极板的二分之一，这样可显著降低阳极板的电化学腐蚀和阳极板的溶解，从而提高阳极板的使用寿命。

(3)在新型铅基多元合金阳极板表面开一定数量的孔，一方面可以增加电积液的流动性，提高电积液中铜离子的传递速度，降低浓差极化；另一方面，铅基阳极板在轧制加工完成后存在内应力，阳极板在使用过程中内应力会慢慢释放，从而导致铅基合金阳极板变形，引起阴阳极间短路，产生烧板，降低阳极板的使用寿命。因此，在新型铅基多元合金阳极板表面压制一定数量的孔，可以削减阳极板的内应力，防止极板形变，提高其使用寿命。

(4)生产实践表明，采用新型铅基多元合金阳极板在铜电积中应用，阴极铜中的铅含量可以达到高级阴极铜的水平，阴极铜电流效率可以达到96%～99%，槽电压与传统铅基合金阳极相比，可降低0.1～0.2 V，阳极板使用寿命可以达到4年以上。

9.5.2　阳极板使用过程中的注意事项

(1)装卸及起吊过程中需保持平衡、不得滑落，以保证极板的完整。

(2)极板下槽前需安装绝缘器(绝缘子)及校正处理，极板于出厂前已进行校正处理；由于运输引起的板面弯曲，在校正过程中用橡胶锤轻敲至板面平直，平直度 <3 mm，且板面与导电梁处于同一平面时方可下槽工作。

(3)阳极板不得在断电情况下，长时间浸泡于溶液中，若长时间停用时，请放空电解槽内的溶液或取出阳极板，并清洗干净后保管。

(4)阳极板在待使用时严禁裸露、暴晒、雨淋，最好入库妥善管理。

(5)在系统长时间停工时，请将阳极板提出，清洗干净后入库存放。

(6)正常铜电积生产条件为：

Cu^{2+} 35 ~ 50 g/L，H_2SO_4 140 ~ 180 g/L，Cl^- ≤60 mg/L，电解液温度 30 ~ 40℃，适量的添加剂，阴极电流密度 180 ~ 240 A/m^2。

9.5.3　不锈钢阴极板使用过程中的注意事项

(1)不锈钢阴极板平直度：导电横梁部≤ ±3 mm，板面上部≤ ±4 mm，板面中部和下部≤ ±5 mm；阴极板垂直度≤ ±5 mm。

(2)不锈钢阴极板导电端与导电铜排接触良好，随时检查导电情况的正常与通畅(包括阳极)。

(3)及时检查和跟踪电解液的循环状况及流量，严禁断流，加强生产过程中相关添加剂的量的控制，防止有机物在阴极表面的吸附。

(4)注意不锈钢阴极板的表面不发生划伤现象，避免使用漂白成分以及研磨剂的洗涤液，钢丝球、研磨工具等。

(5)不锈钢阴极板使用前的摆放是垂直悬挂，不得长时间的乱摆放及叠加摆放，以免不锈钢阴极板的变形。

(6)不锈钢阴极板在不生产或待生产时不得长时间浸泡于溶液中，应及时起槽，清洗干净后进行悬挂摆放。

9.5.4　不锈钢阴极板的维护与保养

(1)很多人以为不锈钢阴极板在使用过程中是永不生锈的，其实，不锈钢阴极板耐腐蚀性良好，原因是表面形成一层钝化膜，在自然界中它以更稳定的氧化物的形态存在。也就是说，不锈钢虽然按使用条件不同，氧化程度不一样，但最终都被氧化，这种现象通常叫做腐蚀。裸露在腐蚀环境中的金属表面都会发生电化学反应或化学反应，都会受到腐蚀。

(2)316L 不锈钢板表面钝化膜之中耐腐蚀能力弱的部位，由于自激反应而形成点蚀反应，生成小孔，再加上有氯离子接近，形成很强的腐蚀性溶液，加速腐蚀反应的速度，还有不锈钢内部的晶间腐蚀开裂。所有这些，对不锈钢表面的钝化膜都会发生破坏作用。因此，对不锈钢表面必须进行定期的清洁保养，以保持其华丽的表面和延长使用寿命。清洗不锈钢表面时必须注意不要发生表面划伤现象，避免使用具有漂白成分以及研磨剂的洗涤液、钢丝球、研磨工具等，为除掉洗涤液，洗涤结束时须用洁净水冲洗表面。

(3)不锈钢表面有灰尘以及易除掉的污垢物，可用肥皂，弱洗涤剂或温水洗涤。不锈钢表面的商标、贴膜，用温水，弱洗涤剂来洗。黏结剂成分，使用酒精或有机溶剂(乙醚、苯)擦洗。

(4)316L 不锈钢板表面的油脂、油、润滑油，用柔软的布擦干净，然后用中性洗涤剂或稀碱溶液或用专用洗涤剂清洗。若不锈钢表面有漂白剂以及各种酸附着，应立即用水冲洗，再用氨溶液或中性碳酸苏打水溶液浸洗，用中性洗涤剂或温水洗涤。不锈钢表面有彩虹纹，是过多使用洗涤剂或油引起，洗涤时用温水中性洗涤剂可洗去。不锈钢表面污物引起的锈斑，可用 10% 硝酸或研磨洗涤剂洗涤，也可用专门的洗涤药品洗涤。

9.5.5 不锈钢阴极板板面的维护处理

(1)用清水清洗干净不锈钢阴极板的表面，将不锈钢阴极板置于操作平台上，轻轻用细纤维或羊毛抛光材料进行阴极板表面的抛光处理，避免使用漂白成分以及研磨剂的洗涤液、钢丝球、研磨工具等。

(2)对于不锈钢阴极板在搬运过程中或不正当的操作引起的刮痕处理如上所述；不锈钢阴极板的表面异常主要是操作不当引起，为了避免这种情况，摆放是很关键的，摆放时采用挂架式的悬空摆放方式，不得使阴极板的板面和硬物接触，分类明确，标记明确，待处理的板严禁与合格板混装，安全通道畅通避免机械撞伤。

(3)不锈钢阴极板板面为 316L2B 板，具有较高的光洁度，导致阴极铜与其的附着力降低；同时阴极板在使用前长期暴露在大气中，表面已经形成一层非常致密的氧化膜，导致阴极铜与其附着力降低；阴极板在机械加工过程中表面会附着各种油污，导致阴极铜与其附着力降低；硫酸铜溶液中含有一定量的有机相，导致阴极铜与其附着力降低。

针对以上情况，提出如下解决方案：

①不锈钢阴极板在下槽前，要使用除油剂或稀的碱液将其表面的油污除净，然后再下槽使用，对附着力还不足的用 2000 目的细水砂纸轻磨，洗净表面后方可使用。

②由于不锈钢阴极板表面光洁度太高，会降低阴极铜的附着力，这是正常现象。为此，可减少电解周期，开始阶段，一般 3～4 天出槽，电积一段时间后，再恢复到 7～11 天出槽。

③检查硫酸铜溶液中的有机相是否超标。

④对不易剥离的板面用 2000 目细砂纸进行抛光处理或细纤维或羊毛抛光材料进行阴极板表面的抛光处理，再用 10% 的稀硝酸钝化 24 小时后下槽使用。

9.5.6 阴极沉积物的构造与影响因素

1. 电结晶的机理

在电积液中，金属离子在电流的作用下，不断在阴极沉积的过程，称为电结晶。电结晶过程可分为两步，第一步是晶核的形成；第二步是晶核的长大。这两个过程的速度决定着金属结晶的粗细程度。如果晶核的生长速度较快，而晶核生成后的成长速度较慢，则生成的晶核数目较多，晶粒较细。反之晶粒就较粗。也就是说在铜电积精炼过程中，当晶核的生成速度大于晶核的成长速度时，就能获得结晶细致、排列紧密的阴极铜。

2. 阴极沉积物的构造

对阴极沉积物，除了要求化学品位符合标准外，还要求有好的物理规格，即要求结晶均匀致密，表面光洁。因为结晶粗糙的表面，会使许多杂质机械地夹杂在金属中，影响它的质量，而且表面容易被氧化。

3. 影响阴极铜结晶的因素

铜电积精炼过程的实质是一个动态平衡，在这个平衡体系中，任何一道工序的失调都将打破这个平衡体系的平衡，最终影响阴极铜的质量。

电流密度的影响：电流密度的表达式为：$D_k = I/S$，我们常说的电流密度，一般指阴极电流密度。

低电流密度下，已形成的晶核可以不断均匀长大，而新的结晶核则不易形成。所以，在低电流密度下易得到粗晶粒结晶。虽然结晶均匀，但却不致密，阴极铜较软，从外观可以看到闪闪的亮星，也缺乏金属的声音。

高电流密度下，已形成的结晶核长大的速度就逐渐减慢而停止，促使形成新的结晶核，所以，高电流密度下，由于结晶核形成的速度较快，而易得到细晶粒的结晶。

9.5.7　影响电积铜质量的因素

1. 电积液

(1)电积液中的杂质

电积液中某些杂质会影响电积效果，例如：Cl^-、Fe^{3+}、SiO_2等。

经过溶剂萃取的电积液在组成上比可溶阳极电积液纯度高，特别是不含砷、锑、秘等杂质。而且，即使含有一些其他金属离子，如Fe^{3+}、Fe^{2+}，电极电位远在铜之上，在铜电积时不会析出影响铜的质量。

电积液中的悬浮粒子会对电积铜的质量造成很大危害。悬浮粒子的来源是电积液过滤时跑滤过来的，也可能是电积时产生的铜或氧化铜微粒，或是来自空气中的浮尘。不过，最主要的来源往往是阳极。不溶阳极几乎都是铅合金，电积时表面氧化为硫酸铅或氧化铅，有时会脱落下来悬浮在溶液中，当迁移并吸附在阴极表面时，就形成了结晶中心，导致在铜板上生长出不同大小的铜颗粒。

分析表明，这种颗粒的杂质含量往往是基体铜板的几十到几百倍。而且，严重时，颗粒发育为树枝状，能导致极板之间的短路。

(2)电积液中主要成分浓度

Cu^{2+}和H_2SO_4含量直接影响电积效果，影响电积铜质量，Cu^{2+}一般在45～50 g/L。Cu^{2+}浓度高时，增大电积液电阻，阳极表面Cu^{2+}浓度升高。当电积液温度低时，有$CuSO_4 \cdot 5H_2O$析出堵塞管路，H_2SO_4的作用是提高电解液的导电性，其波动含量为160～250 g/L，180～210 g/L合适。H_2SO_4含量升高，电积液中的$CuSO_4$溶解度则相应降低。其他杂质数量(Ni、As、Sb、Fe)多时，将增大电积液电积电阻，降低$CuSO_4$溶解度和影响阴极质量。

(3)电积液的温度

电积液要保持一定的温度，适当提高温度有利于加快Cu^{2+}的扩散，从而减少电极附近Cu^{2+}浓度差，降低电积液的比电阻及电耗，电积液的温度一般为40～46℃。

(4)添加剂

添加剂的补充直接影响电解铜的质量，通常加的是硫酸钴和古尔胶。硫酸钴的作用是保护阳极不被腐蚀，延长阳极寿命，一般情况下钴的浓度为100～150 kg/g；古尔胶的作用是使阴极铜表面光滑，阻止来自阳极的 PbO 小颗粒在阴极沉积，还可以减少铜金属树枝状结晶的产生。加入的方法是在中等搅拌强度的条件下，缓慢地加入电积液储槽中，加入量为 0.23 ~ 0.33 kg/t Cu。

2. 有机相的影响

经过与有机相接触的电解液不免含有微量有机相，当其含量达到一定量时，会引起阴极沉积的铜变色，尤以阴极板的上部为甚。这种黑巧克力色沉积物叫做“有机烧斑”。在有机烧斑区域内的沉积物性质脆弱且呈粉末状，并且在烧斑区域多半会发生杂质固体的严重夹带。

研究表明，有机烧斑是由萃取剂引起的，稀释剂影响不大。有些厂将电积液中的有机相浓度降至 5 mg/L 以下，不过，如能控制在 10 mg/L 以下，一般也就不会出现有机烧斑现象了。

3. 规范阳极和阴极间的距离

同极距离为：9.5 ~ 10.2 cm，使阴极与两个阳极之间的距离相等，则在相同浓度下，铜离子沉积到阴极的距离一样，减少了表面粗糙。

4. 平整阳极

阳极板必须是平整的，放进槽内垂直，才能使极间距相等。

5. 洗涤电积铜

洗涤是用热水清洗、浸泡新出的电积铜，洗去铜表面的酸液。

9.5.8 影响电能消耗的因素

1. 电解液成分

电积液成分主要是 $CuSO_4$ 和 H_2SO_4，还有少量溶解的杂质和有机添加剂。电积液成分的控制就是要保证足够的铜离子和 H_2SO_4 浓度。铜离子浓度大可以防止杂质析出，硫酸浓度大导电性好。但这两个条件是互相制约的，即 H_2SO_4 浓度大时，铜的溶解度降低，反之则升高。电积液成分对电导率有直接影响，反萃液（电富液）一般含铜 40 ~ 50 g/L，硫酸 140 ~ 170 g/L，电阻率达 0.6 Ω/cm，比可溶阳极电解液的 0.2 Ω/cm 高得多。

电解液中的某些离子参与电极反应，能引起额外的电能消耗。其中最主要的就是铁，Fe^{2+} 在阳极氧化成 Fe^{3+}，Fe^{3+} 扩散到阴极又还原为 Fe^{2+}，这样反复的氧化 - 还原过程造成电流损耗。如某厂电解液含 Fe^{3+} 3 g/L、Fe^{2+} 4 g/L，电流效率 77%；而另一家厂电解液含 Fe^{3+} 0.3 g/L、Fe^{2+} 0.9 g/L，电流效率大于 90%。

如果料液中含有锰，经夹带进入电解液，能在阳极上氧化为高氧化态的锰，甚至高锰酸，当再与有机相接触时，能氧化萃取剂，生成具有表面活性的物质，延缓分相时间，导致乳化和加剧相间物的生成。如电解液中有亚铁离子就可能还原高价锰，避免对有机相的伤害。因此，许多厂在电解液中维持 1 g/L 左右的总铁含量。

氯离子进入电解液也会产生不少问题，如腐蚀阳极板，甚至析出氯气，恶化车间环境，腐蚀设备。因此必须在萃取段严加控制，采取措施，降低有机相中的水相夹带量，增加洗涤段等，使电解液中的氯离子不超过 30 mg/L。

2. 电流密度

每平方米阴极铜表面通过的电流称之为电流密度，显而易见，电流密度愈大，生产效率愈高。铜在阴极上的沉积速度与阴极电流密度成正比：电流密度大，沉积速度快，过大的电流密度使析出的晶粒粗大，影响电积铜的质量；过小的电流密度影响电积铜的产量。电流密度大引起阴极附近的贫化，使极面结晶粗糙。浓差极化还将导致槽电压过高。

电流密度的选择应考虑两个因素，即技术和经济两方面。从技术方面说，因为电积时溶解和沉积速度总是超过铜离子迁移速度，电流密度大时，则因为浓差不同会产生阳极钝化，而阴极则结晶粗糙，甚至出现粉状结晶。从经济方面考虑，电流密度过大，电压增加，电耗增大；同时由于提高电流密度，电积液循环量增大。最佳电流密度应根据具体条件选择，我国目前大都是采用310～350 A/m^2。

电流密度的计算公式：

$$\text{电流密度} = \frac{\text{电流强度(A)}}{\text{阴极有效总面积}(\text{m}^2)} \quad \text{A/m}^2$$

$$D_K = \frac{A}{L \cdot W(2n-2)}$$

式中：D_K——阴极电流密度(A/m^2)；

A——通过电流强度(A)；

L——阴极的有效长度(浸入溶液中的深度)(m)；

W——阴极的宽度(m)；

n——每槽装入阴极片数。

*注：①槽内两端放置阴极时，按 $2n-2$ 计算；②槽内两端放置阳极时，则为 $2n$ 计算。

SMCO设计的电流密度是280 A/m^2，国内可达350 A/m^2。

3. 槽电压

槽电压是保证电积的必要条件，电压太低，电化学过程难以实现，过高则电耗增大。

铜电积的槽电压为0.2～0.25 V，主要是由电积液电阻、导体电阻和浓差极化引起的电阻所组成。电积液的电阻与溶液成分和温度等有关，酸度大、温度高则电阻小，反之则电阻大。导体电阻与接触点电阻有关。而浓差极化是由于阴、阳极电积液成分不同所引起的，结果是产生与电积施加电压方向相反的电动势。根据研究，电积液电阻是最大的，占槽电压的50%～70%，浓差极化引起的电压降占20%～30%，而导体的电阻电压降只占10%～25%。

槽电压乘以还原每吨铜所需的电量就是所消耗的直流电能，再考虑到整流的效率，电积1 t铜的电能耗为2000～2700 kW·h。

现在多数溶剂萃取－电积厂的阴极铜纯度达到99.99%，甚至99.999%，高于可溶阳极法的产品。

4. 电流效率

电流效率是指实际阴极产出铜量与理论上通过1 A·h电量应沉积的铜量之比的百分数。电流效率通常只有92%～98%。电流效率降低的原因是漏电，阴、阳极间短路，副反应如铁离子的氧化还原作用和铜的化学溶解等。

5. 杂散电流

电积中流动于铜电积之外的电流统称杂散电流。虽然在设计电积时已经采取了许多措施加强电积槽、导流排、泵等导体之间的绝缘，但是，如果绝缘体被电解液脏污，仍可能导致漏电，产生杂散电流。

减少杂散电流的方法，一是在电路安排上采用两个回路，中间接地，降低总电位差。二是，在配置电积槽的给液管和回流管时，要根据槽列的电位图，将两者之间的电位差降到最低。

6. 其他因素或措施

检查阴极和阳极间的短路情况，以及铜棒与铜排的接触点，保证接触良好，可以减少电能的损耗。

9.5.9 电积液杂质控制

(1) Fe <3 g/L(铁含量不要太低，电积液电位通常控制在 400 ~500 mV)。

(2) Cl^- <30 μg/g。

(3) Mn^{2+} <25 μg/g(通常控制 Fe/Mn >10)。

(4)有机相 <10 μg/g。

9.5.10 电积工作中应注意的几个问题

(1)电积槽不能有渗漏的现象，发现要及时进行处理。

(2)电贫液的酸浓一定要大于 180 g/L 以上。

(3)电积槽每个槽的流量要均衡，要达到满负荷，否则在电流高时会出现烧极板的现象。

(4)古尔胶和硫酸钴要按规定的用量，用温水搅拌后加入。

(5)料粒清洗，每个星期要清洗两次。

(6)电积送电流要根据电富液品位分段送电。例如：45 g/L 以上时送电流 × ×A，35 ~45 g/L 时送 × ×A，30 ~35 g/L 时送 × ×A，30 g/L 以下时送 × ×A。

(7)送电流时一定要缓慢，不可一次送得过大或降低得过快，每次以 × ×A 为一档，稳定一小时后再降低或升高一档。

(8)在电积液循环泵停止运行时要马上关闭高位槽出口阀，以免电积液循环槽冒槽，尤其是全厂突然停电时，千万不能因忙于其他事而疏忽了这件事。

(9)阳极附近放出的氧气，带出大量酸雾，污染空气。电积厂抑制酸雾方法，包括加起泡剂，塑料球、塑料布覆盖，增强通风，槽面加通风罩等。目前有工厂用塑料球、塑料珠加酸雾抑制剂如 FC1100(3M 公司生产的含氟表面活性剂)酸雾抑制剂加入量 FC1100 10 ~20 μg/g。作者所在公司是用槽盖布盖，酸雾吸收塔将酸雾抽走。

9.5.11 改造内容

(1)原设计有 4 台钛板加热器，将萃取车间来的电富液用蒸汽加热后再送到电积系统，以保证电积速度。现在发现电富液的温度有 45℃，不加热就可以满足电积工艺要求。若加热后由于温度的升高，在阳极会带出更多的气体，槽内的酸雾会更多，生产环境会更加恶劣。故现在 4 台钛板加热器都不用了。

(2)原设计 12 台变频器控制的设备即可以在现场进行手动启动和调速，也可以在仪表室进行自动启动和调速。但是在订货时厂家搞错了，只能在仪表室进行控制，不能在现场进行调速。后来进行了改造，增加了信号转换器，现在在现场也可以进行手动启动和调速。

第 10 章 硫酸系统

在湿法炼铜的工艺中，硫酸是必不可少的一种很重要的原料，没有硫酸就不能使铜从矿石中浸出，后面的萃取、电积也就不存在了。故每个湿法铜冶炼厂都有一个硫酸车间，用于生产浸出用硫酸。

SMCO 的硫酸车间是用硫磺制酸，采用二转二吸工艺，年产 7 万吨浓硫酸，是一个比较小的制酸系统。系统由熔硫、焚硫－转化、干吸、循环水、软化水、除氧给水和余热锅炉等 9 个工序组成。

SMCO 的硫酸系统是由江苏扬州庆松环境化学工程公司总承包，工程设计、设备采购、施工安装、系统调试、技术培训全由该公司承担。

SMCO 的硫酸车间设有一个单独的中央控制室，自控系统委托浙大中控总承包，他们选择自己生产的 JX－300XP 系列 DCS 系统，根据扬州庆松环境化学工程公司提供的设计资料，编制硫酸生产的控制软件，对硫酸生产的全过程进行监控。

JX－300XP 系列 DCS 系统是早期开发出来的产品，属于小系统，主控制器型号是 XP243X，一对冗余控制器控制 64 个回路，I/O 点总数不超过 500 点。

硫酸车间的 DCS 系统，有一对冗余控制器，2 个机柜，14 个控制系统，约 250 个 I/O 点。所有工艺参数和设备的各种状态信号都进入 DCS 系统进行监控，直接送到仪表的控制机柜里。

在硫酸控制室，有 2 台操作站、1 台工程师站，一台打印机。

由于硫磺制酸是常规的制酸系统，规模不大，这里主要介绍湿法炼铜的有关知识，故对 SMCO 的制酸系统不作详细介绍，只对“熔硫”、“焚硫－转化”、“干吸”三个主要工序介绍一下。

由于是总承包公司设计，他们设计的设备工位号和 SMCO 不一致，这里不做修改，照原样列出。

10.1 熔硫工序

将固体硫磺变为液体硫磺，属制酸的原料准备工序。

10.1.1 工艺流程

熔硫工艺流程如图 10－1 所示。

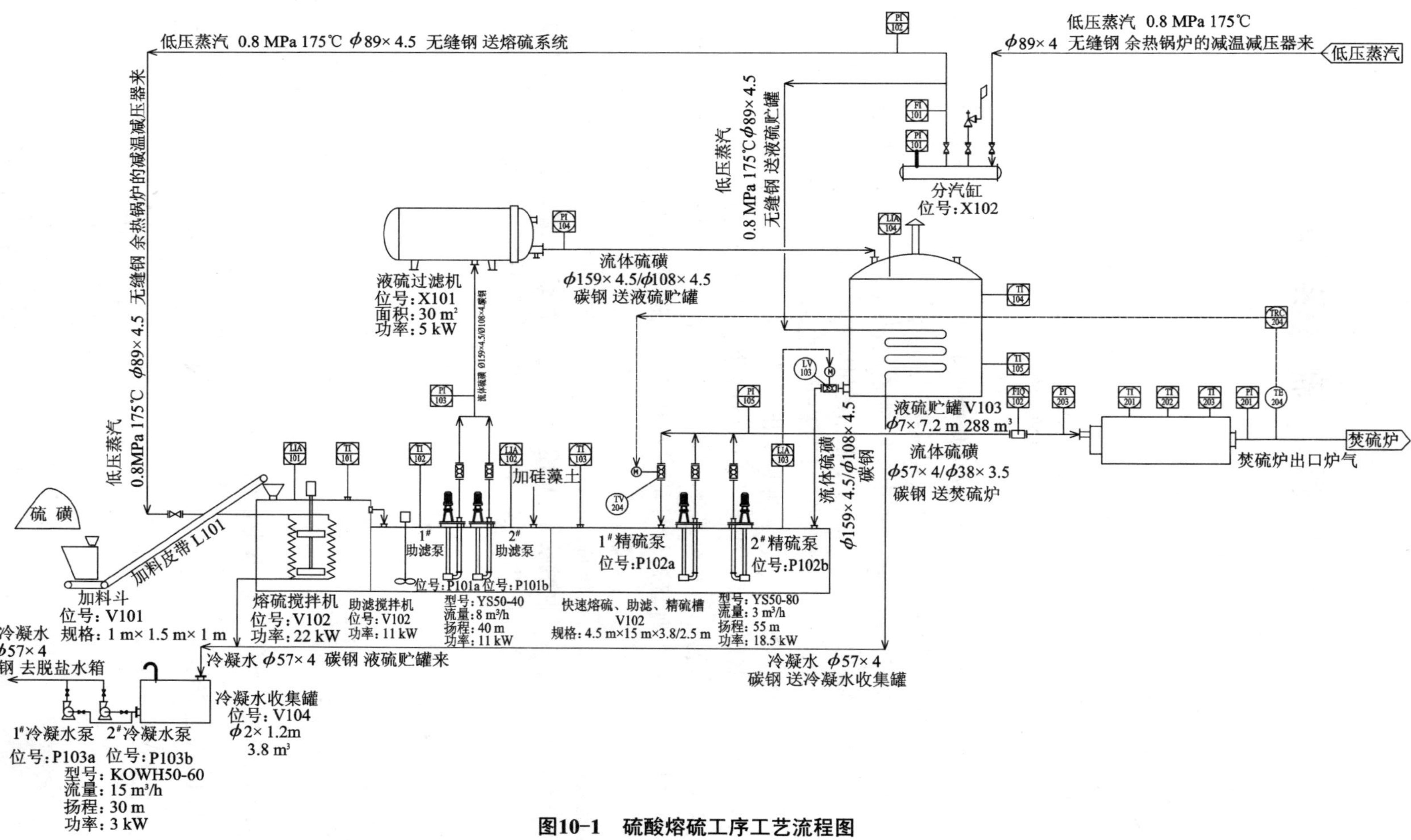

图10-1 硫酸熔硫工序工艺流程图

先用蒸汽将快速熔硫槽内的盘管加热，再启动硫磺加料皮带机将固体硫磺送进快速熔硫槽，开始量要小些。在蒸汽的加热下，固体硫磺熔化成液体硫磺，当液位达到一定值时启动搅拌机。

快速熔硫槽内的液位上升到超过正常液位时，溢流到助滤槽。当助滤槽的液位上升到一定高度时，就可以启动助滤泵和搅拌机，将液体硫磺泵到液硫过滤机，滤除其中的各种杂质。

正常生产时液硫过滤机的输出被助滤泵压进液硫贮罐里，在液位控制阀 LV103 的控制下自流到精硫槽。

当精硫槽的液位上升到某一液位高度，焚硫－转化系统都准备就绪时，就可以启动精硫泵，将液体硫磺泵到焚硫炉，进行正常生产；若生产系统发生了临时故障，焚硫炉停止工作。但熔硫系统可以正常生产，将液体硫磺贮存到液硫贮罐里。一旦焚硫系统工作正常，就将液硫贮罐里贮存的液硫泵到焚硫系统继续生产。

1. 工序特点

一般硫酸工厂的流程都是两转两吸，即两次转化两次吸收；主要设备是三塔四槽，即干燥塔对应干燥塔循环槽，一吸塔对应一吸塔循环槽，二吸塔对应二吸塔的循环槽，外加一个成品酸槽。本工序设计有其独特的特点：三塔一槽，即三个塔共用一个循环槽，另外，用地下槽代替成品酸槽。

一般硫酸工艺是三个塔的循环系统分别闭路循环，各个循环系统分别有硫酸浓度控制系统和循环槽液位控制系统。

从本工艺流程图可以看出：由于是三塔一槽，故各塔的循环酸和回酸是交叉循环，干燥塔循环泵抽出的循环酸是二吸塔的回酸，浓度相对比较高，这样可以省去干燥塔系统的硫酸浓度调节系统。

干燥塔的回酸管和一吸塔的回酸管靠的比较近，经过混合后将干燥塔的回酸浓度提高了，当然，也降低了一吸塔的循环酸浓。

二吸塔循环泵的取酸点在干燥塔循环泵的回酸处，此处温度比较低，故在二吸塔循环泵的出口又省去了一个酸冷却器。

2. 干燥工序

潮湿的空气进入干燥塔的下部，往上流动(被主鼓风机抽走)；干燥塔循环槽上的浓硫酸泵将 98% 的浓硫酸抽到干燥塔上的分酸槽，向下喷淋，与潮湿的空气逆向接触，在此过程中，空气中的水分被浓硫酸吸收，成为干燥的空气。

由于浓硫酸吸水是放热反应，在干燥的过程中，酸温会升高，因此要将硫酸降温。从干燥塔浓硫酸泵抽出的浓硫酸先经过 AP 冷却器，与管内流过的冷却水交换热量，使酸温降低。

由于浓硫酸吸收水分后，浓度会不断下降，以前的工艺是从吸收塔串来大量的浓硫酸，将干燥塔的循环酸浓度提高，以保证干燥塔的最好干燥效率。这里设计干燥塔的循环酸取自于二吸塔的回酸，浓度比较高，完全能满足干燥空气的要求。

另外，如果干燥塔的喷淋酸量不够，不足以干燥 SO_2气体，则制酸系统要联锁停车，接着全厂联锁停车，这个信号是从干燥塔顶的喷淋酸压力变送器发出的。

干燥后的空气由主鼓风机从干燥塔顶部抽出，送到焚硫炉，作为液硫燃烧的燃烧风。

3. 吸收工序

由于本制酸系统是采用两转两吸制酸工艺，故要经过两次转化，还有两次吸收。吸收系统工艺和干燥系统的差不多。

从SO_3冷却器来的SO_3气体，从下部进入第一吸收塔，往上运动(因有主鼓风机压)；吸收塔循环槽上的浓硫酸泵将98.5%的浓硫酸抽到吸收塔上的分酸槽，向下喷淋，与SO_3烟气逆向接触，在此过程中，SO_3烟气被浓硫酸中的的水分吸收，成为高于98.5%的浓硫酸。实践证明：98.5%的浓硫酸对SO_3的吸收最好，故吸收塔都用98.5%的浓硫酸进行吸收。

吸收的化学方程式为：

$$SO_3 + H_2O = H_2SO_4$$

从理论上讲：水和SO_3气体起化合反应而生成硫酸。但实际上是行不通的：因为水一碰到SO_3气体，马上会形成一层酸雾，好像在水表面形成了一层薄膜，将水包起来，后面的水根本不能再和SO_3起反应。因此，通常98.5%的浓硫酸作吸收用，实际上是用其中1.5%的水和SO_3气体起化合反应而生成硫酸，这样反应才能一直进行下去。

因浓硫酸吸水是放热反应，在吸收的过程中，酸温会大大的升高，因此要将硫酸降温。从吸收塔浓硫酸泵抽出的浓硫酸先经过AP冷却器，与管内流过的冷却水交换热量，使酸温降低。

98.5%的浓硫酸因吸收SO_3气体后，浓度会升高，因此通过酸浓调节系统，加入大量的水，使得此浓度始终保持在98.5%，以达到最高的吸收率。因进第一收吸塔的SO_3浓度最高，故第一吸收塔是主要产酸的地方，因此，这里的酸浓控制系统最重要。一定要保持浓度计的准确性。

另外，如果吸收塔的喷淋酸量不够，不足以吸收SO_3气体，则制酸系统要联锁停车，接着全厂联锁停车，这个信号是从吸收塔顶的喷淋酸压力变送器发出的。

从第一吸收塔顶部出来的气体进入第二次转化系统。

在第二吸收塔进行第二次吸收和在第一吸收塔进行第一次吸收的原理、操作和控制方式完全一样，只不过因经转化器第四层出来的SO_3气体的浓度较低，产酸比较少。这里不再进行重复说明。

由地下槽、成品酸冷却器、成品酸泵、成品酸槽等组成成品酸系统，其主要作用就是产出成品酸。

由于这里产出的硫酸是自用，故对流量计、浓度计都没有什么特别的要求。

地下贮槽还为开车、停车、设备检修时，排出各槽中剩余的硫酸等提供服务。

10.1.2 工序设备

主要设备有：硫磺加料皮带机、快速熔硫槽、助滤槽、精硫槽、液硫贮罐、助滤泵、精硫泵、液硫过滤机及搅拌机等。

1. 硫磺加料皮带机

工位号：L101。

2. 助滤泵：两台

工位号：P101a~b；生产厂家：大连旅顺长城化工泵厂；型号：YS50-40；流量：8 m^3/h；

扬程：40 m；功率：22 kW。

3. 精硫泵：两台

工位号：P102a ~ b；生产厂家：大连旅顺长城化工泵厂；型号：YS50 - 80；流量：3 m^3/h；扬程：55 m；功率：18.5 kW。

4. 冷凝水泵：两台

工位号：P103a ~ b；生产厂家：上海凯泉泵业公司；型号：KOWH50 - 60；流量：15 m^3/h；扬程：30 m；功率：3 kW。

5. 熔硫搅拌机

工位号：V101a；功率：22 kW。

6. 助滤搅拌机

工位号：V101b；功率：11 kW。

7. 液硫过滤机

工位号：X101；生产厂家：江苏宜兴巨能机械公司。面积：30 m^2；功率：5 kW。

熔硫槽、助滤槽、精硫槽三槽组合在一起，成为一个整体。熔硫槽里有带加温的搅拌器，使固体硫磺变成液体硫磺；助滤槽里有助滤泵，作用是将液体硫磺泵入过滤器过滤，以除去其中的杂质；精硫槽里有精硫泵，作用是将精硫送到焚硫炉去。另外，每个槽里都有蒸汽加热系统，以保证液态硫磺的流动性。

10.1.3 控制系统

在硫酸车间二楼有一个仪表控制室，有一套浙大中控生产的 JX - 300XP 系列 DCS 系统，本工序的所有监控都由这套 DCS 系统进行。

LICA103 精硫槽液位控制系统由下列部分组成：

(1)检测仪表：顶装黏稠型磁翻板液位计，型号 YFK998FL，将精硫槽液位变换成 4 ~ 20 mA DC 电流信号。

(2)指示调节器：指示、控制精硫槽液位。量程是 0 ~ 2500 mm，控制值是 1750 mm。上限报警值 LHA = 83%(2085 mm)，下限报警值 LLA = 38%(950 mm)，调节器的动作方向为反作用(RA)。

(3)执行机构：夹套保温电动 V 形球阀，型号 ZDRFJ - 16K，DN100，故障时关闭。浙江智杰阀业公司生产。

10.1.4 仪表监测系统

(1)TI101 熔硫槽液硫温度远传一体化双金属温度计，型号 WSSPF - 581A3，量程 0 ~ 200℃。

(2)TI102 助硫槽液硫温度远传一体化双金属温度计，型号 WSSPF - 581A3，量程 0 ~ 200℃。

(3)TI103 精硫槽液硫温度远传一体化双金属温度计，型号 WSSPF - 581A3，量程 0 ~ 200℃。

(4)TI104 液硫贮槽上层温度防腐型铂热电阻，型号 WZP－430F，分度号 Pt100，量程 0～200℃。

(5)TI105 液硫贮槽下层温度防腐型铂热电阻，型号 WZP－430F，分度号 Pt100，量程 0～200℃。

(6)PI101 分汽缸蒸汽压力压力变送器，型号 EJA430A－D，量程 0～1.6 MPa。

(7) PI102 分汽缸出口主管蒸汽压力压力变送器，型号 EJA430A－D，量程 0～1.2 MPa。

(8)PI103 过滤泵出口液硫压力远传压力变送器，型号 WPBGP5E22，量程 0～1.6 MPa。

(9)PI104 过滤机出口液硫压力远传压力变送器，型号 WPBGP5E22，量程 0～1.0 MPa。

(10)PI105 精硫泵出口液硫压力远传压力变送器，型号 WPBGP5E22，量程 0～1.6 MPa。

(11)LIA101 熔硫槽液位指示报警 顶装黏稠型磁翻板液位计，型号 YFK998FL，量程 0～100%(0～3800 mm)，上限报警值 LHA＝85%(3230 mm)，下限报警值 LLA＝40%(1520 mm)

(12)LIA102 助滤槽液位指示报警顶装黏稠型磁翻板液位计，型号 YFK998FL，量程 0～100%(0～2500 mm)，上限报警值 LHA＝83%(2075 mm)，下限报警值 LLA＝38%(950 mm)。

(13)LIA104 液硫贮槽液位指示报警雷达液位计，型号 GDUL52P，量程 0～100%(0～8200 mm)，上限报警值 LHA＝83%(6806 mm)，下限报警值 LLA＝38%(3116 mm)。

(14)FIQ101 进熔硫总管蒸汽流量 V 锥流量计，型号 VSNZ01－02，量程 0～3.5 t/h。

(15)FIQ102 进焚硫炉液硫流量夹套保温金属浮子流量计，型号 DF50R1D32，量程0～3 m^3/h。

10.2 焚硫转化工序

焚烧液体硫磺，使其生成 SO_2气体，在转化器里再将 SO_2气体转化成 SO_3气体。属制酸的中间过渡阶段。

10.2.1 工艺流程

焚硫转化工艺流程如图 10－2 所示。

主鼓风机将空气从干燥塔抽出，脱除其中的水分，作为燃烧风送到焚硫炉的进口，在柴油燃烧时发出的热量将从喷枪喷出的液体硫磺燃烧成 SO_2气体，焚硫炉出口的高温烟气进入余热锅炉，被高温过热器和省煤器 I 吸收掉大量的热量后产生高温过热蒸汽，用于电积的保温和熔硫所需热量。余热锅炉出口的烟气这时已经降低到的 425℃左右，进入转化器第一层，在钒触媒(V_2O_5)的作用下，很多 SO_2气体被转化成 SO_3气体。在转化器一层出口，温度达到600℃左右，转化率达 56%。

从转化器第一层出来的是 SO_2和 SO_3的混合气体，经过高温过热器后被带走了大量的热量，这时温度降到 440℃左右，进入转化器第二层，在钒触媒(V_2O_5)的作用下，大部分 SO_2气体都被转化成 SO_3气体。在转化器第二层出口，温度是 550℃左右，转化率达 80%。

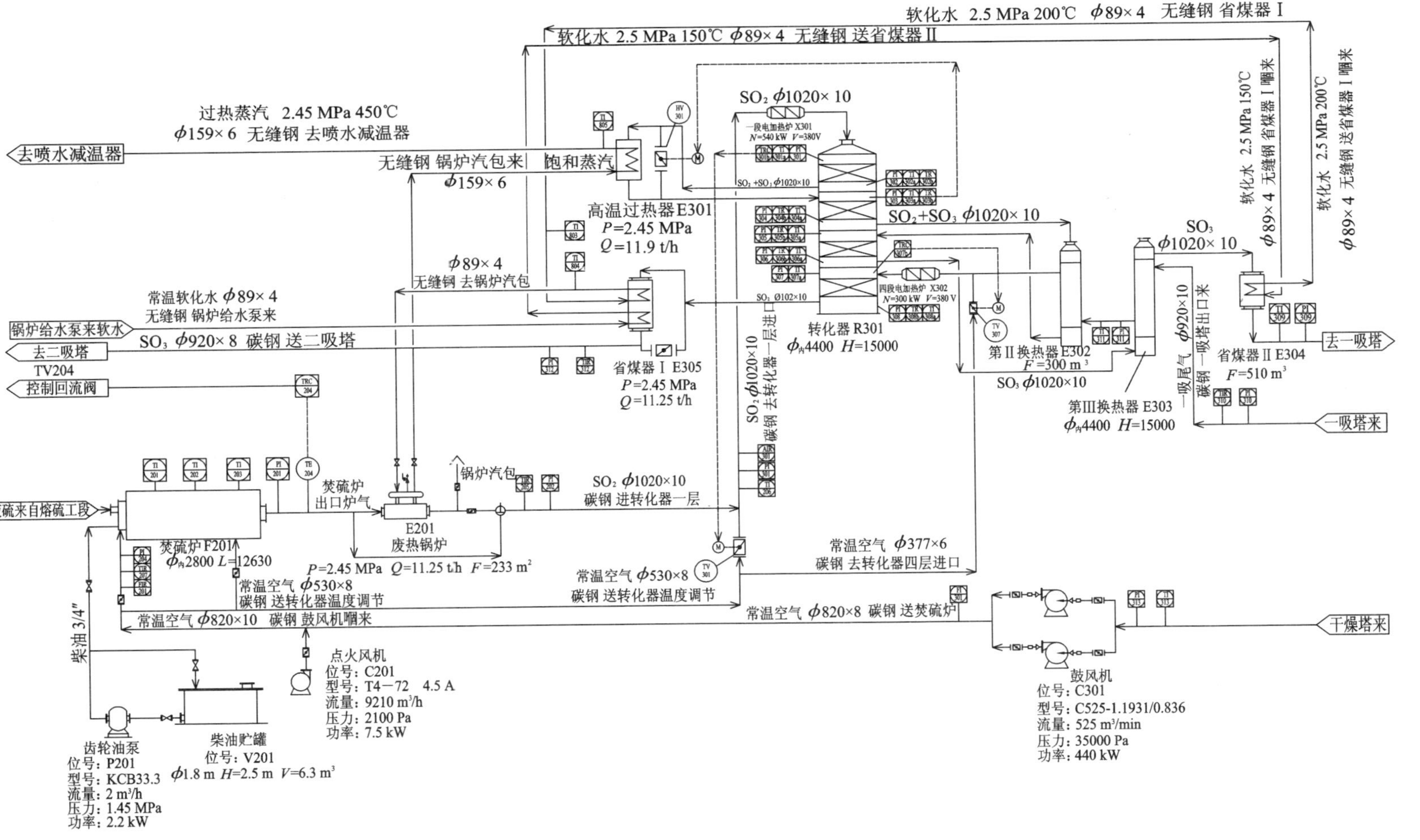

图10-2 硫酸焚硫-转化工序工艺流程图

从转化器第二层出来的SO_2和SO_3的混合气体，在第Ⅱ换热器内(走管程)，被从一吸塔来的低温烟气带走了大量热量，进入转化器第三层，这时的温度是435℃左右，在钒触媒(V_2O_5)的作用下，绝大部分SO_2气体都被转化成SO_3气体。在转化器第三层出口，温度是485℃左右，转化率达91%。

从转化器第三层出来的SO_2和SO_3的混合气体，在第Ⅲ换热器内(走管程)，被从第一吸收塔来的低温烟气带走了大量的热量，再经过省煤器Ⅱ再一次降温后成为低温烟气，送去第一吸收塔，制取硫酸。

从第一吸收塔来的低温烟气，进入第Ⅲ换热器(走壳程)升温后，再进入第Ⅱ换热器(走壳程)继续升温，最后进入转化器第四层，这时的温度是392℃左右，在钒触媒(V_2O_5)的作用下，绝大部分SO_2气体都被转化成SO_3气体。在转化器第四层出口，温度是395℃左右，转化率达99.85%。

从转化器第四层出来的SO_2和SO_3的混合气体，在省煤器Ⅰ内(走壳程)，被锅炉来软化水带走了大量的热量，成为低温烟气，送去第二吸收塔，制取硫酸。

这就是两转、两吸的全部工艺流程。

化学反应方程式为：$2SO_2 + O_2 = 2SO_3$

在转化器的第一层和第四层进口都有一个电加热器，用于在开车前对转化器各层升温，相当于火法炼铜制酸系统的开工炉。

点火风机是在焚硫炉烘炉时使用的，当启动点火风机后，就将空气鼓进焚硫炉的进口，用于柴油燃烧的燃烧风。

10.2.2 工序设备

主要设备有：主风机及其配套设备、焚硫炉、余热锅炉、转化器、热交换器、电加热器、省煤器和高温过热器等。

1. 齿轮油泵

工位号：P201；生产厂家：河北泊头亚东油泵厂。型号：KCB33.3；流量：2 m^3/h；压力：1.45 MPa；功率：2.2 kW。

2. 点火风机

工位号：C201；生产厂家：扬州通惠机械厂。型号：T4－72 4.5A；流量：9210 m^3/h；压力：2100 Pa；功率：7.5 kW。

3. 焚硫炉

工位号：F201；2800 L＝12630。

4. 余热锅炉

工位号：E201；生产厂家：江苏科圣。压力：2.45 MPa；产汽量：11.25 t/h；面积：233 m^2。

5. 鼓风机(两台)

工位号：C301a～b；生产厂家：湖北双剑鼓风机公司。型号：C525－1.1931/0.836；流量：525 m^3/min；压力：35000 Pa；功率：440 kW。

10.2.3　主要设备介绍

1. 转化器(见图10－2焚硫转化工序工艺流程图)

转化器是制酸工艺中最重要的设备之一，里面放置催化剂，使SO_2气体在催化剂的作用下氧化成SO_3气体。

转化器是用不锈钢加工的一个圆柱体结构，直径4400 mm，$H=15000$ mm。里面从上到下分成四个空间，每个空间都用隔板分开，互不相通。在每一块隔板一定高度的地方，有一个格栅，用来存放钒触媒，可以通过SO_2气体或SO_3气体。每一层触媒的上面都有进气管口，每一层触媒的下面都有出气管口。

在转化器的每一层进口、出口和触媒层都有温度测量和压力测量点，监测这些参数对转化工艺有很重要的指导作用。尤其是对每一层进口温度，不但要进行测量，还要进行自动控制，这样可以确保转化系统的高转化率。若进口温度控制的不好，不但转化率低，还有可能损坏触媒，更为严重的是还有可能损坏转化器。

2. 热交换器(见图10－3)

热交换器主要是冷热不同的两种介质进行热量交换，高温介质把热传递给低温介质后温度降低了，而低温度介质接受了高温介质的热量后温度升高了。

本系统的热交换器是一个用普通钢板加工成的圆柱体，规格是2000 mm×7850 mm，竖式安装。在圆柱体的上部和下部各有一个隔板，在这两个隔板上钻了很多圆孔，在上下隔板间的圆孔内焊接了数百根圆管。一般高温气体从这些圆管的内部走(管程)，而低温气体从这些圆管的外部走(壳程)，高温气体的热量通过这些圆管传递给低温气体。一般这两种气体都是逆向流动。

硫酸转化系统的热交换器大多是一个圆筒形，竖式安装。下面给大家介绍一种新型的热交换器，“牺牲型”热交换器。此热交换器的外形不一样，呈“L”形，见图10－3。

图10－3　“牺牲型”热交换器

在硫酸转化系统，由于在进行热量交换的过程中，从吸收塔出来的烟气可能会带来一些硫酸。如果热交换器是一个长圆筒整体，竖式安装。时间一久，由于烟气带酸的缘故，会使热交换器内管下面的部分腐蚀，严重时只好将整个热交换器内管全部更换。

“牺牲型”热交换器，如果换热器有腐蚀、损坏，只是地面上的那一部分(“L”形部分)，只要将那一部分“牺牲”掉(更换)就行了，损失是很小的。

3. 主鼓风机

主鼓风机是湖北双剑鼓风机公司生产的，型号C525－1.193/0.836，风量525 m^3/min，出口压力35 kPa，功率440 kW。

主鼓风机是硫酸车间的关键设备，它给整个制酸系统提供动力，若主鼓风机因故停车，则整个制酸系统全面停产。

鼓风机由风机本体、辅助油泵、油箱等部分构成。

主鼓风机是一台高速旋转的设备，所以对各个轴承都要用油进行润滑。主鼓风机运行手册规定：只有润滑油压力在0.2 MPa以上时，才能使主鼓风机启动；由于某种原因，若润滑油压力降到0.08 MPa以下时，则主鼓风机马上联锁停车，否则就会损坏主鼓风机。

主鼓风机本体带有一个油泵，称为机械油泵，是主油泵。只要风机一运转，这台机械油泵就将油从油箱里抽上来，送到各个轴承系统润滑。

但是主鼓风机还没有运行时，机械油泵是不能工作的，而主鼓风机运行之前，必须要将润滑油送到各个轴承系统，使润滑油压力达到0.2 MPa以上，这就要用到辅助油泵。

辅助油泵是一个电动油泵，一般在主鼓风机启动之前要先启动辅助油泵，当润滑油压力达到0.2 MPa以上时，才有可能启动主鼓风机。

当主鼓风机运行之后，延迟一段时间，就将辅助油泵停止。若润滑油压力下降到0.12 MPa以下时，辅助油泵将自动启动。这主要是用在主鼓风机停车以后，因为主鼓风机停止运行，其主油泵就停止工作，而主鼓风机的惯性很大，还要转动一段时间，各个轴承都还要进行润滑，还要启动辅助油泵。辅助油泵的启动和停止都是由DCS系统自动控制的。

由于在用油润滑各个轴承期间，油的温度会升高，故还要对油进行降温，这就要用到油冷却器，用冷却水对油进行降温。

10.2.4 自动控制系统

1. TIRC204 焚硫炉出口气体温度调节

该系统由下列部分组成：

(1)检测仪表：铂铑10-铂热电偶，型号WRP-430，分度号S，将焚硫炉出口气体温度变成电压(mV)信号。

(2)指示调节器：指示、控制焚硫炉出口气体温度，量程0～1200℃，控制值1100℃左右。调节器的动作方向为正作用(DA)。

(3)执行机构：夹套保温电动套筒调节阀，型号ZDLMJ-16K，DN32，故障时保持。作用是控制精硫泵的回流量，(假设此时焚硫炉出口温度偏高，则调节阀开度加大，将一部分液硫返回到精硫槽，由于硫磺量少了，发热量就会降低，焚硫炉出口温度就会降低)。

2. TRC301 转化器一层进口气体温度调节

该系统由下列部分组成：

(1)检测仪表：镍铬-镍硅热电偶，型号WRN-430，分度号K，将转化器一层进口温度变成电压(mV)信号。

(2)指示调节器：指示、控制转化器一层进口气体温度。量程0～600℃，控制值430℃左右。调节器的动作方向为正作用(DA)。

(3)执行机构：电动调节蝶阀，型号600S-6K，DN450，故障时保持。作用是控制转化器一层进口添加的冷空气量，(假设此时温度偏高，则调节阀开度加大，低温的空气直接加到转化器一层进口，就会降低一层进口温度)。

3. TRC303 转化器二层进口气体温度调节

该系统由下列部分组成：

(1)检测仪表：镍铬-镍硅热电偶，型号WRN-430，分度号K，将转化器二层进口温度变成电压(mV)信号。

(2)指示调节器：指示、控制转化器二层进口气体温度。量程0～600℃，控制值是460℃左右。调节器的动作方向为反作用(RA)。

(3)执行机构：高温电动调节蝶阀，型号600S－6K，DN450，故障时保持。作用是控制转化器一层出口烟气在高温过热器的旁路量(假设此时温度偏高，则调节阀开度减小，转化器一层出口烟气的热量被高温过热器中的饱和蒸汽带走，就会降低二层进口温度)。

4. TRC307 转化器四层进口气体温度调节

该系统由下列部分组成：

(1)检测仪表：镍铬－镍硅热电偶，型号WRN－430，分度号K，将转化器四层进口温度变成电压(mV)信号。

(2)指示调节器：指示、控制转化器四层进口气体温度。量程0～600℃，控制值是430℃左右。调节器的动作方向为正作用(DA)。

(3)执行机构：电动调节蝶阀，型号600S－6K，DN350，故障时保持。作用是控制转化器四层进口添加的冷空气量，(假设此时温度偏高，则调节阀开度加大，低温的空气直接加到转化器四层进口，就会降低四层进口温度)。

10.2.5 仪表监测系统

1. TI201 焚硫炉炉前烟气温度

铂铑10－铂热电偶，型号WRP－430，分度号S，量程0～1200℃。

2. TI202 焚硫炉炉中烟气温度

铂铑10－铂热电偶，型号WRP－430，分度号S，量程0～1200℃。

3. TI203 焚硫炉炉后烟气温度

铂铑10－铂热电偶，型号WRP－430，分度号S，量程0～1200℃。

4. TI205 锅炉出口烟气温度

镍铬－镍硅热电偶，型号WRN－430，分度号K，量程0～600℃。

5. TIA206 一段电炉出口烟气温度

镍铬－镍硅热电偶，型号WRN－430，分度号K，量程0～800℃，上限报警值THA：450℃。

6. TI207 焚硫炉进口气体温度

铠装铂热电阻，型号WZPK－430，分度号Pt100，量程0～100℃。

7. TI301a 转化器一层进口气体温度指示

镍铬－镍硅热电偶，型号WRN－430，分度号K，量程0～600℃。

8. TI302a 转化器一层出口气体温度指示

镍铬－镍硅热电偶，型号WRN－430，分度号K，量程0～800℃。

9. TR302b 转化器一层出口气体温度指示

镍铬－镍硅热电偶，型号WRN－430，分度号K，量程0～800℃。

10. TI303b 转化器二层进口气体温度指示

镍铬－镍硅热电偶，型号WRN－430，分度号K，量程0～600℃。

11. TI304a 转化器二层出口气体温度指示

镍铬－镍硅热电偶，型号WRN－430，分度号K，量程0～600℃。

12. TI304b 转化器二层出口气体温度指示

镍铬-镍硅热电偶，型号 WRN-430，分度号 K，量程 0~600℃。

13. TI305a 转化器三层进口气体温度指示

镍铬-镍硅热电偶，型号 WRN-430，分度号 K，量程 0~600℃。

14. TI305b 转化器三层进口气体温度指示

镍铬-镍硅热电偶，型号 WRN-430，分度号 K，量程 0~600℃。

15. TI306a 转化器三层出口气体温度指示

镍铬-镍硅热电偶，型号 WRN-430，分度号 K，量程 0~600℃。

16. TI306b 转化器三层出口气体温度指示

镍铬-镍硅热电偶，型号 WRN-430，分度号 K，量程 0~600℃。

17. TI307b 转化器四层进口气体温度指示

镍铬-镍硅热电偶，型号 WRN-430，分度号 K，量程 0~600℃。

18. TI308a 转化器四层出口气体温度指示

镍铬-镍硅热电偶，型号 WRN-430，分度号 K，量程 0~600℃。

19. TI308b 转化器四层出口气体温度指示

镍铬-镍硅热电偶，型号 WRN-430，分度号 K，量程 0~600℃。

20. TI309 一吸塔进口气体温度指示

铂热电阻，型号 WZP-430，分度号 Pt100，量程 0~200℃。

21. TI310 一吸塔出口气体温度指示

铂热电阻，型号 WZP-430，分度号 Pt100，量程 0~200℃。

22. TI311 第Ⅱ换热器 SO_2 气体进口温度指示

镍铬-镍硅热电偶，型号 WRN-430，分度号 K，量程 0~400℃。

23. TI312 二吸塔进口气体温度指示

铂热电阻，型号 WZP-430，分度号 Pt100，量程 0~200℃。

24. TI313 风机进口气体温度指示

铂热电阻，型号 WZP-430，分度号 Pt100，量程 0~100℃。

25. PI201 焚硫炉出口气体压力指示

压力变送器，型号 EJA430A-D，量程 0~40 kPa。

26. PI202 余热锅炉出口气体压力指示

压力变送器，型号 EJA430A-D，量程 0~40 kPa。

27. PI203 焚硫炉进口气体压力指示

压力变送器，型号 EJA430A-D，量程 0~60 kPa。

28. PI301 转化器一层进口气体压力指示

压力变送器，型号 EJA430A-D，量程 0~40 kPa。

29. PI302 转化器一层出口气体压力指示

压力变送器，型号 EJA430A-D，量程 0~40 kPa。

30. PI303 转化器二层进口气体压力指示

压力变送器，型号 EJA430A-D，量程 0~40 kPa。

31. PI304 转化器二层出口气体压力指示

压力变送器，型号 EJA430A－D，量程 0～40 kPa。

32. PI305 转化器三层进口气体压力指示

压力变送器，型号 EJA430A－D，量程 0～40 kPa。

33. PI306 转化器三层出口气体压力指示

压力变送器，型号 EJA430A－D，量程 0～40 kPa。

34. PI307 转化器四层进口气体压力指示

压力变送器，型号 EJA430A－D，量程 0～40 kPa。

35. PI308 转化器四层出口气体压力指示

压力变送器，型号 EJA430A－D，量程 0～40 kPa。

36. PI309 进一吸塔气体压力指示

压力变送器，型号 EJA430A－D，量程 0～40 kPa。

37. PI310 出一吸塔气体压力指示

压力变送器，型号 EJA430A－D，量程 0～40 kPa。

38. PI311 Ⅱ换热器 SO_2 气体进口压力指示

压力变送器，型号 EJA430A－D，量程 0～25 kPa。

39. PI312 二吸塔进口气体压力指示

压力变送器，型号 EJA430A－D，量程 0～10 kPa。

40. PI313 风机进口气体压力指示

压力变送器，型号 EJA430A－D，量程 －16～0 kPa。

41. FIR301 焚硫炉进口气体流量指示

由威力巴流量计和智能差压变送器组成，威力巴流量计型号 V200－10－H－F－B5S，智能差压变送器型号 EJA120A，量程 0～40000 m^3(标)/h。

42. AIR301 进转化器 SO_2 浓度指示

热导式 SO_2 分析仪，型号 EN640，量程 0～15% SO_2。

10.3　干燥、吸收、成品工序

干吸工序分干燥、吸收和成品三个部分。干燥的作用主要是用浓硫酸吸收空气中的水分，对空气干燥；吸收的作用主要是用水吸收 SO_3 烟气生产硫酸；成品工序的作用就是装酸、卖酸。这三个工序属制酸的关键阶段。

10.3.1　工艺流程图

干燥、吸收、成品工序工艺流程图如图 10－4 所示。

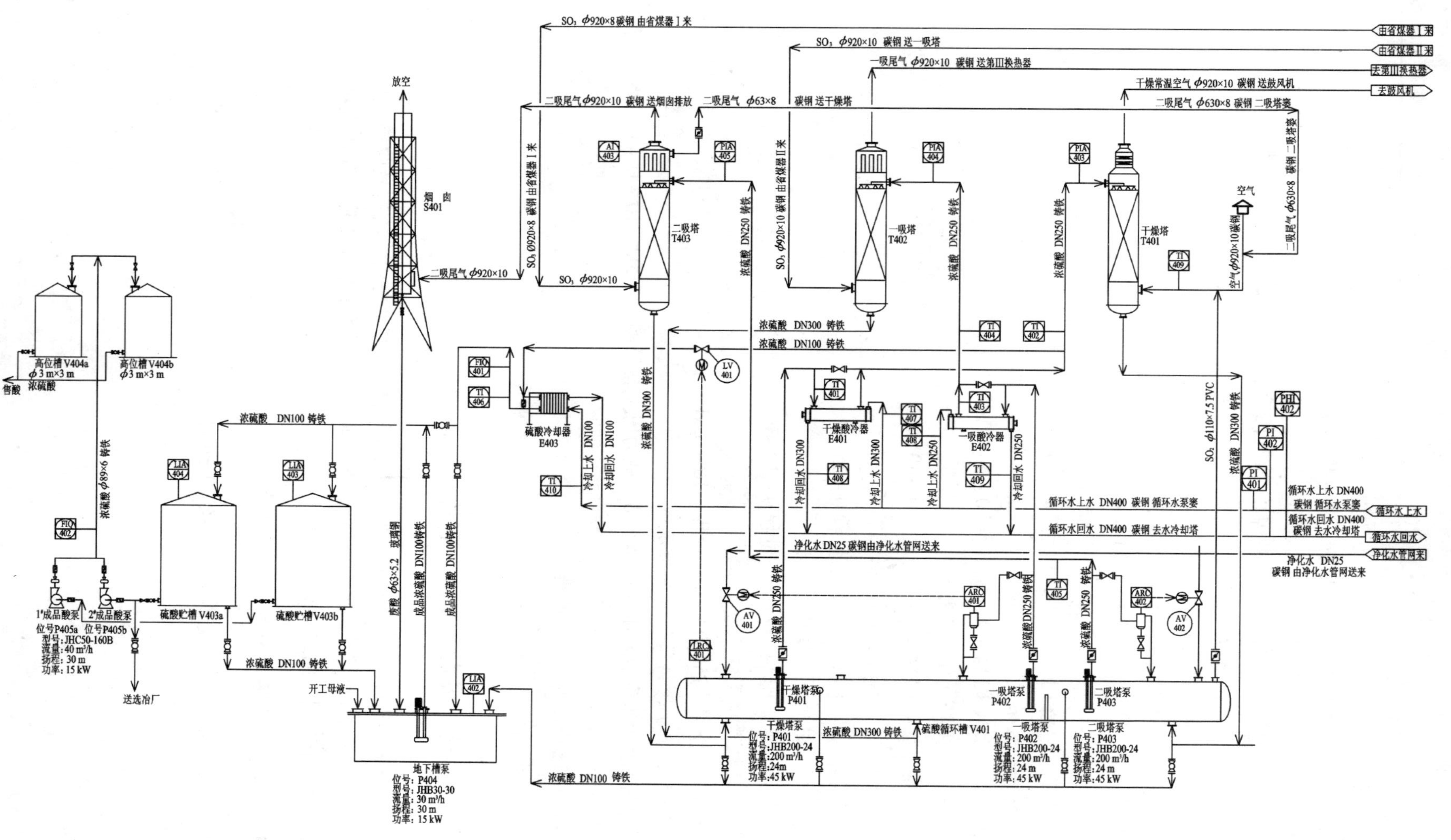

图10-4 干吸、吸收、成品工序工艺流程图

10.3.2 工序设备

干吸部分的设备主要是三塔一槽，三塔是干燥塔、第一吸收塔、第二吸收塔；一槽是三塔共用的循环槽。还有槽上的硫酸循环泵、硫酸冷却器。

成品部分有地下酸槽、板式换热器、成品酸槽和成品酸泵等。

1. 干燥塔泵

工位号：P401；生产厂家：昆明嘉和泵业公司。型号：JHB200－24；流量：200 m^3/h；扬程：24 m；功率：45 kW。

2. 一吸塔泵

工位号：P402；生产厂家：昆明嘉和泵业公司。型号：JHB200－24；流量：200 m^3/h；扬程：24 m；功率：45 kW。

3. 二吸塔泵

工位号：P403；生产厂家：昆明嘉和泵业公司。型号：JHB200－24；流量：200 m^3/h；扬程：24 m；功率：45 kW。

4. 地下槽泵

工位号：P404；生产厂家：昆明嘉和泵业公司。型号：JHB30－30；流量：30 m^3/h；扬程：30 m；功率：15 kW。

5. 成品酸泵（两台）

工位号：P405a～b；生产厂家：昆明嘉和泵业公司。型号：JHC50－160B；流量：40 m^3/h；扬程：30 m；功率：15 kW。

10.3.3 主要设备介绍

硫酸干吸工段的主要设备是三塔一槽和各自的循环泵、酸冷却器，它们的结构都是一样的，本书以干燥塔系统为例，简述其结构。

1. 干燥塔

干燥塔是一个用耐酸钢加工制成的圆筒体，竖着安装在比较高的塔台上。塔的下部是空气的进口，潮湿的空气从此处进入干燥塔。塔内周围砌筑有防腐瓷砖，大部分内部空间装满了瓷环，用于加大硫酸和空气的接触面积。塔内瓷环上部是硫酸分酸槽，硫酸循环泵送来的浓硫酸从这个分酸槽喷向塔内。塔的顶部是空气的出口，在出口前加装了捕雾器，以除去空气携带的泡沫和酸雾。

2. 硫酸冷却器

硫酸冷却器全称是“带阳极保护的管壳式硫酸冷却器”（简称AP冷却器），其工作原理和结构说明如下（图10－5）。

AP冷却器是一个用不锈钢加工制成的长圆筒体，卧式安装在地面的支架上。圆筒体的两端是冷却水部分，分别接到冷却水的进口管和出口管，两端之间用无数根很细的不锈钢管连接。圆筒体的中间部分流过硫酸，接有硫酸的进口管和出口管，硫酸冷却器工作原理如图10－5所示。

虽然AP冷却器是用不锈钢加工制作的，防腐性能比较好，但时间长了还是会腐蚀的，为了保护硫酸冷却器不被腐蚀，在上面增加了保护系统。“阳极保护”就是在硫酸冷却器上加以一定的直流电压，在使用过程中，在不锈钢壁上行成一个保护膜，也叫“钝化”，使得冷却器不再继续腐蚀，见图 10－6。

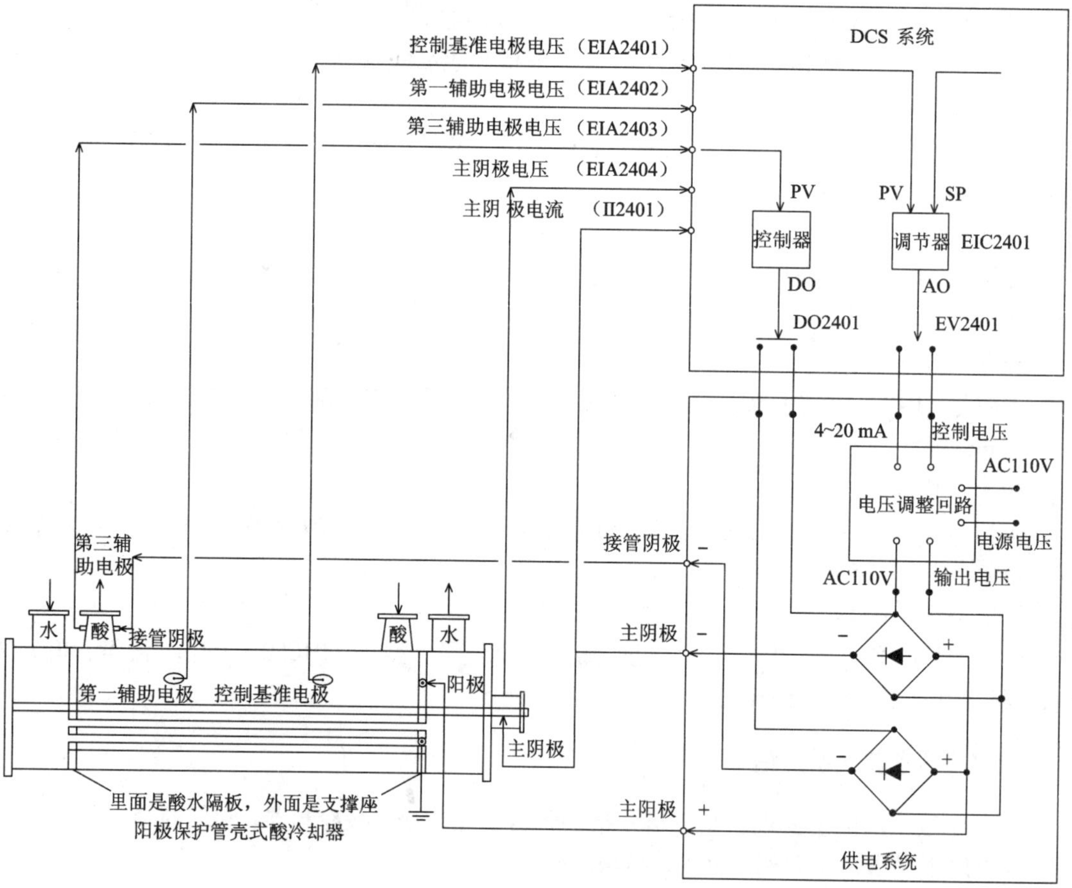

图 10－5　硫酸冷却器控制原理

AP 冷却器的保护原理是：在 AP 冷却器上的某些地方安装一些电极，电极会产生直流电压，此电压代表 AP 冷却器的工作状况。该电压在 DCS 系统上显示，控制好该电压，就能保证 AP 冷却器正常运行。

图 10－6　带阳极保护的管壳式酸冷器

该保护系统的控制原理说明如下：

首先，供电系统向主阳极、主阴极供给一定的正、负电压(最大 12 V DC)，在控制电极和各辅助电极上会产生一定的电压，这些参数在 DCS 系统上都有显示。正常时，这些参数都控制在一定范围，使 AP 冷却器安全、正常的运行。当由于某种原因(例如：酸温变化、酸浓变化、电压变化等)使电压改变时，该控制系统就进行自动调节，使其控制在一定的范围内(这个控制范围是可以由操作工在 DCS 系统上任意更改的)。当某点电压变得超过某一安全值时，该点检测回路就会报警，使控制回路停止供电，这时就要进行复位。

控制过程如下：

控制基准电极电压(EIA2401)和第一辅助电极电压(EIA2402)中任取一点，作为电压调节系统 EIC2401 的测量值(PV)(通常都取 EIA2401，但要改为 EIA2402 也行，这个操作可以由生产工人在 DCS 系统上任意选择)。当设定值(SP)和测量值(PV)不一致时，此偏差信号经过放大器放大以后，变成 4 ~ 20 mA DC 电流信号，对供电系统内的控制回路进行调节，改变主阳极、主阴极和接管阴极上的供电电压，使被控制基准电极电压等于设定值(PV = SP)。

当硫酸冷却器内通过硫酸和冷却水时，由于低温的冷却水管从高温的硫酸里面流过，管内的冷水就将高温硫酸的热量带走了，起到换热降温的作用。

此冷却水经循环水系统降温后可以再重复使用。

这里要说明的是：硫酸的压力一定要比冷却水的压力高。若因某种原因使中间的细不锈钢管有损坏而导致泄漏，则让硫酸漏到水里去，而不允许水漏到硫酸里去。因为水里进了酸可以将这些被污染的水送去水处理系统处理；若水漏到硫酸里去了，则这批硫酸的浓度就会降低，可能会严重的影响生产。

10.3.4　自动控制系统

1. ARCA401 干燥塔循环酸浓度指示调节

该系统由下列部分组成：

(1)检测仪表：电磁浓度计；型号：EN701；量程：96% ~99% H_2SO_4，将硫酸浓度变成 4 ~ 20 mA DC 电流信号。

电磁浓度计由酸浓传感器和浓度转换器两部分组成。

注： 酸浓传感器和浓度转换器一定要配套使用，若更换酸浓传感器，则浓度转换器要同时更换。

(2)指示调节器：指示、控制干燥塔循环酸浓度值。量程：96% ~99% H_2SO_4，控制值是 98.5%。调节器的动作方向为正作用(DA)。

(3)执行机构：电动单座调节阀，型号 ZDLP - 16K，DN25，故障时保持。作用是控制向循环槽的加水量，保证干燥塔循环酸浓度在一定的范围内。

2. ARCA402 吸收塔循环酸浓度指示调节

该系统由下列部分组成：

(1)检测仪表：电磁浓度计。型号 EN701，量程：96% ~99% H_2SO_4，将硫酸浓度变成 4 ~ 20 mA DC 电流信号。

电磁浓度计由酸浓传感器和浓度转换器两部分组成。

(2)指示调节器：指示、控制吸收塔循环酸浓度值。量程：96% ~99% H_2SO_4，控制值是 98.5%。调节器的动作方向为正作用(DA)。

(3)执行机构：电动单座调节阀，型号 ZDLP - 16K，DN25，故障时保持。作用是控制向循环槽的加水量，保证吸收塔循环酸浓度在一定的范围内。

3. LICA401 硫酸循环槽液位控制系统

该系统由下列部分组成：

(1)检测仪表：液位变送器；型号：UQK－92－100－GF－1；量程：0～3 m将硫酸循环槽液位变成4～20 mA DC电流信号。

(2)指示调节器：指示、控制硫酸循环槽液位，量程是0～3.0 m，控制值是2650 mm。调节器的动作方向为正作用(DA)。

(3)执行机构：电动套筒调节阀，型号ZDLM－16K，DN100，故障时保持。作用是控制从硫酸干燥酸冷却器出口的酸流量以保证硫酸循环槽的液位在一定的范围内。

(4)PIA403 干燥塔喷淋酸压力指示、联锁系统

检测仪表：远传压力变送器；型号：WPBGP5E22S1M1B3S2；量程：0～1.0 MPa，正常值是400 kPa，下限报警值L＝170 kPa，下下限联锁值LL＝150 kPa，当干燥塔喷淋酸压力低于LL时，主风机(C301)联锁停车。

4. PIA404 一吸塔喷淋酸压力指示、联锁系统

检测仪表：远传压力变送器；型号：WPBGP5E22S1M1B3S2，量程：0～1.0 MPa，正常值是400 kPa，下限报警值$L=170$ kPa，下下限联锁值$LL=150$ kPa，当干燥塔喷淋酸压力低于LL时，主风机(C301)联锁停车。

5. PIA405 二吸塔喷淋酸压力指示、联锁系统

检测仪表：远传压力变送器；型号：WPBGP5E22S1M1B3S2，量程：0～1.0 MPa，正常值是400 kPa，下限报警值$L=170$ kPa，下下限联锁值$LL=150$ kPa，当干燥塔喷淋酸压力低于LL时，主风机(C301)联锁停车。

6. 干吸系统主要设备参与全厂大联锁的说明

干吸工段主要设备出了故障，就要全厂联锁而停车。例如：干燥系统设备出了故障，不能干燥空气，肯定要停车；吸收系统设备出了故障，不能吸收SO_3烟气，也肯定要停车。

问题是此联锁信号从何处发出，以前曾经用酸泵的运行信号作为联锁停车信号，但有时酸泵运行正常，可是酸管破了，风机联锁系统检测不到此信号，还是不能启动联锁系统。现在介绍干吸工段主要设备参与联锁停车的几种方法：

①在各塔上部的分酸槽里安装测液位的电极，若该系统工作正常，有正常的喷淋酸，则两电极始终沉浸在酸里，呈短路状态，输出的信号送到DCS系统，SO_2风机正常运行；若由于某种原因，没有喷淋酸了，则两电极就会从酸里露出来，呈开路状态，输出的信号送到DCS系统，SO_2风机就联锁停车。为了不至于误动作，一般都装两组电极进行与门控制。

这种方法最简单，造价便宜。但有一个致命的缺点：由于分酸槽里总是有些酸泥，会黏在电极周围，引起控制系统假动作。因此要经常将电极拆下来，除去酸泥，维护量大。

②在泵的出口，分酸槽的进口安装流量计，检测有无喷淋酸，若有正常的喷淋酸，输出的信号送到DCS系统，SO_2风机正常运行；若由于某种原因，没有喷淋酸了，输出的信号送到DCS系统，SO_2风机就联锁停车。

这种方法比较好，还能检测到喷淋酸的流量。缺点就是成本太高。

③在泵的出口，分酸槽的进口安装压力变送器，检测有无酸压，若有正常的酸压，输出的信号送到DCS系统，SO_2风机正常运行；若由于某种原因，酸压低于某值，输出的信号送到DCS系统，SO_2风机就联锁停车。

这种方法也很好，价格也很便宜，只是不能检测到喷淋酸的流量。

这里要注意的是，无论是装流量计还是装压力变送器，都要装到尽量靠近分酸槽的地

方，安装的位置太下了是不行的。

该厂选用第三种方法，在各塔循环酸的进口处安装一个压力变送器，将其信号送到 DCS 系统进行联锁。

10.3.5　仪表监测系统

1. TI401 干燥酸冷却器酸进口温度指示

活动法兰铂热电阻，型号 WZPK－311，分度号 Pt100，量程 0～100℃。

2. TI402 干燥塔上塔酸温度指示

铂热电阻，型号 WZP－430F，分度号 Pt100，量程 0～100℃。

3. TI403 一吸酸冷却器酸进口温度指示

活动法兰铂热电阻，型号 WZPK－311，分度号 Pt100，量程 0～100℃。

4. TI204 一吸塔上塔酸温度指示

铂热电阻，型号 WZP－430F，分度号 Pt100，量程 0～100℃。

5. TI405 二吸塔上塔酸温度指示

铂热电阻，型号 WZP－430F，分度号 Pt100，量程 0～100℃。

6. TI406 成品酸冷却器出口酸温度指示

铂热电阻，型号 WZP－430F，分度号 Pt100，量程 0～100℃。

7. TI407 干吸循环水进水温度指示

铂热电阻，型号 WZP－430F，分度号 Pt100，量程 0～100℃。

8. TI408 干吸循环水回水温度指示

铂热电阻，型号 WZP－430F，分度号 Pt100，量程 0～100℃。

9. TI409 干燥塔进口气体温度指示

铂热电阻，型号 WZP－430F，分度号 Pt100，量程 0～100℃。

10. PI401 循环水上水管道压力指示

压力变送器，型号 EJA530A－D，量程 0～600 kPa。

11. PI402 循环水回水管道压力指示

压力变送器，型号 EJA530A－D，量程 0～600 kPa。

12. LIA402 地下槽液位指示、报警

磁性液位变送器，型号 UQK－92－100－GF－1，量程 0～100%，上限报警值 LHA＝80%，下限报警值 LLA＝30%。

13. LIA403 1#成品酸罐液位指示、报警

雷达液位计，型号 GDUL52PBCFDAMA，量程 0～100%，上限报警值 LHA＝80%，下限报警值 LLA＝30%。

14. LIA404 2#成品酸罐液位指示、报警

雷达液位计，型号 GDUL52PBCFDAMA，量程 0～100%，上限报警值 LHA＝80%，下限报警值 LLA＝30%。

15. FIQ401 成品酸冷却器出口酸流量指示

智能电磁流量计，型号 MGG/C800，量程 0～10 m^3/h。

16. FIQ402 成品酸输出泵出口酸流量指示

智能电磁流量计，型号 MGG/C800，量程 0 ~ 50 m^3/h。

17. AIR403 尾气 SO_2浓度指示

微量 SO_2分析仪，型号 EN460，量程：0 ~ 200ppm SO_2。

18. PHIA402 酸冷却器循环水回水总管 pH 指示、报警

pH 值分析仪，型号 P33，量程 0 ~ 14 pH。

10.4 生产操作

10.4.1 硫酸新系统开车前的准备

(1)所有生产用的原材料和辅助材料准备齐全。

(2)安全劳保用品、消防器材准备齐全，处于待用状态。

(3)各工序已经完成设备、工艺管线、阀门、电器、仪表等安装与检查工作。

(4)相关的储罐、酸槽、熔硫槽等都已经经过清扫、查看。

(5)热工系统相关工艺管线已经吹扫，其他工艺管线经过查看、清理，都处于完好待用状态。

(6)各单体设备已经完成了润滑及调试工作，处于完好待用状态。

(7)所有仪表检验完好，联校合格，DCS 处于良好状态。

(8)焚硫炉已经完成烘炉及做好转化和焚硫炉的升温工作。

(9)锅炉已完成煮炉工作。同时利用煮炉过程中产生的蒸汽试验熔硫的蒸汽管道、阀门等。

(10)干吸系统已完成酸洗和第二次灌酸工作，并且酸浓合格。

(11)转化已完成催化剂装填工作，各设备、管道、阀门、电路仪表已完成再次检查确认。

(12)软化水岗位已生产出合格的软水，软化水箱及锅炉已经注满了合格的软水，做好供水的准备工作。

(13)分析室已做好分析测定的各项准备工作。

(14)交接班记录本、各岗位原始记录表等准备齐全，岗位间通讯联络畅通。

(15)各岗位人员各就各位，等待开车命令。

10.4.2 平时停车后再次开车前的检查

(1)看供电情况，如果电压稳定就做好开车准备。

(2)启动主鼓风机循环油泵，稀油站有回油方能开车。

(3)查看各传动设备润滑情况，并盘动设备，观察转动是否灵活自如。

(4)查看外供水情况，如果水压正常就启动干吸酸循环泵。

(5)开启干吸酸循环泵，观察酸泵声音是否正常，然后缓慢调节酸泵流量使其达到正常生产要求。

(6)开启酸浓测量表，观察酸浓测量值是否回到正常酸浓范围，同时对酸浓取样分析，确认合格后方能开车。

(7)焚硫炉、锅炉等相关手动阀门、电动调节阀是否灵活并回到开车状态。
(8)将锅炉液位调到正常的工作水位。
(9)一切工作准备妥当后，开启锅炉主蒸汽阀开始给精硫泵磺管送汽化磺。
(10)启动精硫泵，看磺管是否疏通，如果疏通就准备启动主鼓风机开车生产。

10.4.3　正常生产中的点检

(1)主鼓风机油压、油温、油位和冷却水是否正常。
(2)循环水泵的润滑、运转是否正常，水压是否达到正常生产要求。
(3)循环酸泵的润滑、运转是否正常，流量是否达到正常的要求。
(4)酸浓表运转是否正常，取样流量是否合理。
(5)锅炉给水泵运转情况，水压是否达到生产要求。
(6)软水泵运转情况，除氧器的水位是否在规定的范围。
(7)反渗透制水情况，软水箱水位是否符合规定要求。
(8)锅炉的水位、压力是否符合工艺指标。
(9)锅炉的给水指标(磷酸根、碱度、pH)是否符合工艺指标。
(10)助硫泵、精硫泵的润滑、冷却水情况 。
(11)熔硫槽、助硫槽搅拌机润滑和运转情况。
(12)熔硫槽内固体硫磺的熔化情况，观察是否有结块的情况 。
(13)留心熔硫岗位火源情况，注意防火。
(14)查看液硫过滤机的运行情况。

10.4.4　正常生产中的注意事项

(1)密切注意主鼓风机油压、油温、油位和冷却水情况。
(2)各动力设备润滑油、冷却水和运转情况。
(3)注意干吸酸循环槽液位和酸浓的情况。
(4)锅炉供水不能过急过快，一定要平稳加入，保持液位的稳定。
(5)密切注意锅炉的运行压力及安全阀情况，严禁超压工作。
(6)注意锅炉供水的质量。
(7)注意焚硫炉的温度一定要在工艺指标之内。
(8)皮带输送机送入熔硫槽的固体硫磺不能太快、太多，一定均匀输送。
(9)严禁硫磺库及熔硫岗位带入火种，密切注意防火情况。

10.4.5　投产以来的技术改造

(1)反渗透生产软化水水源增加沉降过滤水箱。
(2)由于工业水水压较低，在机械过滤器前增加一台液下输送泵。
(3)由于设计缺陷，焚硫炉出口后烟箱保温效果较差，利用检修时间增加一层耐温保温砖。
(4)更改了精硫泵输送管道，同时增加一条备用精硫泵输送管道。
(5)缩小了助硫槽体积，更改了搅拌机的位置，从而使助硫泵、液硫过滤机运转正常。

(6)外排蒸汽增加了消声器，减小蒸汽外排噪音。

(7)增加了高温过热器蒸汽旁路管道，保证了转化温度正常。

(8)熔硫系统有3个液位检测系统，检测仪表原设计为磁翻板液位计。经过一段时间运行，发现这种仪表不适合在这种场合使用。原因是：温度若总是高时还好，若温度降低，硫磺就结晶，黏在浮子上，浮子就卡住不能动了。需要将其全部拆下进行处理，维护工作量太大，每周都要搞一次。

对此仪表进行了改造，将翻板液位计换成了雷达液位计。由于杆式不耐温，是用喇叭天线的。由于熔硫系统温度高，有水汽、硫磺，就在现场做了一个架子，将雷达液位计抬高架空，使探头离开法兰100 mm左右。改造至今已经有半年了，使用一直很正常，没有什么问题。一般是一周去看看喇叭天线上是否黏有硫磺，若有用抹布擦一下就可以了。

第 11 章　动力系统

铜冶炼时，除了前述四个主要生产车间外，还有辅助车间，这就是动力车间。动力，就是全厂生产的后勤系统，负责向全厂各生产车间提供各种动力源，如高、低压电源，各种不同质量的水，各种品质的压缩空气、蒸汽等。

11.1　供电系统

SMCO 的供电系统由一个总降压站、4 个高压配电室和 10 个低压配电室组成，负责向全厂生产和生活系统提供各种电源，见图 11－1、图 11－2。

图 11－1　SMCO 的总降压站

图 11－2　SMCO 的高压配电室

总降压站设立在离生产厂区约 700 m 的一个小山包上，由正泰电气股份有限公司总承包。

由刚果(金)国家电网的 RC 变电站负责向总降压站提供 220 kV、50 Hz 的超高压电源。总降压站选择二台 220 kV/10 kV，40 MW 的主变压器，一台变压器备用，二台 40 MW 主变压器采用有载调压变压器，将 220 kV、50 Hz 的超高压电源降压变成 10 kV、50 Hz 的高压电源，送到有关车间和单位的高压配电室，再用变压器将 10 kV、50 Hz 的高压电源降压变成 380 V、50 Hz 的正常设备的动力电源，提供给各用电设备。图 11－1，图 11－2 分别为 SMCO 的总降压站和高压配电室。

图 11－3 为供电系统配置图。

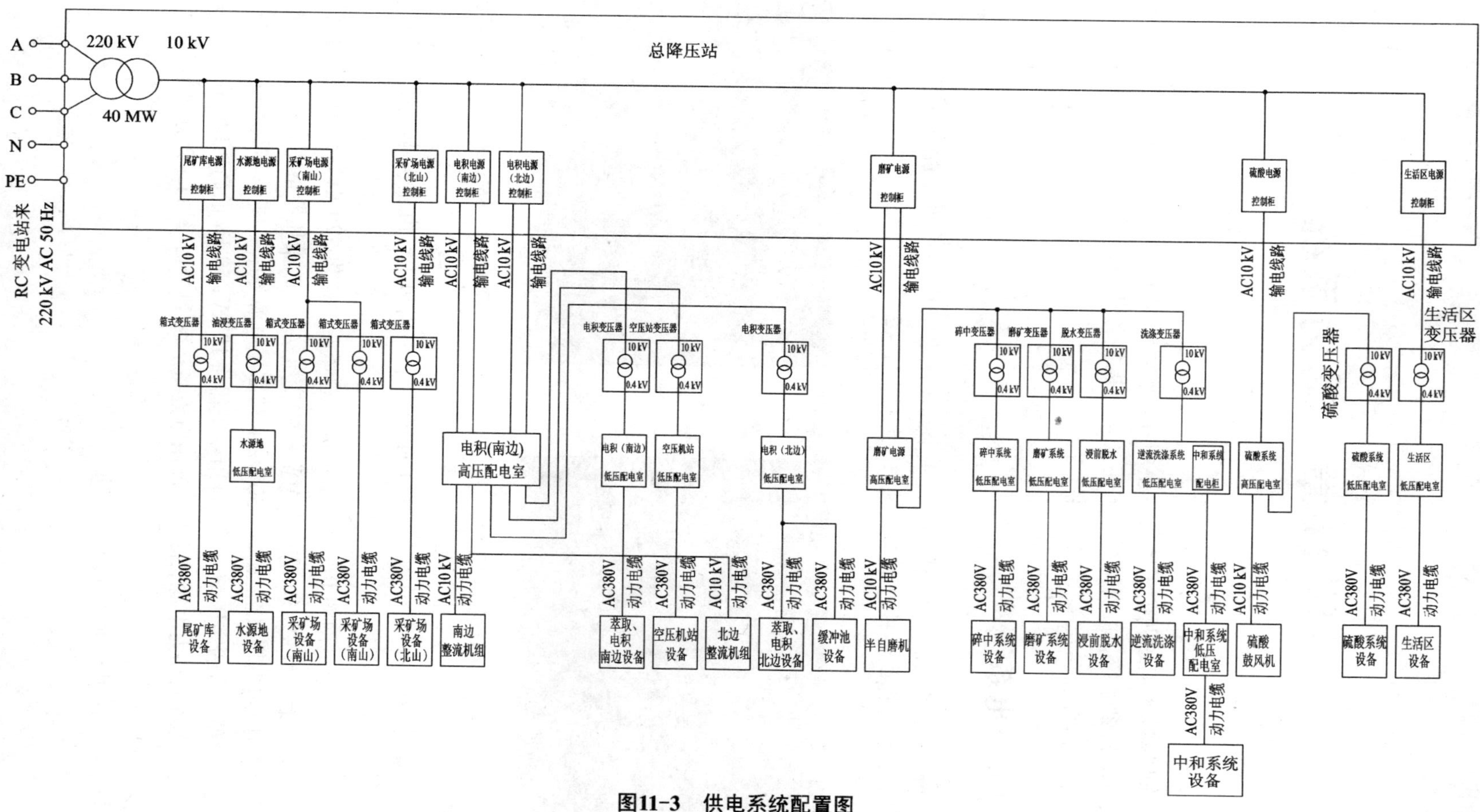

图11-3 供电系统配置图

从图中可以看出，总降压站共设置了 12 块电源控制盘(柜)，分别输出 9 路高压电源：

①尾矿库电源；②水源地电源；③采矿场电源(南山)；④采矿场电源(北山)；⑤电积电源(南边)；⑥电积电源(北边)；⑦磨矿电源；⑧硫酸电源；⑨生活区电源。

尾矿库、水源地、采矿场(南山)、采矿场(北山)离总降压站比较远，采用架空敷设输电电线输送高压电源。电积(南边)、电积(北边)、磨矿、硫酸等离总降压站比较近，采用挖沟深埋的方法敷设输电电缆输送高压电源。

由于尾矿库、采矿场(南山)、采矿场(北山)等地处野外，采用箱式变压器将 10 kV、50 Hz的高压电源降压变成 380 V、50 Hz 的正常设备的动力电源，提供给各用电设备。

在生产区设置了 3 个高压配电室，分别是：电积(南边)、磨矿、硫酸；除了给有关高压用电设备提供高压电源外，还用变压器将 10 kV、50 Hz 的高压电源降压转换成 380V、50 Hz 的动力电源，再送到旁边的低压配电室，提供给各用电设备。

在生产区设置了 9 个低压配电室，分别是：电积(南边)、电积(北边)、空压机、碎中、磨矿、浸前脱水、逆流洗涤、硫酸。

中和系统的用电是从逆流洗涤配电室直接接过去的 380 V、50 Hz 的动力电源。

另外，在水源地和生活区也都设置了一个低压配电室，将总降压站送来的 10 kV、50 Hz 的高压电源用变压器降压转换成 380 V、50 Hz 的正常设备的动力电源，提供给各用电设备。

11.2 供水系统

图 11－4 为供水系统示意图。

SMCO 的供水系统由新水系统和回水系统两部分组成。

11.2.1 新水系统

在离 SMCO 生产区约 3 km 的地方有一条小河流，我们称之为“熊猫河”，这里就是 SMCO 取水的水源地。

在熊猫河边上挖了一个 10 多米深的水井，在里面安装了 3 台大功率的潜水泵。在疏通河道后，将熊猫河和深水井用新开通的河道连接起来，熊猫河的水就源源不断的流到深水井里。

在离深水井不远处挖了一个约 80000 m^3的澄清池，在对底部进行平整处理后，先敷设一层毛黏，再敷设一层防渗透膜(高密聚乙烯膜)，以防止水渗透。

由于抽上来的水不干净，还有不少杂质、污泥等。故在澄清池旁边还设置了一个加药系统，往水里加入一些絮凝剂，使杂物很快沉淀下来。

参见图 11－5 水源地澄清水池。

在澄清池的下部设置了一个二级水泵房，设置有 2 台大功率多级水泵，水泵房外建有一个 3 m×2 m×3 m 的供水池，澄清池的水通过虹吸管流到这个供水池里。

在厂区的山上建有一个 1500 m^3的新水高位水池。

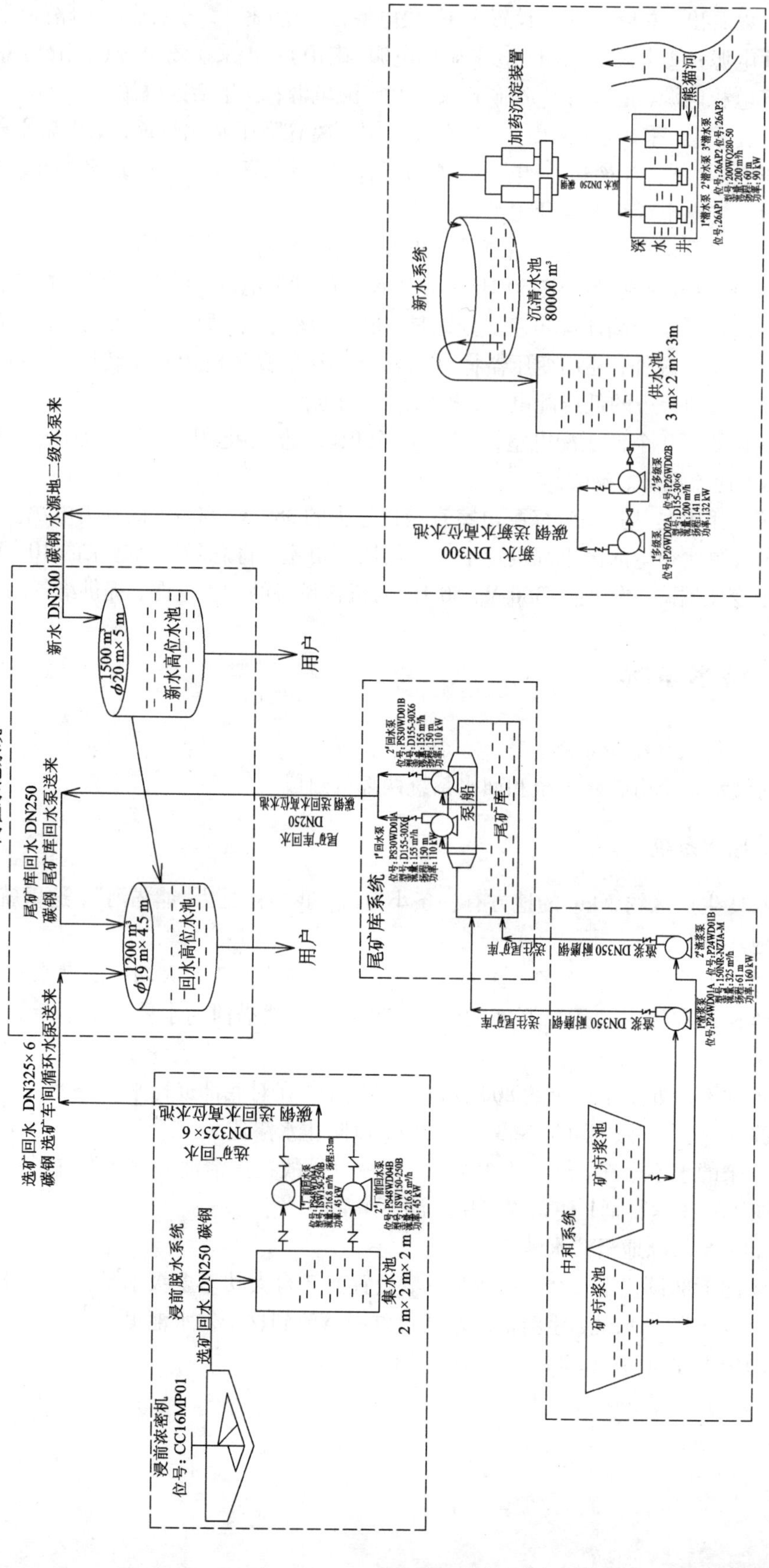

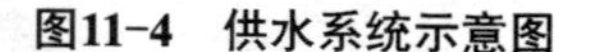

图11-4 供水系统示意图

生产过程是：启动深水井里的潜水泵(2用1备)，将熊猫河的水抽到加药水池，在水池里加药后，从加药水池自流到8万m^3的澄清池，杂质、污泥等沉淀下来，清水通过虹吸管流到二级水泵房的供水池里，抽水泵(1用1备)将池里的水送到3 km外的山上的新水高位水池。

说明：若回水高位水池里的水少了，新水高位水池里的水也可以自流到回水高位水池，因为新水高位水池的位置要比回水高位水池高。

图11－5 水源地澄清水池

图11－6 尾矿库

11.2.2 回水系统

从图11－4供水系统示意图可以看出，回水系统有2个：

1. *浸前脱水系统回水*

浸前浓密机上面的溢流水自流到处于低处的集水池，然后用回水泵(1用1备)送到山上的回水高位水池。回水高位水池的容量是1200 m^3。

2. *尾矿系统回水*

在中和系统用碱中和了的尾矿渣水混合物用渣浆泵(1用1备)送到3 km外的尾矿库，在尾矿库里，渣水混合物进行自然沉淀分离，矿渣沉在底部，水则浮在上面；在尾矿库里有一条浮船，船上安装了2台水泵(1用1备)，将这些清水送到山上的回水高位水池。

图11－6所示为尾矿库。新水系统和回水系统各自用水管送到自己的用户。

11.2.3 空气压缩系统

空压机站有4台螺杆式空压机、3台组合式空气干燥器，还有2套仪表用气的过滤、干燥、除油设备。空气压缩系统工艺流程图见图11－7。

螺杆式空压机是浙江红五环机械有限公司生产的，2台是LG132－8系列，输出流量是24 m^3/min，功率是132 kW；2台是LG185W－8系列，输出流量是32 m^3/min，功率是185 kW。

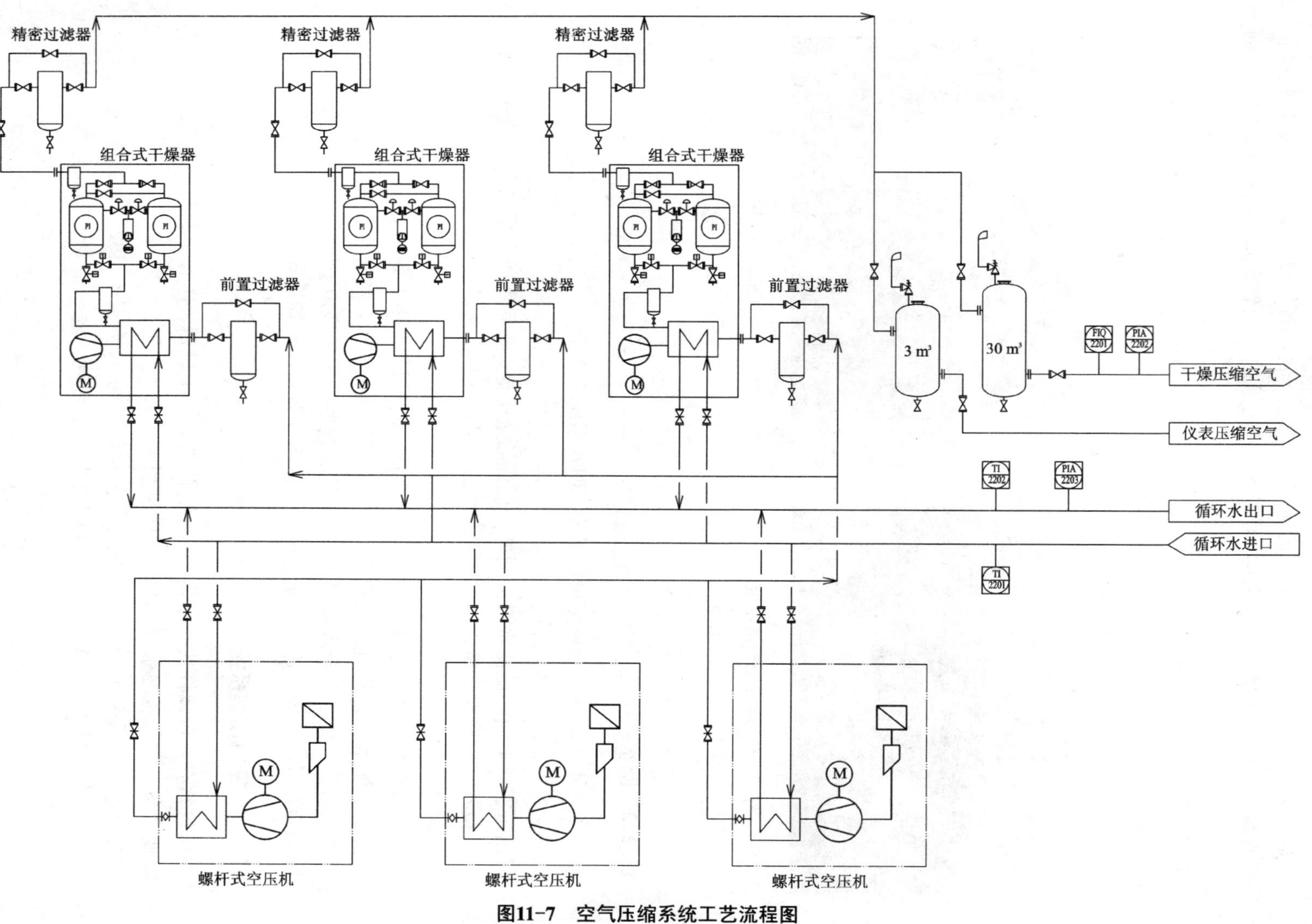

图11-7 空气压缩系统工艺流程图

压缩空气有两种：

(1)普通空气，原设计主要是供给 6 台过滤机吹扫用，还有部分供给超声波除油器用，只进行一般干燥就行了。

(2)仪表用压缩空气，主要是供给仪表控制阀用。对空气的质量要求比较严，在普通空气的基础上又增加了干燥、除油、除杂质的设备。

由于萃取车间、电积车间的 6 台过滤机都取消了，故普通压缩空气基本没有什么用途，仪表用压缩空气还照样正常使用。现在由于浆化、浸出系统因多种原因容易沉槽，有人建议用高压压缩空气吹扫，这些压缩空气正好派上用场。

SMCO 用蒸汽的地方不多，阴极剥片机组清洗阴极铜时用一点蒸汽，电积系统的电积液设计是要用钛板加热器进行加热的，但现在没有用。

硫酸车间在用硫磺制酸的过程中产生大量的热量，故设置了一台小余热锅炉，每小时产蒸汽 11.25 吨，主要供给自身的熔硫系统，多余的就送给电积车间。

由于量太小，不能构成一个蒸汽系统。

附录1　自动控制的基础知识

为了加强对本书的学习和理解，下面介绍一些有关自动控制方面的基础知识。

附1.1　过程控制

过程控制一般是指冶金、石油、化工、电力、轻工、建材等工业部门生产过程的自动化，即通过采用各种自动化仪表、计算机等自动化技术工具，对生产过程中的某些物理参数进行自动检测、监督和控制，以达到最优化的技术经济指标，提高经济效率和劳动生产力，节约能源，改善劳动条件和保护环境等目的。

过程控制系统是指自动控制生产过程中的温度、压力、流量、液位、成分分析等变量，使这些变量稳定在某一范围，或按预定的规律变化的系统。

以附图1－1液位控制系统图所示的贮液槽液位控制为例。

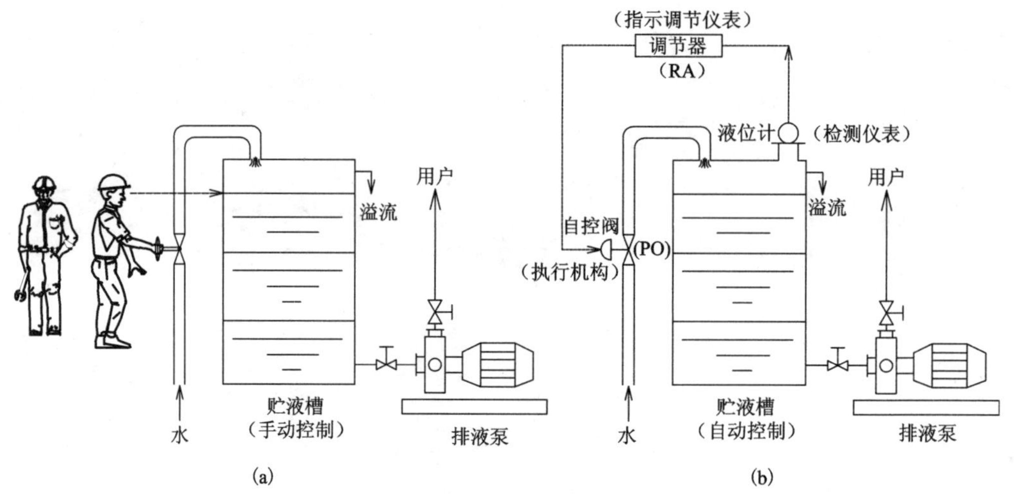

附图1－1　液位控制系统图

(a)人工手动控制；(b)仪表自动控制

附图1－1(a)是人工手动控制。它由人观察贮液槽内液位，然后，由人的大脑判断液位是低了还是高了。如果觉得液位低了，就会用手去将进液阀开大些；如果他觉得液位高了，就会用手去将进液阀关小些，这就是手动控制系统。

附图1－1(b)是仪表自动控制。它用一套液位自动控制(调节)系统取代人的工作，即用液位计代替人的眼睛，用指示调节器代替人的大脑，用自控阀代替人手。

液位计检测出贮液槽内的液位，送到指示调节器，在调节器内，测量值和设定值进行比较，若测量值大于设定值，则调节器输出一个信号，使阀门减小开度；若测量值小于设定值，则调节器输出一个新的信号，使阀门增大开度。经过调节器的自动控制，最终使贮液槽内的液位测量值等于设定值。这时控制系统处于一个相对稳定的平衡状态。

这就是液位自动控制系统，该系统由三个部分组成：液位计、调节器、自控阀，这三个部分是组成液位自动控制系统的三要素，缺一不可。

附1.2　自动控制系统的组成

从上述例子可以看出，一般的自动控制系统都由三个部分组成：(1)检测仪表；(2)指示调节仪表；(3)执行机构。

下面对这三个部分的内容分别进行简单介绍。

附1.2.1　检测仪表(铜冶炼行业常用仪表)

检测仪表是用来检测工艺过程参数的仪表(也叫一次仪表)。它是工人的眼睛，它能检测工艺过程的大部分参数，这是人所做不到的。例如：物质的成分分析(如：硫酸浓度、SO_2、O_2，pH 等)、流量、液位、温度、压力、转速、质量、位移、湿度、振动等。

这些测量有的是直接测量出来的，但是大部分参数是不可能直接测量的，要用间接测量的方法才能测量。这其中温度、压力、流量、液位、成分分析又是用的最多的。

以前冶金行业的仪表以测量温度为主，故叫“热工仪表”；而化工行业的仪表以分析仪表较多，故叫“化工仪表”，现在都统称“自动化仪表”。

附1.2.2　指示调节仪表

指示、调节仪表是控制系统的核心，相当于人的大脑，一般称为“二次仪表”，有指示和调节两个功能。

1. 常规仪表

(1)单体仪表

最早使用的监视、控制仪表都是单体仪表。单体仪表，就是每一台仪表只有一个单一的功能，如：指示仪、调节器、报警器、记录仪、累积计算器等。若一个仪表控制系统同时要进行指示、调节、报警、记录、累积等5种功能，则至少需要用到4台单体仪表，即一台指示调节器、一台报警设定器、一台记录仪、一台计算器。

(2)数显仪

由于计算机水平的提高和普及，计算机技术大量应用于仪表行业，在20世纪80年代开发出了新一代的仪表——数显仪。它们之间传送的信号都是标准的1～5 V DC、4～20 mA DC 信号。虽然仪表的功能有很大的提高，但数显仪还是属于单体仪表。

2. DCS 系统

DCS 系统是“数字控制系统”的简称，也叫“集散系统”，即分散控制、集中管理。

DCS 系统集中了常规仪表的所有功能，也就是说仪表控制系统所要求的指示、调节、报警、记录、累积、联锁等功能，在一个基本的 DCS 系统里都能实现。

基本的 DCS 系统主要由以下三个部分组成(参见附图1－2 DCS 系统最小配置图)。

(1)现场控制站

现场控制站是DCS系统的核心部分，实质上是一台功能强大的计算机。所有的信号都可在这里处理，例如：系统的PID控制、超过设定值的报警、仪表趋势信号记录、流量值累积、设备安全联锁等功能，都在现场控制站内执行。

为了安全起见，一般现场控制站都是冗余配置，即同时安装2个性能完全一样的现场控制站，万一一台因故停止运行，备用的马上自动投用。

现场控制站都安装在控制柜内，一般是安装在仪表控制室内。

现场仪表的输入、输出信号卡件(简称I/O卡)都装在该控制柜内。

最小的控制系统是一对冗余配置的现场控制站，大系统则根据需要可以接多个冗余配置的现场控制站。

(2)操作站

操作站就是人机接口，是人和机器对话的工具，由操作工人进行所有的操作，如监视工艺参数的指示、改变控制系统的设定值、报警值的修改、手操的输出等。另外，还在这里打印各种报表和各种信息资料。

(3)通信网络

通过通信网络将所有的现场控制站和操作站联成一个网。使现场控制站上的工艺参数等通过通信网络，传到操作站去，让操作工能看得见；操作工的操作通过通信网络，传到现场控制站，经控制运算后再送回到现场的执行机构，去改变工艺参数。

最小的DCS系统是1对冗余配置的现场控制站、1个操作站、1对通信网络，只能监测64个IO点；最大的DCS系统可以配置32对冗余配置的现场控制站，32个操作站，1对通信网络，控制监测I/O点达10万个。DCS系统的最小配置见附图1-2。

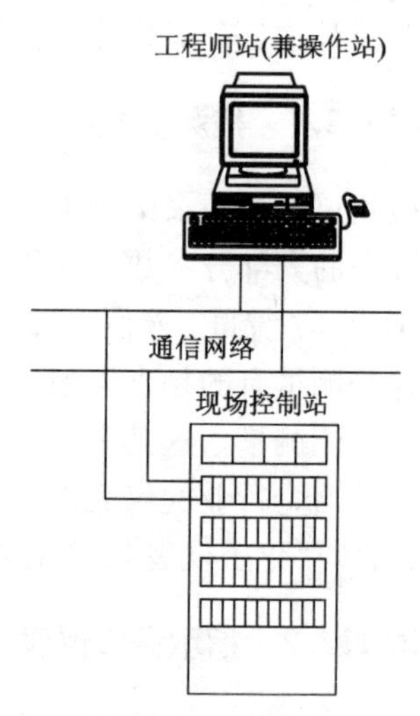

附图1-2 DCS系统的最小配置图

附1.2.3 执行机构

执行机构的种类很多，风机、泵、加热器、控制阀门等都可以作为控制仪表的执行机构，但以调节阀为多。在冶金、化工等行业，由于生产现场腐蚀性气体比较多，故大部分用的是气动调节阀。

附1.3 工位号的说明

就像每个人都有一个名字一样，每一个仪表，每一台设备都有一个名称，我们称其为工位号。工位号在一个DCS系统中是唯一的，就像人的身份证号码一样，绝对不能重复。工位号由几个英文字母和阿拉伯数字组成，一般最多8位，如：PICA0701、LICA0902、TICA1003等。

第一个字母是参数符号，代表生产过程中的各种参数，如：温度、压力、流量、液位等；后面的英文字母叫功能符号，代表该仪表系统的各种功能，如：指示、记录、调节、报警等；

前面2位阿拉伯数字一般代表生产工序（工厂总图布置分配的子项号），如：破碎系统是“13”，电积系统是“21”等；后面2位阿拉伯数字一般代表该工序该参数的序号。

当工位号的长度超过8位时，可以去掉某些功能符号。

附1.3.1　参数符号说明

A：成分分析（包括所有分析仪表，如：酸浓、SO_2、O_2，pH等）；B：烧嘴、火焰；C：电导率；E：电压；F：流量；G：可燃气体；H：手操；I：电流；J：功率；K：时间；L：液位；M：水分、湿度；P：压力；Pd：压差；R：电阻、核辐射；S：转速、频率；T：温度；Td：温差；V：阀门；W：重量；X：位移；Z：振动、开度等。

附1.3.2　功能符号说明

A：报警；C：调节；E：检测元件；G：现场监视；I：指示；Q：累积；R：记录；S：联锁；T：变送；X：任意；Y：运算；Z：紧急等。

不只是仪表检测系统有工位号，设备也有工位号。设备的工位号大多用于DI、DO类型点（一般用该设备英文名称的第一个字母表示）。例如：P：泵；B：风机；MP：皮带；TK：槽罐等。

下面以“振动筛给矿泵”为例对设备的工位号进行说明：

振动筛给矿泵的工位号是“P15MP01”：“P”：代表泵（泵的英文名字第一个字母）；“15”：代表子项号（是设计院总图分配的）；“01”：代表磨矿系统的第一种泵。

由于这种泵共有4台，为了区别，第一台泵的工位号为“P15MP01A”，第二台泵的工位号则为“P15MP01B”，第三台泵的工位号则为“P15MP01C”，后面的与此类推。

附1.3.3　工位号后缀的说明

所有设备都有多种状态，都要在DCS系统里显示，工位号又不能重复，为了区别，就在工位号后面增加了一些后缀名，说明如下：

（1）数字输入信号（用“DI”表示），用于各种状态显示。

后缀名“A”：设备的现场/中央控制方式转换，由现场操作箱内的转换开关进行切换。当切换在“中央”（远方）位置时，输出信号为“1”，当切换在“就地”（机旁）位置时，输出信号为“0”。

后缀名“B”：设备的运行状态显示，是由低压配电柜送来的信号。当该设备运行时，输出信号为“1”，当该设备停止时，输出信号为“0”。

后缀名“C”：设备的状态显示，也是由低压配电柜送来的信号。当该设备有故障时，输出信号为“1”，当该设备正常时，输出信号为“0”。

后缀名“E”：皮带运输机的安全信号，其他设备没有。设备现场控制箱送来的信号，是通过皮带运输机上的安全开关转送来的。当来的信号为“1”时，说明该设备出现了危险，将马上停车，当来的信号为“0”时，说明该设备正常。

后缀名“X”：设备的远方手动启动信号，这是DCS系统的内部参数。当DCS系统输出信号为“1”时，该设备远方手动启动（中央控制室），当DCS系统输出信号为“0”时，不动作。

后缀名“Y”：设备的远方手动停止信号，也是DCS系统的内部参数。当DCS系统输出信号为“1”时，该设备远方手动停止(中央控制室)，当DCS系统输出信号为“0”时，不动作。

(2)数字输出信号(用“DO”表示)，用于控制输出。

后缀名“T”：设备的启动指令，由DCS系统输出，送到低压配电柜。当DCS系统输出信号为“1”时，该设备自动启动，当DCS系统输出信号为“0”时，该设备自动停止。

综合上述情况，1#振动筛给矿泵有下述工位号：

P15MP01AA：1#振动筛给矿泵现场/中央控制方式转换

P15MP01AB：1#振动筛给矿泵运行状态显示

P15MP01AC：1#振动筛给矿泵的设备状态显示

P15MP01AE：皮带运输机安全信号(这个状态信号只有皮带运输机有)

P15MP01AX：1#振动筛给矿泵远方手动启动

P15MP01AY：1#振动筛给矿泵远方手动停止

P15MP01AT：1#振动筛给矿泵启动指令

如果整个系统设计为全自动控制，还要增加一个系统自动启动按钮和一个系统自动停止按钮。

PB02A：磨矿系统自动启动按钮，是DCS系统的内部参数。“PB”是按钮，“02”是磨矿系统，“A”是启动。当该信号为“1”时，磨矿系统自动启动；当该信号为“0”时，该程序不动作。操作方式是：用鼠标双击在工艺流程图上某处设置的该图标，就会出现磨矿系统自动启动按钮，选中“自动启动”，系统就按全自动方式进行顺序控制。

PB02B：磨矿系统自动停止信号。是DCS系统的内部参数。当DCS系统输出信号为“1”时，磨矿系统自动停止，当DCS系统输出信号为“0”时，该程序不动作。操作方式是：用鼠标双击在工艺流程图上某处设置的该图标，就会出现磨矿系统自动停止按钮，选中“自动停止”，系统就按全自动方式进行顺序控制。

有时，在控制室内某处安装一个按钮，当系统出现紧急情况时，按下这个按钮，则该系统的所有设备都全部停止运行。

PB02C：磨矿系统紧急停止信号，由某处安装的按钮发出的信号。

这些工位号在DCS系统里编制控制程序时是必不可少的。

附1.4 常用符号说明

I/O：输入/输出

A/M：自动/手动切换

L/R：本机/远方切换(机旁/中控室切换)

AI：模拟输入信号；AO：模拟输出信号

DI：开关(数字)输入信号；DO：开关(数字)输出信号

PV：仪表测量值；SP：仪表设定值；OP(MV)：仪表输出值

LSP：本机设定值(平时只写SP)；RSP：远方设定值

DA：正作用；RA：反作用(调节器和阀门都适用)

PO：气开式；PC：气关式(阀门)

FC：故障关；FO：故障开(阀门)

H：上限；HH：上上限；L：下限；LL：下下限
P：气源(电源)
E：电信号；P：气信号
E/P(I/P)：电/气转换器；P/E(P/I)：气/电转换器
P：盘面安装；PB：盘后安装；L：现场安装；LB：现场盘安装
P：比例调节；PI：比例积分调节；PID：比例积分微分调节

附 1.5　常用逻辑功能符号说明

常用逻辑功能符号见附图 1－3。

序号	逻辑名称	表示方法（美洲表示方法）	表示方法（欧洲表示方法）
1	与门	IN1 IN2 AND OUT	IN1 IN2 & OUT
		运算关系：只有IN1和IN2同时为1时，OUT才为1	
2	或门	IN1 IN2 O R OUT	IN1 IN2 ≥1 OUT
		运算关系：IN1和IN2中，只要有一个为1，OUT就为1	
3	非门	IN ○ OUT	
		运算关系：IN和OUT反相	
4	延时通	IN t ONDLY OUT	A T B
		运算关系：IN=1时OUT=0，t秒后OUT=1	
5	延时断	IN t OFFDLY OUT	A T B
		运算关系：IN=1时OUT=1，t秒后OUT=0	

序号	逻辑名称	表示方法
6	脉冲	IN t PULSE OUT
		运算关系：IN=1时，OUT输出t秒脉冲
7	比大器	IN1 IN2 GT OUT
		运算关系：IN1>IN2时，OUT输出为1
8	比小器	IN1 IN2 LT OUT
		运算关系：IN1<IN2时，OUT输出为1
9	触发器	IN1 IN2 S Q R OUT　S（设定端）Q（输出端）R（复位端）
		运算关系：S=1 R=0 Q=1 S=1 R=1 Q=0 S=0 R=1 Q=0 S=0 R=0 Q=K-1（前次输出值）

附图 1－3　常用逻辑功能符号图

附 1.6　仪表标准信号

(1)电动仪表的标准信号：4～20 mA DC；1～5 V DC
(2) 气动仪表的标准信号：0.02～0.1 MPa(20 kPa～100 kPa)

附 1.7　自动控制方式说明

所有运行设备的旁边都有一个现场操作箱，或一个现场控制机柜，上面有一个控制转换开关，启动、停止按钮和运行、停止指示灯等。

当将控制转换开关掷于本地(机旁)时，可以用现场操作箱内的启动、停止按钮操作设备(此方式多用于设备检修后检查设备)。

正常生产时，要将此控制转换开关掷于远程(自动)位置，由仪表室的 DCS 系统进行自动控制和联锁，这是通常的控制方式。

远程控制方式的方式如下。

(1)远程手动：在操作画面上，用鼠标双击要操作的设备，弹出一个画面，一般都是"启动"、"停止"。用鼠标选中"启动"，回车时该设备就启动；若用鼠标选中"停止"，回车时该设备就停止。

(2)远程自动：在操作画面上，通常都做好了"自动启动"、"自动停止"、"紧急停止"等软按钮图标。只需用鼠标双击"自动启动"图标，回车后这个工序的所有设备就按原先编制的程序自动顺序启动；若用鼠标选中"自动停止"图标，回车后这个工序的所有设备就按原先编制的程序自动顺序的停止；在生产中若遇到某种紧急情况，用鼠标选中"紧急停止"图标，则所有设备都全部自动停止下来。

注意：一般的生产操作控制都是"逆向启动"，"顺向停止"，这点一定不能搞错。

附 1.8　SMCO 的 DCS 系统配置图

刚果(金)希图鲁矿业公司(简称 SMCO)下设五个生产车间：选矿车间、萃取车间、电积车间、硫酸车间、动力车间。

选矿、萃取、电积三个车间共用一套浙大中控生产的 ECS－700 系列 DCS 系统，对整个选冶厂的生产工艺参数和所有运行设备进行监视、控制和联锁。

选矿车间设置一个中心控制室，配有 1 台 DCS 系统的主控制器、1 台工程师站(兼作操作员站)、1 台操作员站、一台打印机。碎中配电室设置一个控制机柜，对矿石破碎系统、中和剂制备系统的电气运行设备进行监控；磨矿配电室设置一个控制机柜，对磨矿系统、逆流洗涤系统的电气运行设备进行监控；浸前脱水配电室设置一个控制机柜，对浸前脱水系统、浆化浸出系统的电气运行设备进行监控；选矿仪表室设置一个控制机柜，对全车间的生产工艺参数进行监控。所有控制机柜通过光纤和中心控制室 DCS 系统的主控制器进行通信，在操作员站进行监控和操作。

在选矿中心控制室，配有 1 台 6 kVA 的 UPS 电源、1 个电源控制柜，给上述 4 个控制机柜提供稳定的工作电源。

萃取和电积两个生产车间共用一个控制室，配有 1 台 DCS 系统的主控制器、1 台工程师站(兼作操作员站)、1 台操作员站、一台打印机。在萃取和电积共用的低压配电室，设置了一个萃取控制机柜，对萃取系统的电气运行设备进行监控；还设置了一个电积控制机柜，对电积系统的电气运行设备进行监控；在萃取、电积仪表室设置了 2 个控制机柜，分别对萃取车间、电积车间的生产工艺参数进行监控。所有控制机柜通过光纤和中心控制室 DCS 系统的主控制器进行通信，在操作员站进行监控和操作。

在萃取中心控制室，也配有 1 台 6 kVA 的 UPS 电源、1 个电源控制柜，给上述 4 个控制机柜提供稳定的工作电源。

硫酸车间单独设立一个控制室，该车间使用一套浙大中控生产的 jx－300xp 系列 DCS 系统，有 2 个控制机柜，1 台工程师站(兼作操作员站)、2 台操作员站，一台打印机，对整个硫酸的生产工艺参数和所有设备进行监视、控制和联锁。

SMCO DCS 系统的配置见附图 1－4。

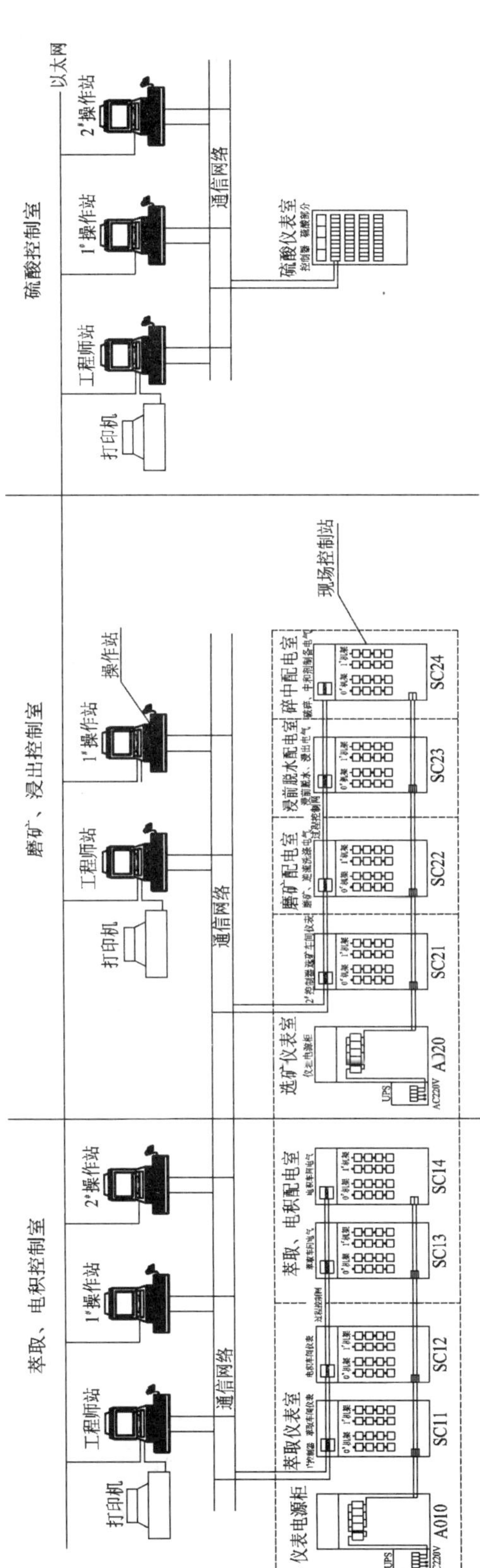

附图1-4　SMCODCS系统配置图

附 1.9 低压电气控制系统设计说明

附 1.9.1 DI、DO 信号的设计

现在新建一个工厂时，都要设置一套 DCS 系统，用于对各种工艺参数的监控(这部分属于仪表专业的内容)。在进行自动控制时，DCS 系统还对运行设备发出控制指令(这部分属于电气专业的内容)。

运行的设备有下述几种状态：①设备是现场手动操作还是远方自动控制；②设备的状态是运行的还是停止的；③设备是正常的还是有故障的；④皮带运输机有故障还是正常。

在 DCS 系统里对设备进行监视的信号称为“DI”信号，对设备进行控制的信号称为“DO”信号。为了对运行的设备进行监控，就要将这些信号送到 DCS 系统，下面进行说明。

(1)设备是现场手动操作还是远方自动控制

用本地(手动)/远方(自动)切换信号。在现场操作箱内有一个转换开关，当转换开关切换为“远方”(自动)时，输出信号为“1”；当转换开关切换为“本地”(手动)时，输出信号为“0”。将这个“DI”信号接到 DCS 系统，就能显示设备的控制方式。

(2)设备的状态是运行的还是停止的

用运行/停止信号。低压配电室的低压控制柜内有一个交流接触器，用其常开触点。当设备运行时，触点闭合，输出信号为“1”；当设备停止时，触点断开，输出信号为“0”。将这个“DI”信号接到 DCS 系统，就能显示设备的状态。

(3)设备是正常的还是有故障的

用故障/正常信号。低压配电室的低压控制柜内有一个热继电器，用其常开触点。当设备正常时，触点断开，输出信号为“0”；当设备故障时(过电流)，触点闭合，输出信号为“1”。将这个“DI”信号接到 DCS 系统，就能显示设备的这个状态。

(4)皮带运输机有故障还是正常

用皮带运输机的事故开关信号。在现场操作箱内有一个继电器，受皮带走廊旁边的拉线开关控制。当皮带有问题而拉动拉线开关时，继电器得电，输出信号为“1”；当皮带正常时，继电器不得电，输出信号为“0”。将这个“DI”信号接到 DCS 系统，就能显示皮带的这个状态。

“DO”信号是 DCS 系统输出的控制信号。接到交流接触器的控制线圈回路内，当“DO”信号为“1”时，设备启动运行；当“DO”信号为“0”时，正在运行的设备停止。

下面以附图 1－5 4#皮带输送机电机控制原理及接线图和附图 1－6 4#皮带输送机抽屉柜内配置及接线图为例，说明这些信号是如何送到 DCS 系统去的。

(1)本地(手动)/远方(自动)转换信号

在附图 1－5 中，转换开关(1SA)的触点 5#和 6#在切换到自动时接通。5#和 6#端子分别接到现场操作箱接线端子排的 15#和 16#端子上，通过控制电缆接到低压配电室低压控制柜接线端子排的 15#和 16#端子上。将 D：15 和 D：16 用控制电缆接到 DCS 系统去，这就是本地(手动)/远方(自动)转换信号(D 是低压控制柜的输出端子排代号)。

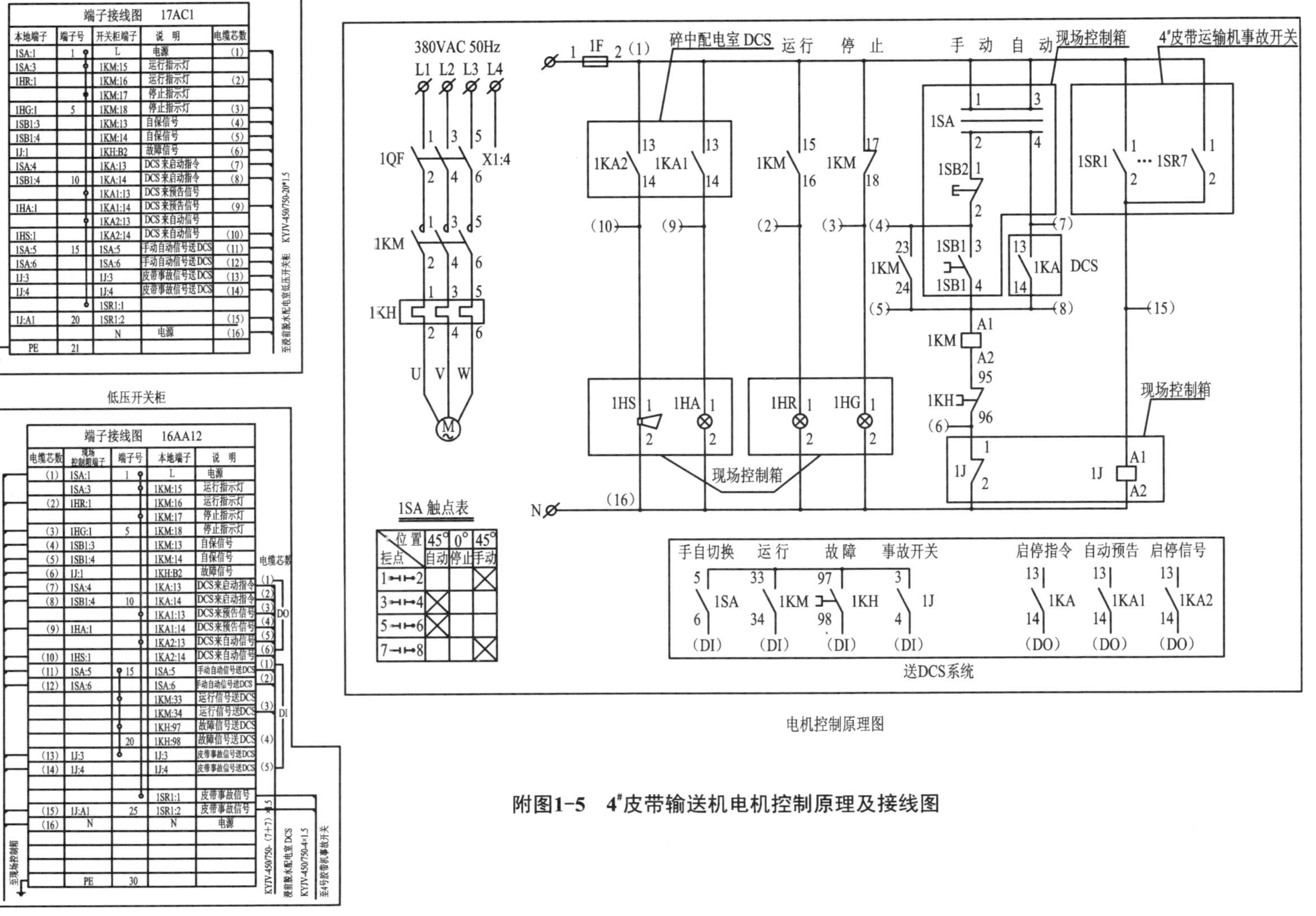

端子接线图　17AC1

本地端子	端子号	开关柜端子	说　明	电缆芯数
1SA:1	1	L	电源	(1)
1SA:3		1KM:15	运行指示灯	
1HR:1		1KM:16	运行指示灯	(2)
		1KM:17	停止指示灯	
1HG:1	5	1KM:18	停止指示灯	(3)
1SB1:3		1KM:13	自保信号	(4)
1SB1:4		1KM:14	自保信号	(5)
1J:1		1KH:B2	故障信号	(6)
1SA:4		1KA:13	DCS来启动指令	(7)
1SB1:4	10	1KA:14	DCS来启动指令	(8)
		1KA1:13	DCS来预告信号	
1HA:1		1KA1:14	DCS来预告信号	(9)
		1KA2:13	DCS来自动信号	
1HS:1		1KA2:14	DCS来自动信号	(10)
1SA:5	15	1SA:5	手动自动信号送DCS	(11)
1SA:6		1SA:6	手动自动信号送DCS	(12)
1J:3		1J:3	皮带事故信号送DCS	(13)
1J:4		1J:4	皮带事故信号送DCS	(14)
		1SR1:1		
1J:A1	20	1SR1:2		(15)
		N	电源	(16)
PE	21			

端子接线图　16AA12

电缆芯数	现场控制箱端子	端子号	本地端子	说　明
(1)	1SA:1	1	L	电源
	1SA:3		1KM:15	运行指示灯
(2)	1HR:1		1KM:16	运行指示灯
			1KM:17	停止指示灯
(3)	1HG:1	5	1KM:18	停止指示灯
(4)	1SB1:3		1KM:13	自保信号
(5)	1SB1:4		1KM:14	自保信号
(6)	1J:1		1KH:B2	故障信号
(7)	1SA:4		1KA:13	DCS来启动指令
(8)	1SB1:4	10	1KA:14	DCS来启动指令
			1KA1:13	DCS来预告信号
(9)	1HA:1		1KA1:14	DCS来预告信号
			1KA2:13	DCS来自动信号
(10)	1HS:1		1KA2:14	DCS来自动信号
(11)	1SA:5	15	1SA:5	手动自动信号送DCS
(12)	1SA:6		1SA:6	手动自动信号送DCS
			1KM:33	运行信号送DCS
			1KM:34	运行信号送DCS
			1KH:97	故障信号送DCS
		20	1KH:98	故障信号送DCS
(13)	1J:3		1J:3	皮带事故信号送DCS
(14)	1J:4		1J:4	皮带事故信号送DCS
			1SR1:1	皮带事故信号
(15)	1J:A1	25	1SR1:2	皮带事故信号
(16)	N		N	电源
	PE	30		

1SA 触点表

位置 / 触点	45° 自动	0° 停止	45° 手动
1—2			×
3—4	×		
5—6	×		
7—8			×

附图1-5　4#皮带输送机电机控制原理及接线图

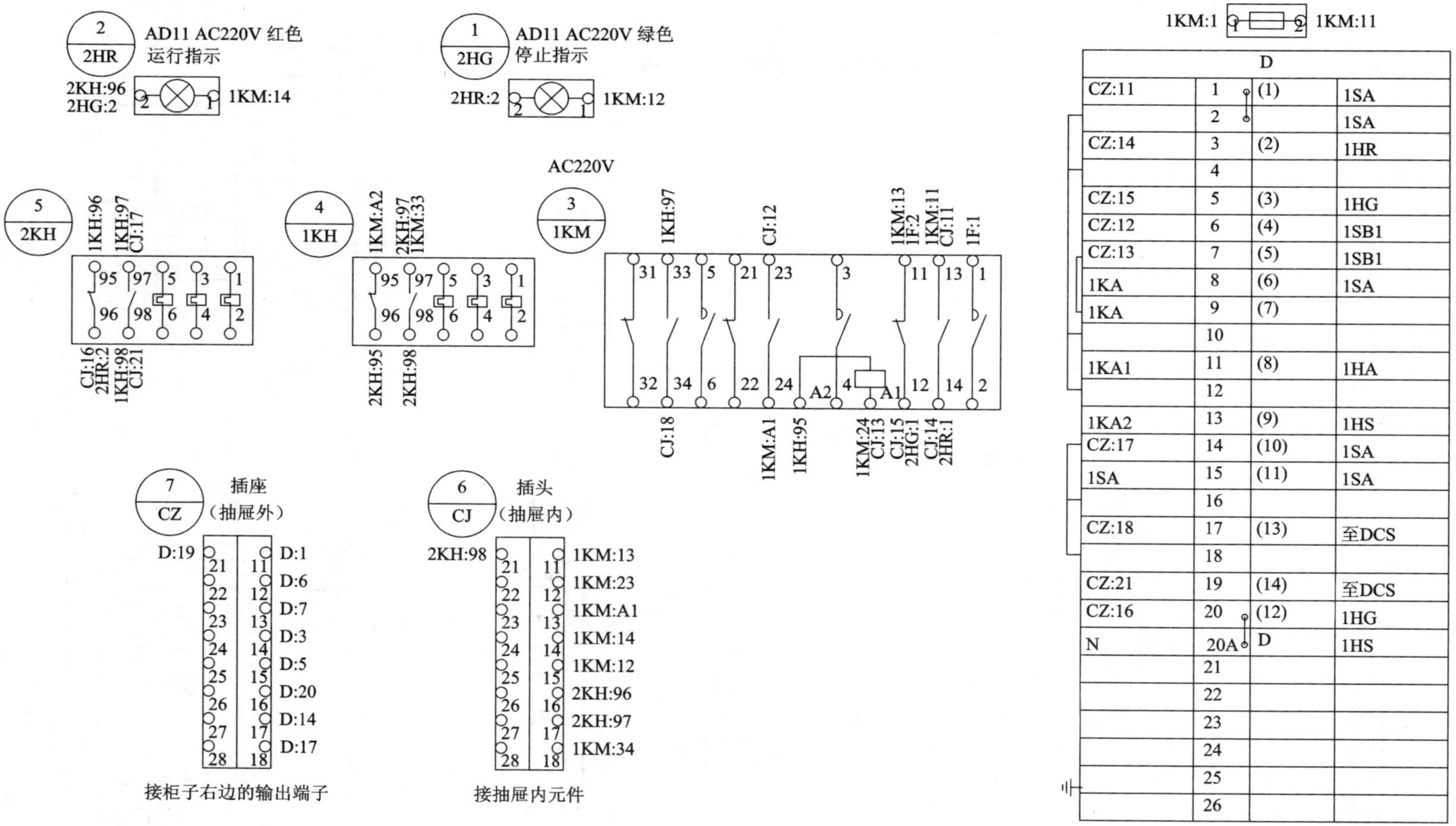

2 2HR AD11 AC220V 红色 运行指示
2KH:96 2HG:2 2 1 1KM:14

1 2HG AD11 AC220V 绿色 停止指示
2HR:2 2 1 1KM:12

AC220V

5 2KH
1KH:96 1KH:97 CJ:17
95 97 5 3 1
96 98 6 4 2
CJ:16 2HR:2 1KH:98 CJ:21

4 1KH
1KM:A2 2KH:97 1KM:33
95 97 5 3 1
96 98 6 4 2
2KH:95 2KH:98

3 1KM
1KH:97 CJ:12 1KM:13 1F:2 1KM:11 CJ:11 1F:1
31 33 5 21 23 3 11 13 1
32 34 6 22 24 A2 4 A1 12 14 2
CJ:18 1KM:A1 1KH:95 1KM:24 CJ:13 CJ:15 2HG:1 CJ:14 2HR:1

7 CZ 插座（抽屉外）
D:19 21 22 23 24 25 26 27 28
11 12 13 14 15 16 17 18
D:1 D:6 D:7 D:3 D:5 D:20 D:14 D:17
接柜子右边的输出端子

6 CJ 插头（抽屉内）
2KH:98 21 22 23 24 25 26 27 28
11 12 13 14 15 16 17 18
1KM:13 1KM:23 1KM:A1 1KM:14 1KM:12 2KH:96 2KH:97 1KM:34
接抽屉内元件

1KM:1 1 2 1KM:11

D			
CZ:11	1	(1)	1SA
	2		1SA
CZ:14	3	(2)	1HR
	4		
CZ:15	5	(3)	1HG
CZ:12	6	(4)	1SB1
CZ:13	7	(5)	1SB1
1KA	8	(6)	1SA
1KA	9	(7)	
	10		
1KA1	11	(8)	1HA
	12		
1KA2	13	(9)	1HS
CZ:17	14	(10)	1SA
1SA	15	(11)	1SA
	16		
CZ:18	17	(13)	至DCS
	18		
CZ:21	19	(14)	至DCS
CZ:16	20	(12)	1HG
N	20A	D	1HS
	21		
	22		
	23		
	24		
	25		
	26		

附图1-6 4#皮带输送机抽屉柜内配置及接线图

(2)运行/停止信号

附图1－7　低压控制柜输出端子和抽屉连接件配置图

在低压控制柜内有一个可以经常拉出、推进的抽屉，一些电气控制元件就安装在此抽屉内。为了实现信号的连接，在抽屉和柜子的连接处设置了一个16针的接插连接件，“插头”(用CJ表示)安装在抽屉上(右边)，“插座”(用CZ表示)安装在抽屉外的柜壁上。抽屉内的元件用导线连接在“插头”端子上；抽屉外的“插座”端子用导线连接到柜子的输出端子排上。当将抽屉推进时，“插头”和“插座”接通，抽屉内的电气控制元件的连接线通过“插头”、“插座”，连接到柜子的输出端子排上(参见附图1－7低压控制柜输出端子抽屉连接件配置图)。

在附图1－5和附图1－6中，运行信号是接在交流接触器1KM的常开触点33和34上，交流接触器1KM安装在抽屉内，34#端子接到插头CJ18上，而插座CZ18则接到D：17上(D是低压控制柜的输出端子排代号)；33#端子和1KH：97短接，1KH：97连接到CJ：17上，而插座CZ17则接到D：14上(公共点)。将D：17和D：14用控制电缆接到DCS系统去，就是设备运行/停止信号。

(3)故障/正常信号

在附图1－5和附图1－6中，故障信号是接在热继电器1KH的常开触点97和98上，1KH：97连接到CJ：17上，而插座CZ17则接到D：14上(公共点)，1KH：98连接到CJ：21上，而插座CZ21则接到D：19上。将D：19和D：14用控制电缆接到DCS系统去，就是设备故障/正常信号。

(4)皮带运输机故障信号

在附图1－5中，继电器(1J)的常开触点3#和4#就是皮带运输机故障信号。将3#和4#端子接到现场操作箱接线端子排的17#和18#端子上，通过控制电缆接到低压配电室低压控制柜接线端子排的21#和22#端子上。将D：21和D：22用控制电缆接到DCS系统去，就是皮带运输机的故障信号。

“DO”信号是DCS系统输出的控制信号，当DO=1时，设备启动，当DO=0时，设备停止。

在附图1－5和附图1－6中，继电器1KA的13#和14#代表DCS系统的控制信号。DCS系统发出的控制信号用电缆接在低压配电室低压控制柜接线端子排的9#和10#端子上。9#用电缆接到插座CZ13上，通过插头CJ13接到1KM：A1上，10#用电缆接到现场操作箱接线端子排的10#端子上。

这样，DCS系统输出的“DO”信号(无源接点)就接在转换开关的4#端子和交流接触器1KM：A1之间，在现场操作箱的转换开关切换在自动状态时，若DO=1，设备就启动，若DO=0时，正在运行的设备就停止。

从附图1－5 4#皮带输送机电机控制原理及接线图可以看出：电机的控制原理图、现场操作箱的端子接线图、低压控制柜的端子接线图、DCS系统的输入、输出接线图都集中在一张图里，看起来非常方便。这是这次设计的最大特点。

现场操作箱

端子接线图　20AC9				
本地端子	端子号	开关柜端子	说　明	电缆芯数
SB3:1	1	1QF6	总电源进线	(1)
SB3:2		2KA:1	控制电源	(2)
SB1:3		KM1:13	自保信号	(3)
SB1:4		KM1:14	自保信号	(4)
1SA:4	5	KA1:13	DCS来启动指令	(5)
SB1:4		KA1:14	DCS来启动指令	(6)
1SA:8		1KA:A1	信号切换继电器	(7)
3HR:1		2KA:9	变频运行指示灯	(8)
5HR:1		3KA:9	变频故障指示灯	(9)
TAR-8	10	3KA:1	信号发生器电源	(10)
1SA:5			手动自动信号送DCS	(11)
1SA:6			手动自动信号送DCS	(12)
N				(13)
信号发生器1		1KA:5	现场箱输出调速信号	①
信号发生器2	15	1KA:6	现场箱输出调速信号	②
转速表：+		ATV61:AO2	转速指示信号	③
转速表：-		DCS:AI	转速指示信号	④
	20			
PE	25			

KYJVP-0.6/1KV-5×1.5　KYJV-0.6/1KV-16×1.5

至萃取配电室低压开关柜

变频器柜

端子接线图　20VSD8				
电缆芯数	现场控制箱端子	端子号	本地端子	说　明
(1)	SB3:1	1	1QF6	总电源进线
(2)	SB3:2		2KA:1	控制电源
(3)	SB1:3		KM1:13	自保信号
(4)	SB1:4		KM1:14	自保信号
(5)	1SA:4	5	KA1:13	DCS来启动指令
(6)	SB1:4		KA1:14	DCS来启动指令
(7)	1SA:8		1KA:A1	信号切换继电器
(8)	3HR:1		2KA:9	变频运行指示灯
(9)	5HR:1		3KA:9	变频故障指示灯
(10)	TAR-8	10	3KA:1	信号发生器电源
(11)	1SA:5			手动自动信号送DCS
(12)	1SA:6			手动自动信号送DCS
			2KA:2	运行信号送DCS
			2KA:10	运行信号送DCS
		15	3KA:2	故障信号送DCS
			3KA:10	故障信号送DCS
(13)	N			电源
①	信号发生器1		1KA:5	现场箱输出调速信号
②	信号发生器2		1KA:6	现场箱输出调速信号
③	转速表：+	20	ATV61:AO2	转速指示信号
④	转速表：-			转速指示信号
⑤			ATV61:COM	转速指示信号
			1KA:1	DCS系统输出调速信号
			1KA:2	DCS系统输出调速信号
	PE	25		

至现场操作箱 KYJVP-0.6/1KV-5×1.5　KYJV-0.6/1KV-16×1.5

电缆芯数　DO (1) (2) KYJV-0.6/1 kV-3×1.5；DI (1) (2) (3) (4) KYJV-0.6/1 kV-5×1.5；AI (1) (2)，AO (1) (2) KYJVP-0.6/1 kV-2×3×1.5

至萃取配电室DCS

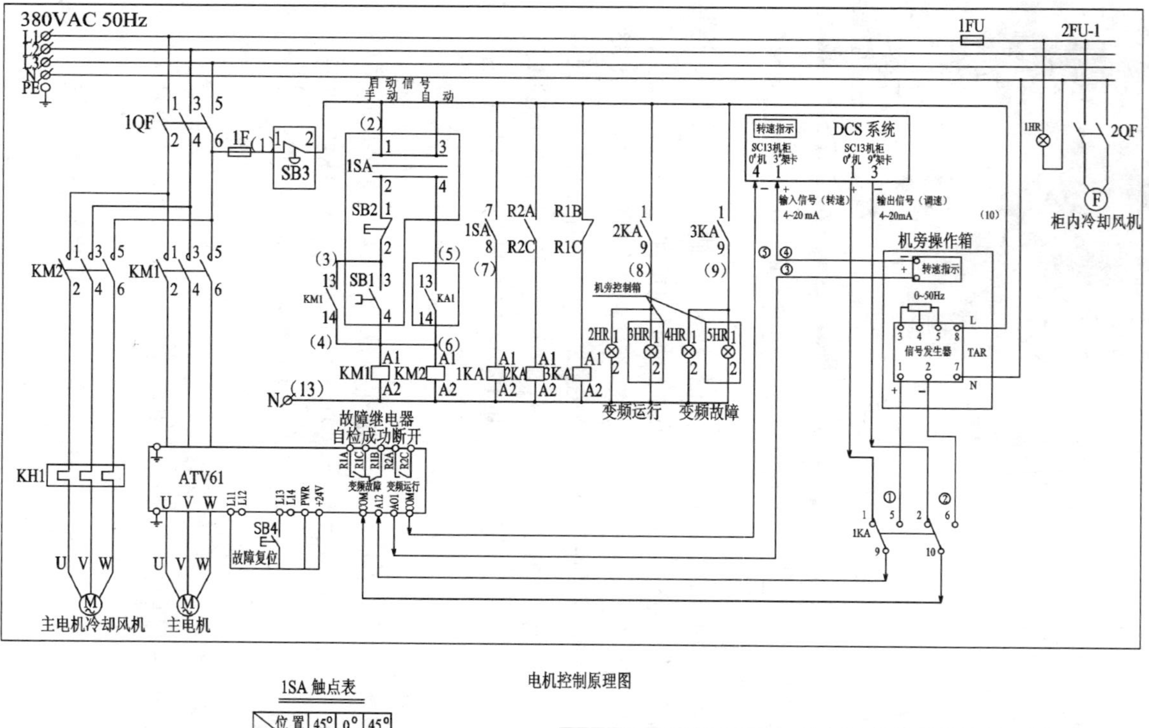

电机控制原理图

1SA 触点表

接点＼位置	45° 自动	0° 停止	45° 手动
1⊸⊸2			×
3⊸⊸4	×		
5⊸⊸6	×		
7⊸⊸8			×

手自切换	运行	故障	启停指令
5–6 1SA (DI)	2–10 2KA (DI)	2–10 3KA (DI)	13–14 KA1 (DO)

送DCS系统

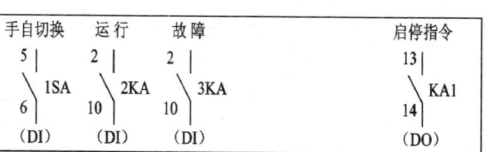

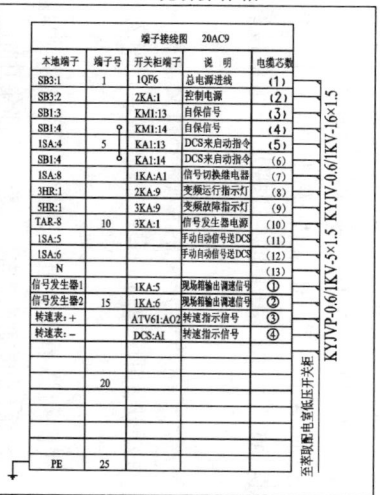

附图1-8　1#负载有机相泵电机控制原理及接线图

附 1.9.2　变频器调速回路的设计

以 1#负载有机相泵的调速为例对变频器调速回路的设计进行介绍。

附图 1－8 1#为负载有机相泵电机控制原理及接线图。

现场操作箱的端子接线图、低压控制柜的端子接线图、DCS 系统的输入、输出接线图和前面介绍过的一样，这里不再进行说明，只对调速部分进行说明。

在现场操作箱里，除了有一般现场操作箱都有的“控制转换开关”，启动、停止按钮，运行、停止指示灯外，还有一个“信号发生器”和一个“转速指示表”。

当将“转换开关”切换在“手动”操作状态时，“转换开关”的 7#和 8#端子是接通的，这时继电器 1KA 得电，其常开触点闭合，信号发生器发出的 4～20 mA DC 电流信号((1＋)、(2－))通过继电器 1KA 的 5#和 6#端子切换到 9#和 10#端子，再接到变频器的“A12”和“COM”端子上。即在现场用信号发生器发生的 4～20 mA DC 电流信号控制 1#负载有机相泵的转速。

泵的转速信号通过变频器的“AO1”和“COM”端子输出。在此回路内串接了两个负载：一个是现场操作箱上的转速指示表：输入信号是 4～20 mA DC，指示 0～50 Hz，另外一个是 DCS 系统的转速指示表，输入信号也是 4～20 mA DC，指示也是 0～50 Hz。两处将同步指示泵的转速。

当将“转换开关”切换在“自动”操作状态时，“转换开关”的 7#和 8#端子是不通的，继电器 1KA 不得电，其常开触点断开，常闭触点闭合，DCS 系统发出的 4～20 mA DC 电流信号((1＋)、(3－))通过继电器 1KA 的 1#和 2#端子切换到 9#和 10#端子，再接到变频器的“A12”和“COM”端子上。即在仪表室用 DCS 系统发出的 4～20 mA DC 电流信号控制 1#负载有机相泵的转速。

泵的转速反馈信号和前面手动状态是一样的。

附录2 几个湿法铜冶炼厂工艺流程特点介绍

作者列出了四家湿法铜冶炼厂的设计工艺流程，这些工艺流程各有各的特点，都有值得学习、借鉴的地方。

从这些厂家的设计图纸可以看出：选矿专业的设计各家多有不同，萃取的工艺流程基本上是一致的，而电积部分则完全一样。

附2.1 LASH公司湿法炼铜工艺流程特点说明

附2.1.1 选矿系统

LASH公司的浸出系统有搅拌浸出系统和堆浸浸出系统见附图2-1。

(1)矿石处理分搅拌浸出区域和堆浸区域。

矿山产出的适合搅拌浸出的(可能品位比较高)大块矿石作为搅拌浸出用。用棒条给料机给料，对辊破碎机破碎，皮带输送，堆在矿石中间堆场。然后用板式给料机加到皮带上，送到半自磨机加水研磨。

如附图2-1所示小块矿石和粉矿(可能品位比较低)作为堆浸用矿石。用板式给料机给料，颚式破碎机破碎，皮带输送到筛分缓冲矿仓，然后用振动给料器加到直线振动筛分级。

振动筛上面的产品用皮带输送到另一个筛分缓冲矿仓，用振动给料器加到圆锥破碎机进行破碎，再用皮带输送到矿石中间堆场，作为堆浸用矿石。

振动筛中间的产品则直接用皮带输送到矿石中间堆场，作为堆浸用矿石。

振动筛下面的产品则用皮带输送到粉矿中间堆场，然后用振动给料器加到输送皮带上，送到球磨机加水研磨。

这样两种不同的矿石用不同的方法分开进行处理，要比混在一起处理好的多，可以充分发挥各自的特点和最大的处理能力。

(2)将半自磨机的产品和球磨机的产品混合在一起，用矿浆泵送到水力旋流器进行分级，粗的返回到球磨机再次进行研磨，细的则进到下一个工序。这样可以省去半自磨机的分级、回流、再研磨系统，使系统设备简化。

(3)对磨矿系统来的矿浆只用浸前浓密机进行了一次脱水，矿浆含水比较多，然后就送到浸出系统。这样做既省去了浸前浓密机进一步脱水设备，也没有必要加进大量的萃余液进行调浆。磨矿和浸前脱水系统工艺流程如附图2－2所示。

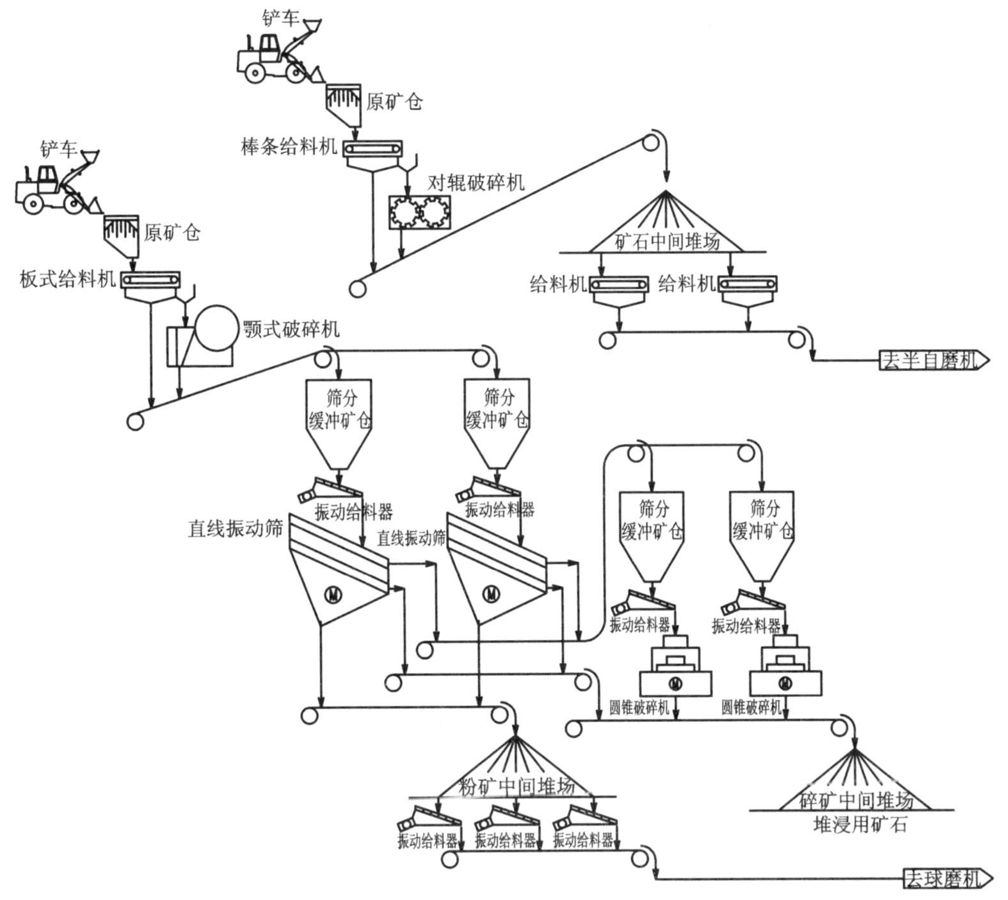

附图2－1　LASH公司破碎系统工艺流程图

(4)该公司为了提高浸出率，在浸出前对矿浆用蒸汽进行加热；在浸出的过程中，还对萃余液用高温热水进行加热。这样做使得工艺太复杂，对设备的防腐要求很高，操作也很麻烦。据说浸出率不到90%。不过，由于提高了浸出温度，加快化学反应速度，浸出速度可能会有提高。

(5)在浸出系统没有设置专门的调浆槽，用前两个浸出槽代替浆化槽，减少了很多设备，工艺也简单多了。

(6)在后面的浸出槽没有加酸的管线，因而当浸出液的pH升高了，要加酸就很不方便。

(7)对浸出液进行两次浸后浓密机分级和一级澄清器澄清，得到比较干净的“高品位浸出液”，然后直接加进萃取箱。

(8)对浸出液的渣用洗涤浓密机进行三次逆流洗涤，低品位萃余液也加到逆流洗涤设备里。逆流洗涤系统的中间产品就是“低品位的浸出液”。

(9)用4 台浓密机进行逆流洗涤，占地面积太大，若停电则存在压耙的危险，但运行成本低。1 台浓密机用电仅 18 kW，4 台也就 72 kW；SMCO 用 6 台真空带式过滤机过滤，每台真空带式过滤机用电 15 kW，每台真空泵用电 250 kW，还有滤布冲洗水泵等用电设备，共需要用电 1700 kW，是浓密机用电的 23 倍。

附图 2 –3 和附图 2 –4 分别为该公司浸出系统和逆流洗涤系统的工艺流程图。

附 2.1.2　萃取系统

(1)由于选矿车间产出有“高品位浸出液”和“低品位浸出液”两种中间产品。在萃取系统就将高品位浸出液和低品位浸出液分开萃取。

先在第三级萃取箱里，用低浓度的有机相首先将这些低品位浸出液里的铜萃取出来，作为低品位萃余液返回到浸出系统。

萃取了低品位浸出液里的铜的有机相，再和高品位浸出液进行正常的二级萃取、一级洗涤、一级反萃，最后得到合格的电富液。

(2)虽然在选矿车间对浸出液用澄清器进行了澄清，除掉了一些杂质，但效果可能没有用西恩料液过滤器过滤的效果好。

(3)高品位萃余液隔油槽回收的浮油应该去到浮油槽，而实际流程图中却是去负载有机相槽，这是不对的。也可能是笔误吧。

(4)三相处理系统设计上是没有问题的，但是实际效果可能不怎么好。SMCO 的设计比他们还完善，但在生产中还是进行了大规模的改造，才达到处理三相的良好效果。

附 2.1.3　电积系统

(1)电积系统设计的比较精干，没有多余设备，但基本能完成电积，产出合格阴极铜的功能。

(2)使用不锈钢永久阴极，有一套剥片机组设备。

附图 2 –5 和附图 2 –6 分别为该公司萃取系统和电积系统工艺流程图。

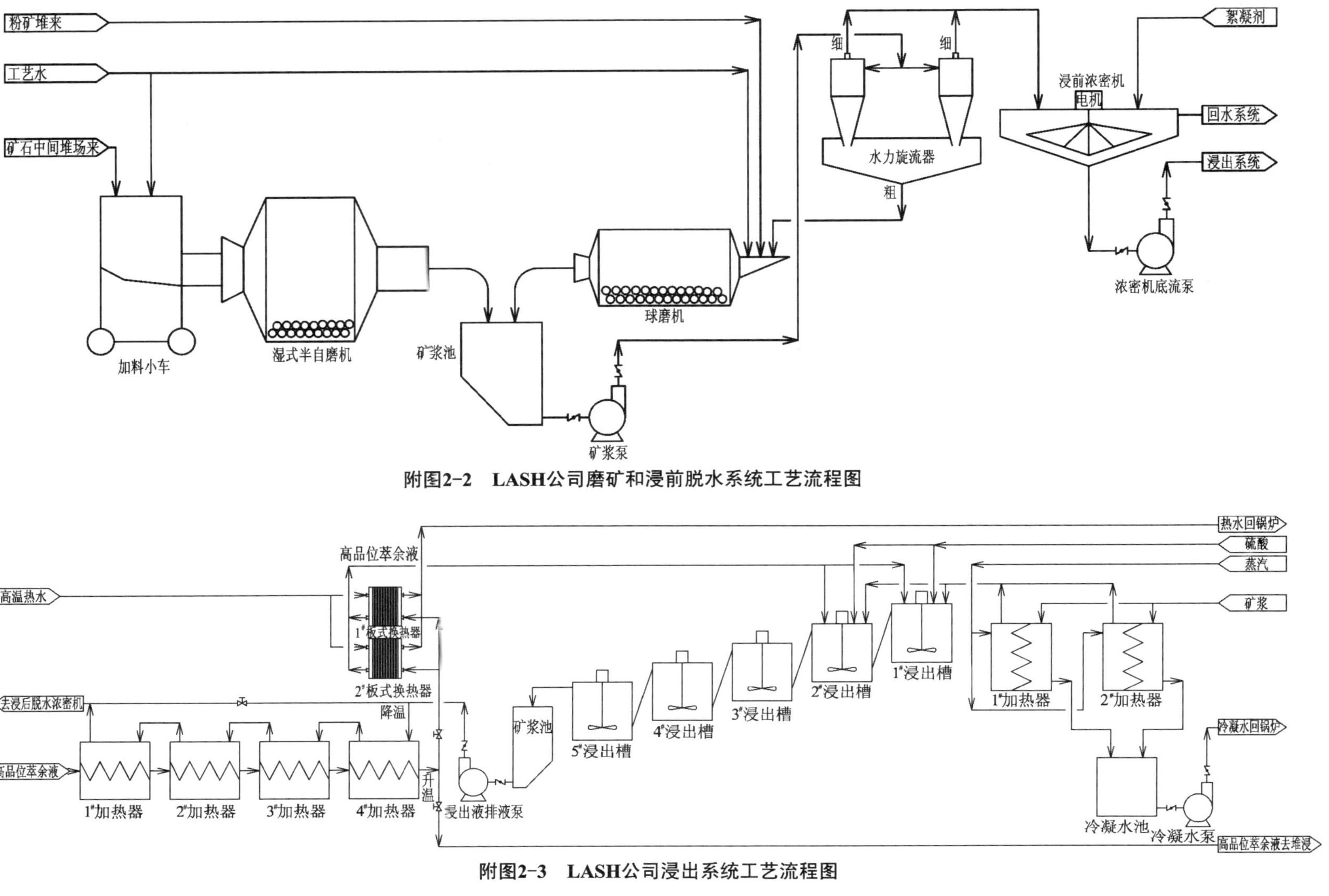

附图2-2　LASH公司磨矿和浸前脱水系统工艺流程图

附图2-3　LASH公司浸出系统工艺流程图

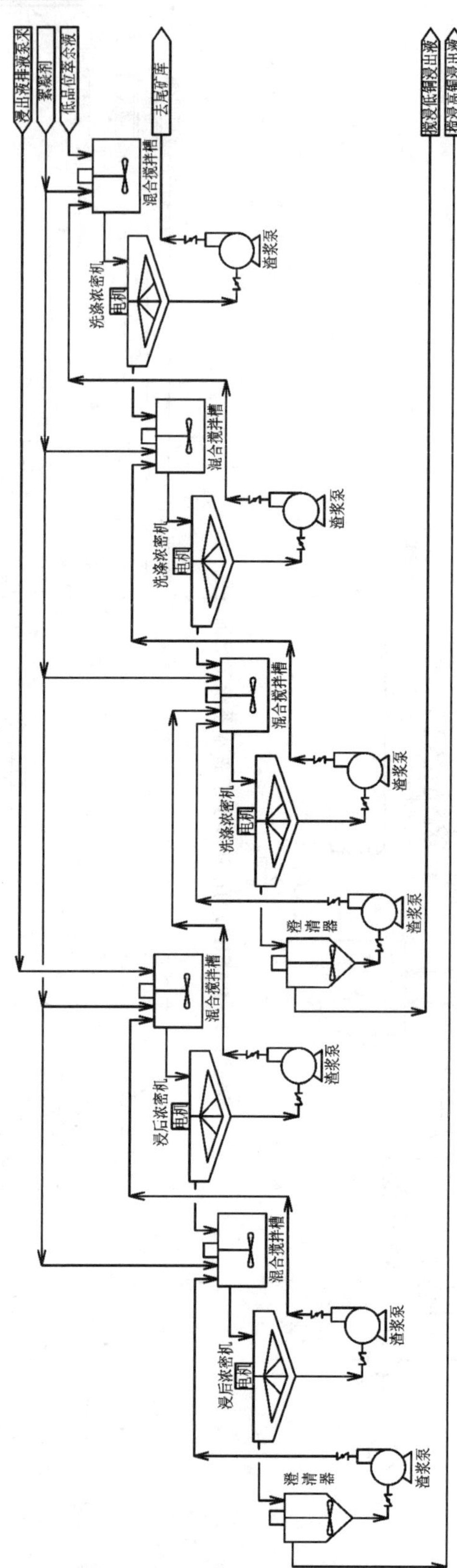

附图2-4　LASH公司逆流洗涤系统工艺流程图

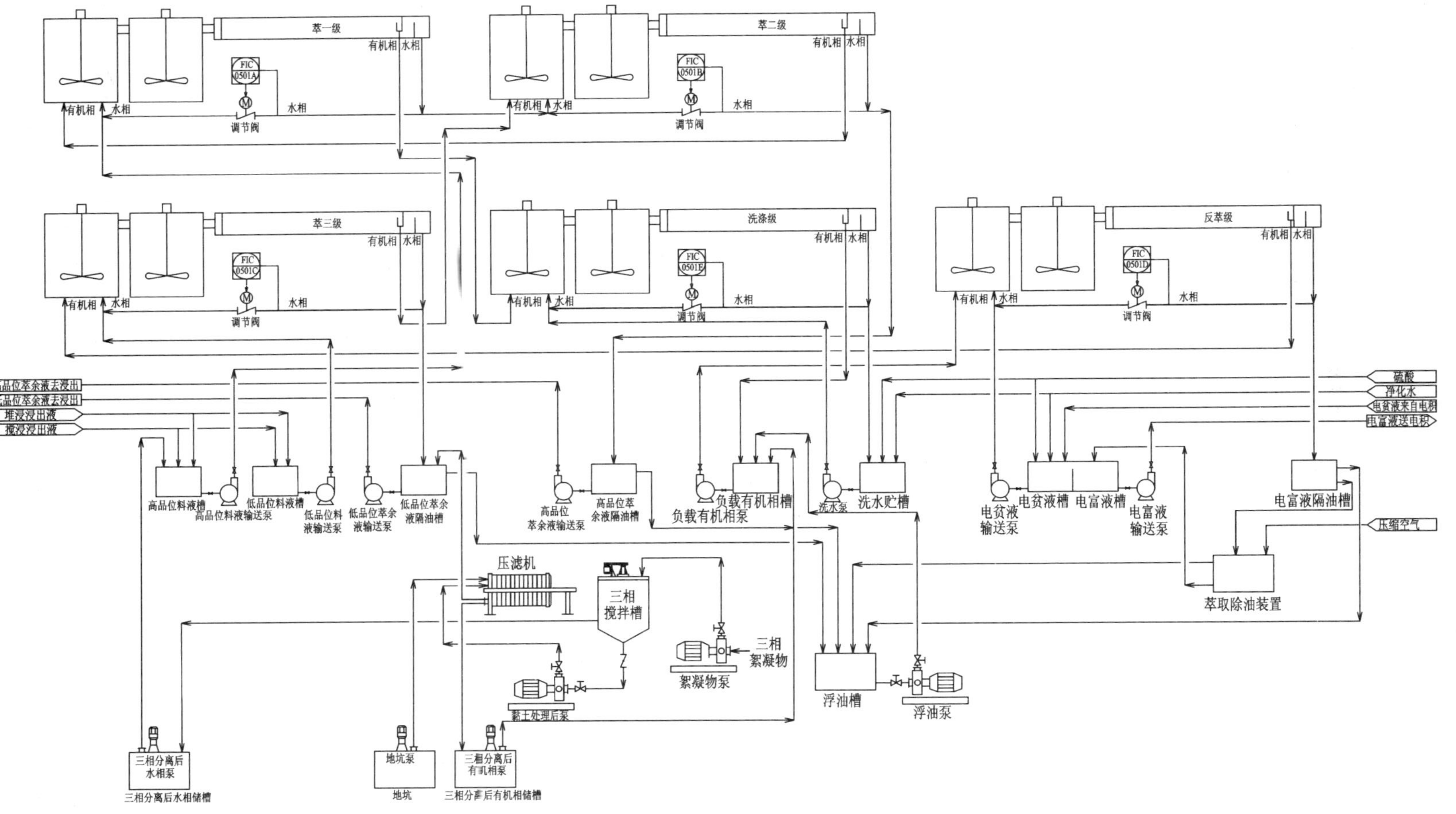

附图2-5　LASH公司萃取系统工艺流程图

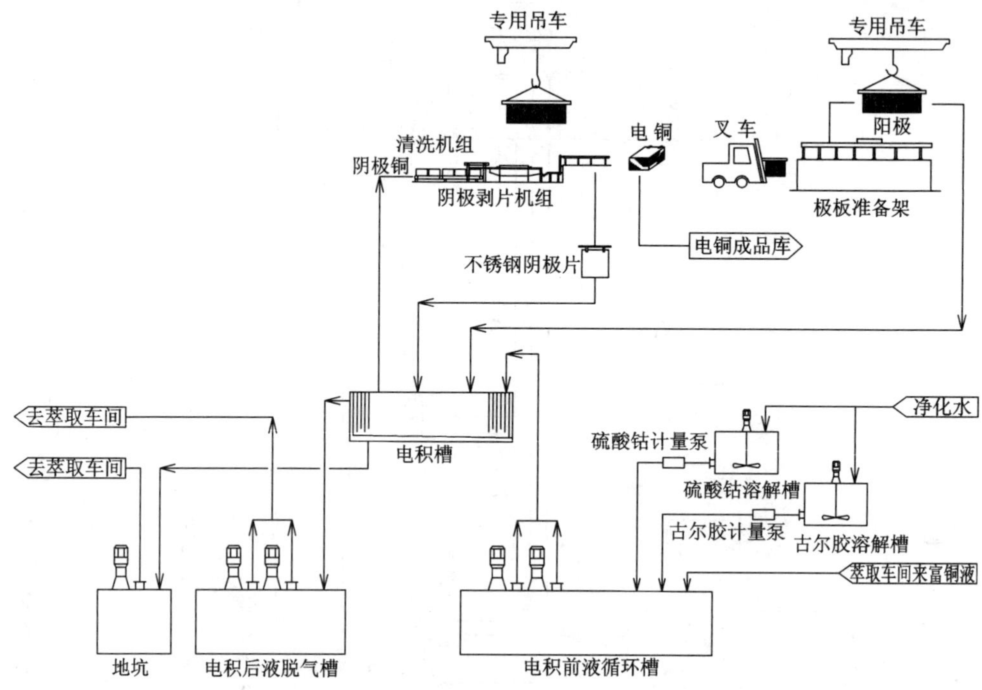

附图 2－6 LASH 公司电积系统工艺流程图

附 2.2 MKM 公司湿法炼铜工艺流程特点说明

附 2.2.1 选矿系统

MKM 公司的选矿工艺设计的很完美，真不愧为国内一流的设计院设计的图纸。

MKM 公司的浸出系统也有搅拌浸出系统和堆浸浸出系统，由于矿石中还含有一定的金属钴，在浸出系统还有浸出钴的工艺。

(1)先用圆筒洗矿筛和直线振动筛对破碎后的矿石进行分级

振动筛上面的产品直接进到圆锥破碎机再次进行破碎。

振动筛中间的产品和圆锥破碎机破碎后的细矿石混合在一起，用同一条皮带输送到堆浸矿仓和粉矿仓。堆浸矿仓的小块矿用汽车拉到堆浸场进行堆浸，而粉矿仓的粉矿则经振动给料器给料、皮带输送，送到球磨机去加水研磨。

振动筛下面的产品则用皮带输送到球磨机的螺旋分级机进行分级，其中粗的颗粒返回到球磨机进行加水研磨。

附图 2－7、附图 2－8 分别为 MKM 公司破碎系统和磨矿系统工艺流程图。

从破碎系统工艺流程图可以看出：直线振动筛上层的产品经圆锥破碎机破碎后，和直线振动筛中间的产品应该是体积相近的同一类产品，这同一类的产品为什么要分别送到两个不同的矿仓，即堆浸矿仓和粉矿仓。若不是体积大小相近的同一类产品，又为什么能用同一条皮带机输送？

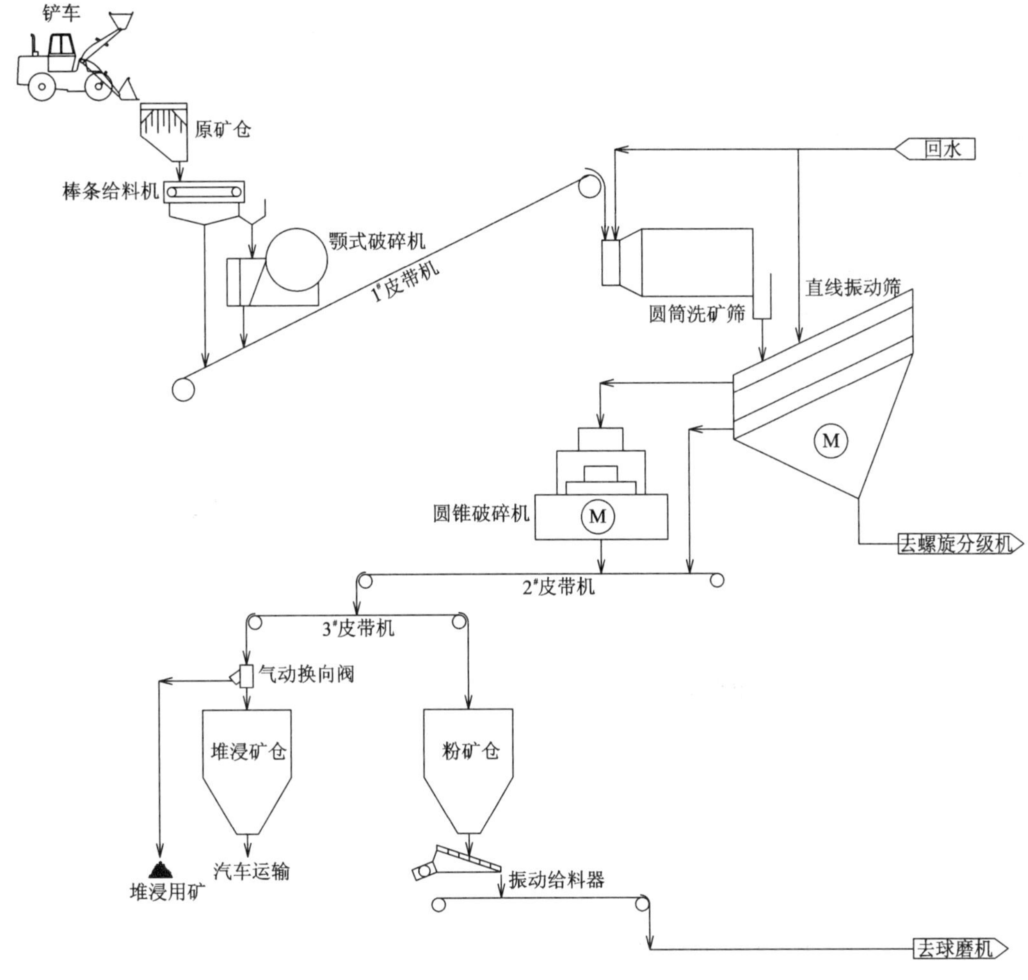

附图2-7 MKM公司破碎系统工艺流程图

(2)磨矿系统的矿浆池体积不会很大，其渣水混合物不能很快的进行分离。显然在这里如果用溢流水泵抽取矿浆池上层的水，水中带矿浆会比较多。

另外，水轻在上，渣重在下，溢流水泵应该画在上面，故渣浆泵应该画在下面，虽然是工艺流程图，在这方面也要注意。

(3)在浸前脱水系统(见附图2-9)用一台浸前浓密机和四台箱式压滤机组合脱水，脱水后的渣用皮带送到浸出系统去调浆，而脱除的水则返回到脱水缓冲槽。

从附图2-9中可以看出，这四台箱式压滤机都是用厂家自带的PLC进行程序控制的，应该是这样进行控制的：

首先，阀门V2打开，脱水缓冲槽内的浆渣混合物用矿浆泵送到箱式压滤机的进料口，时间一到，阀门V2关闭。箱式压滤机开始压滤，阀门V6打开，压滤的水经阀门V6返回到脱水缓冲槽。为了防止矿浆泵停止后管道堵塞，矿浆泵不停，在阀门V2关闭的同时，阀门V1打开，矿浆泵内的渣浆再返回到脱水缓冲槽，进行内部循环。

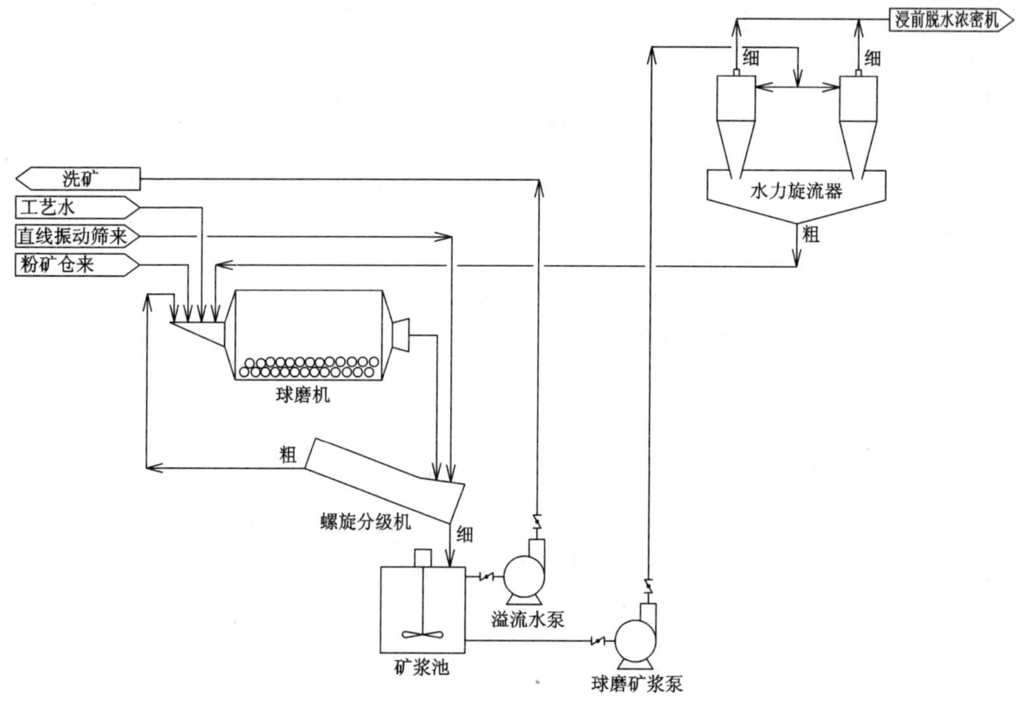

附图 2-8 MKM 公司磨矿系统工艺流程图

作者认为这样的设计是错误的：箱式压滤机压滤的水不能返回到脱水缓冲槽，这将是一个死循环，系统的水无法外排。正确的方法是将箱式压滤机压滤的水返回到浸前浓密机，水从浸前浓密机的上部溢流排走。

该系统要这样进行改造：

(1)将阀门 V1 的出口改到脱水缓冲槽。

(2)若箱式压滤机压滤的水是带压的，改造比较简单，只要将阀门 V6 的出口改到浸前浓密机的上面就行了。

(3)若箱式压滤机压滤的水是没有压力的，不能直接进到浸前浓密机的上面，这时还要增加水槽、水泵。

(4)MKM 公司也要回收铜中的钴，故在浸出前也要对矿浆用蒸汽进行加热。不过他们加热的方法是将蒸汽直接加到浸出槽里，而不是另外用两个矿浆加热器。

(5)在浸出槽中通入 SO_2气体是为了还原出铜中的钴。浸出槽中肯定还有剩余的 SO_2气体，这里用鼓风机向槽内通风，然后又用抽风机将这些有毒的气体抽走，在后面再用碱液去中和。

(6)附图 2-10 为浆化浸出系统工艺流程图，从图中可以看出在浸出系统设置两个专门的调浆槽，从压滤机来的矿渣用皮带机分别送到两个调浆槽。但图中没有说明，也没有图形显示，一条皮带是如何能将矿渣同时送到两个调浆槽的？这里是否使用了可逆皮带输送机？

(7)一般公司在浸出工序，在调浆槽里就要加硫酸，一边调浆一边开始浆化，可以节省时间。MKM 公司是在浸出槽里才开始加酸的，浪费了浸出时间。

(8)在逆流洗涤工序(见附图 2-11)，它和 LASH 公司一样，用四台浓密机进行逆流洗涤，占地面积太大，若停电则存在压耙的危险，但运行成本低。

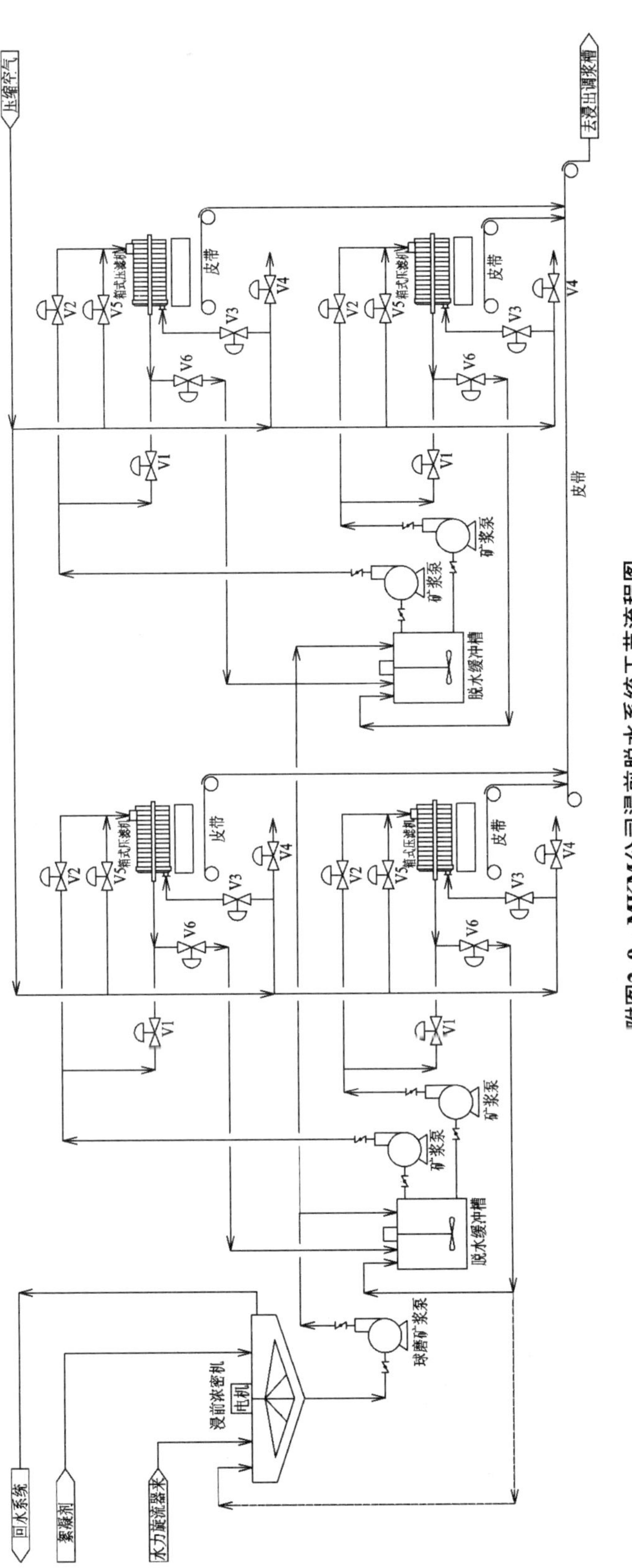

附图2-9　MKM公司浸前脱水系统工艺流程图

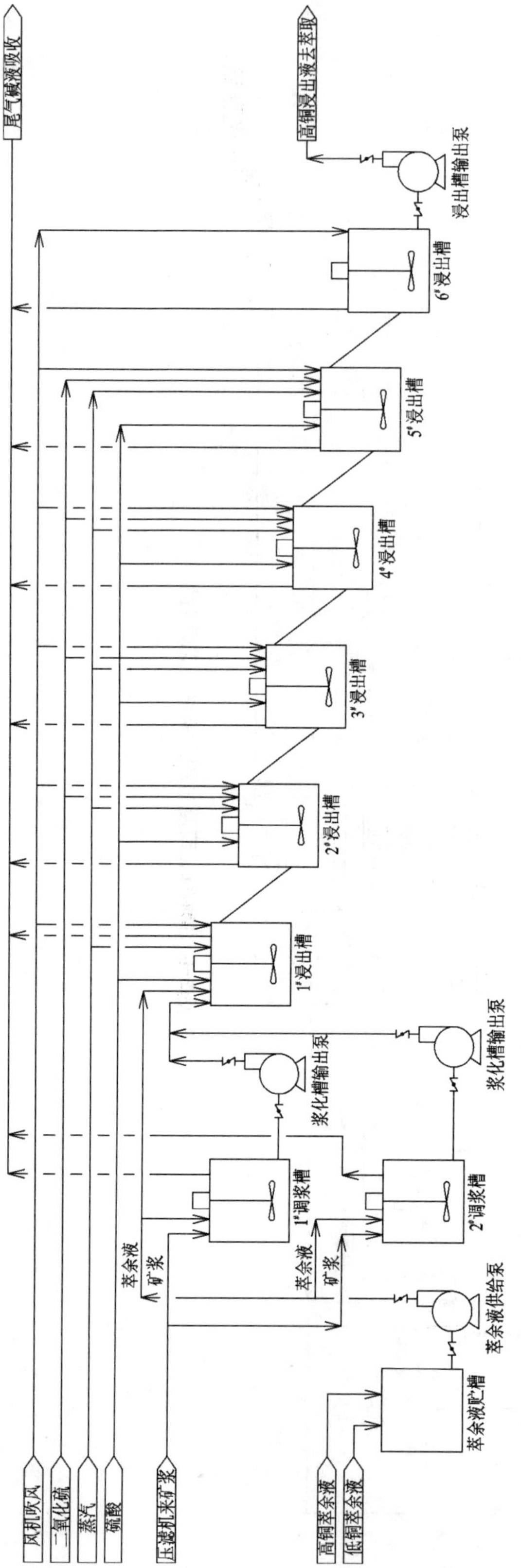

附图2-10　MKM公司浆化浸出系统工艺流程图

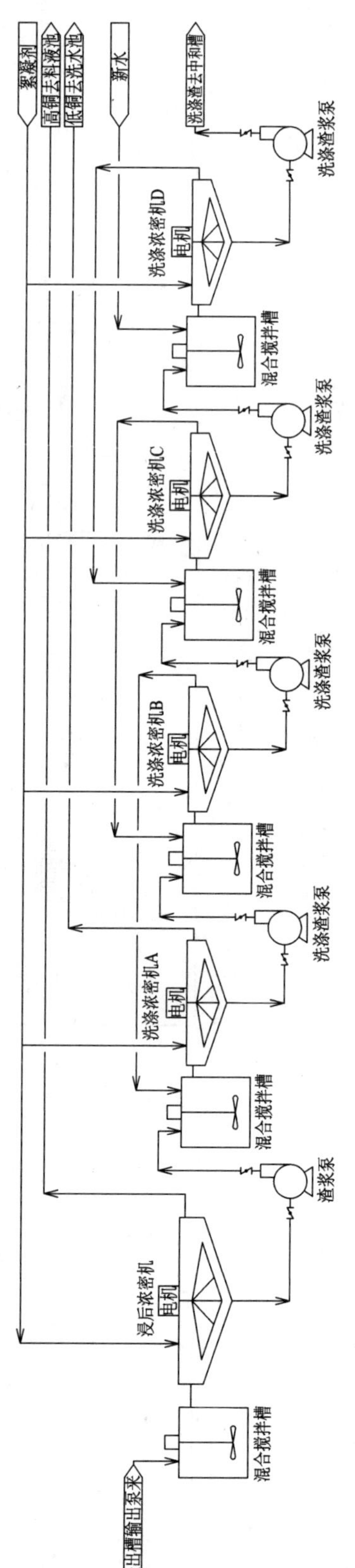

附图2-11　MKM公司逆流洗涤系统工艺流程图

(9)在选矿车间使用了两台净化压滤机，对浸出料液进行净化压滤，可以得到合格的高品位料液。

(10)和LASH公司一样，将逆流洗涤得到的低品位浸出液单独进行处理，用另外的两台净化压滤机，对低品位浸出液进行净化压滤，可以得到合格的低品位料液。

另外，附图2-12、附图2-13、附图2-14分别为该公司的料液情况，尾矿中和、尾矿库等三系统的工艺流程图。

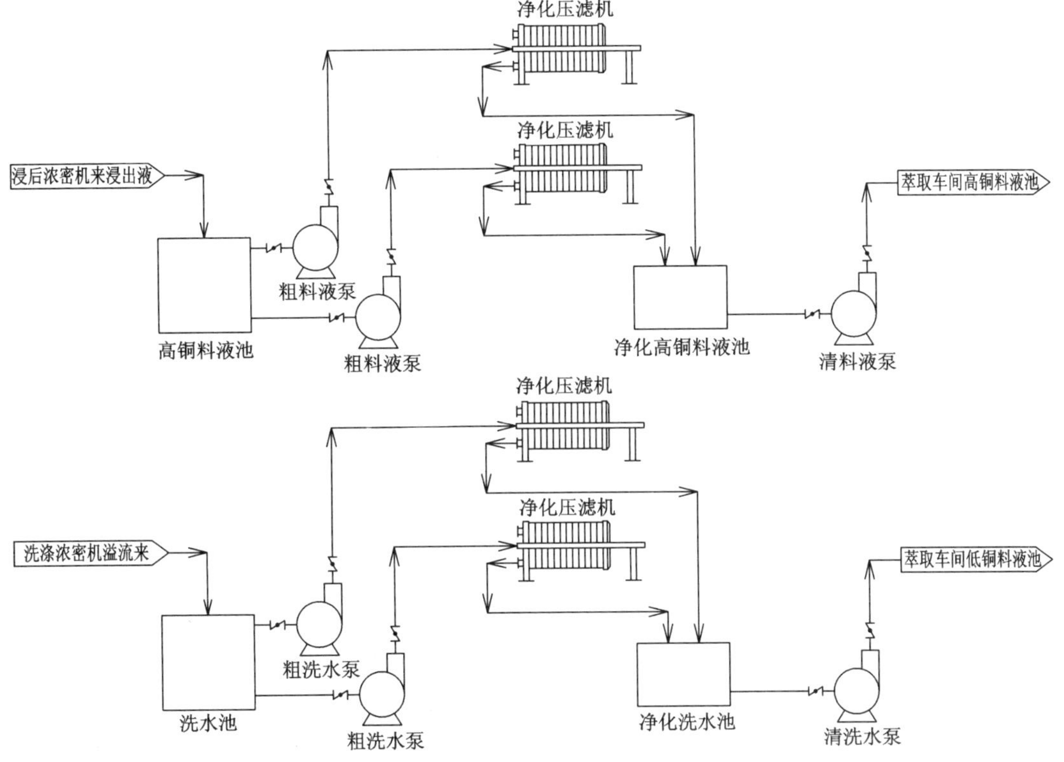

附图2-12 MKM公司料液清洗系统工艺流程图

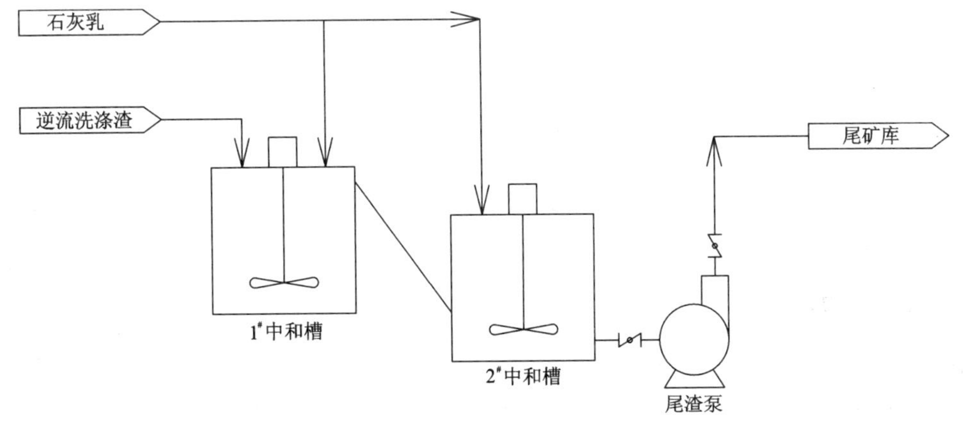

附图2-13 MKM公司尾渣中和系统工艺流程图

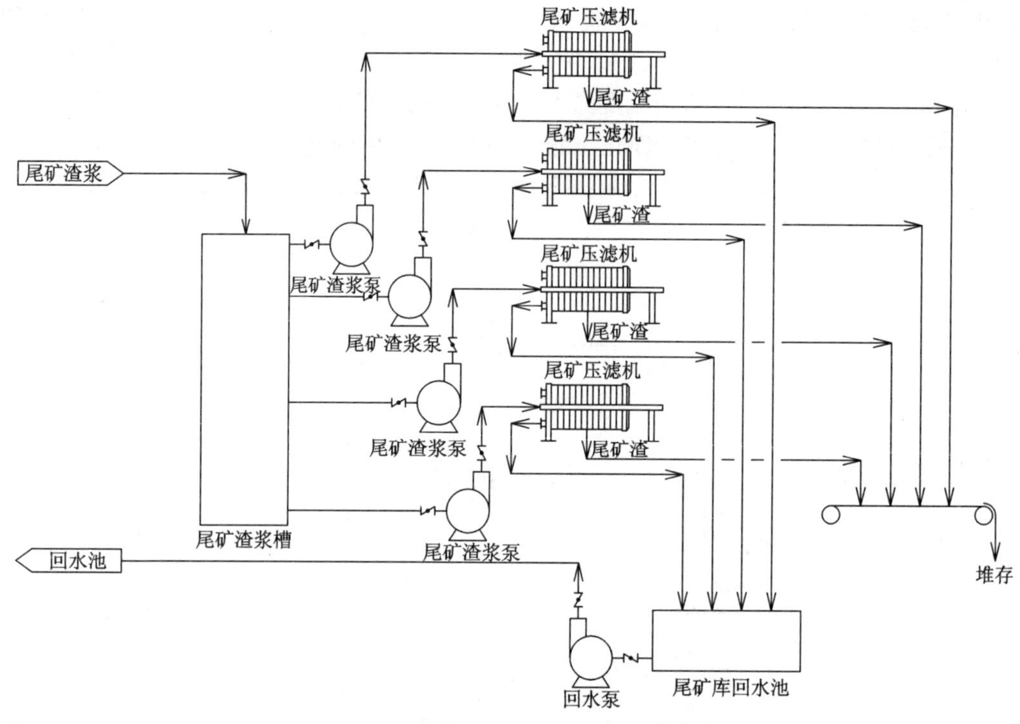

附图 2-14 MKM 公司尾矿库系统工艺流程图

附 2.2.2 萃取系统

(1)和 LASH 公司一样，MKM 公司也将高品位浸出液和低品位浸出液分开萃取。先在第三级萃取箱里，用低浓度的有机相首先将这些低品位浸出液里的铜萃取出来，作为低品位萃余液返回到浸出系统。附图 2-15 为 MKM 公司萃取系统工艺流程。

萃取了低品位浸出液里的铜的有机相，再和高品位浸出液进行正常的二级萃取、一级洗涤、一级反萃，最后得到合格的含铜富液。

(2)将富铜液隔油槽的浮油用泵送到反萃级的澄清室，这里的浮油里含有过多的富铜液。

(3)将三相处理后合格的有机相送到洗涤级的澄清室，若有杂质可再次经过洗涤而从洗涤水里排走；不合格的则返回三相搅拌槽继续进行处理。

(4)在这里增加了一个热交换器，将电积车间来的电贫液和高铜萃余液进行换热。以防止电贫液的温度太高降低反萃效率。

(5)通常在电贫液槽里加酸，调整 pH 值；另外，在洗涤水里也要加酸，调整 pH 值。但在 MKM 的萃取工艺流程图中却没有看见硫酸两个字。

附 2.2.3 电积系统

电积系统工艺流程图见附图 2-16。

(1)和 LASH 公司一样，电积系统设计的比较精干，没有那些拖泥带水的多余设备，但基本能完成电积，产出合格阴极铜的功能。

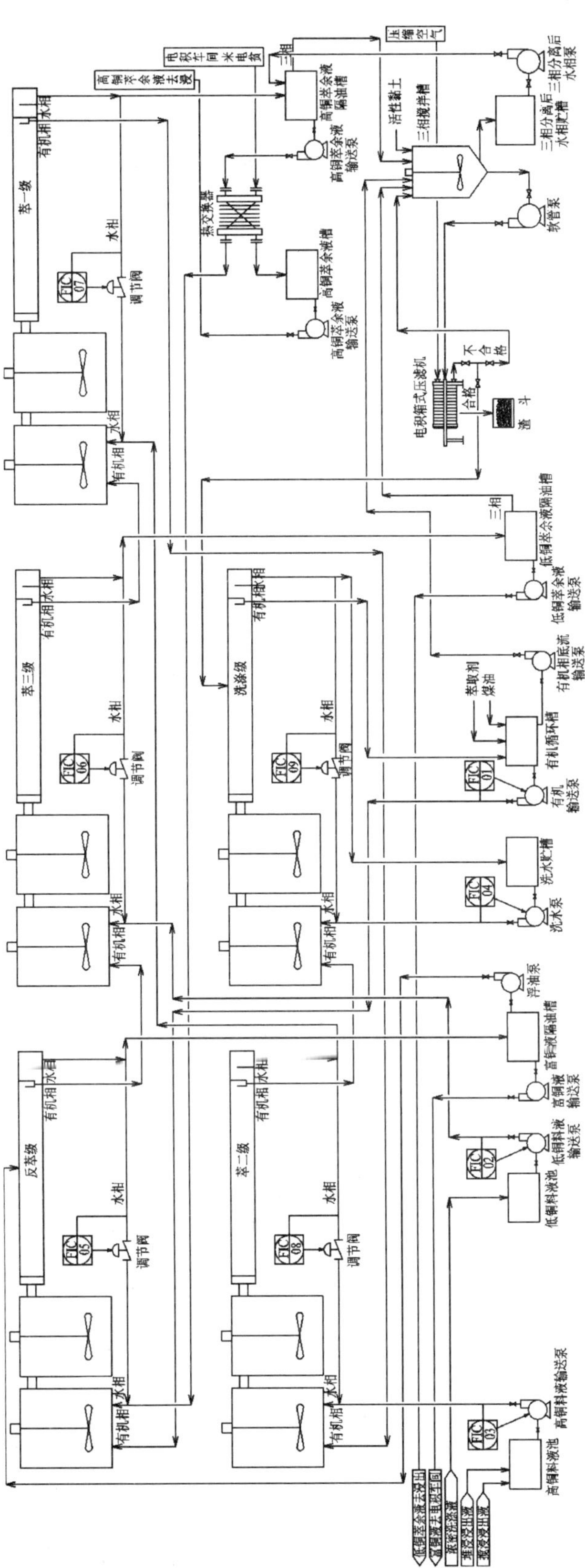

附图2-15 MKM公司萃取系统工艺流程图

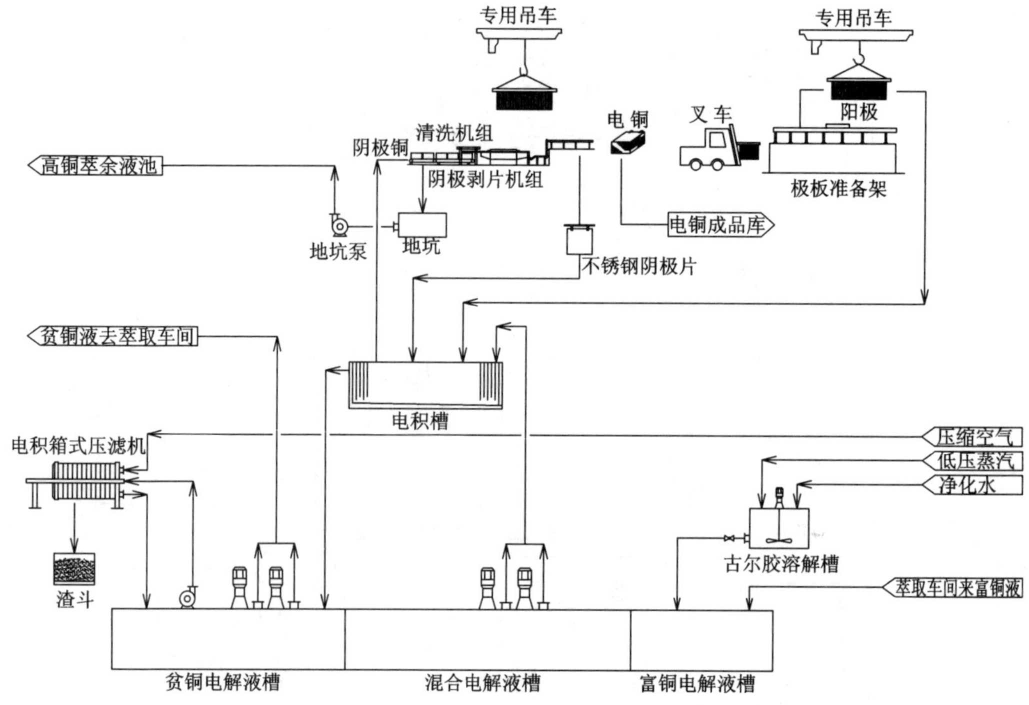

附图 2-16　MKM 公司电积系统工艺流程图

(2)在电积液里只加了古尔胶，没有加硫酸钴。可能是他们公司电积液里本来就有钴。

(3)在电贫液回路加了一个箱式压滤机，定期抽一部分电贫液进行压滤，然后再返回电贫液槽，这样可以保证在反萃系统杂质少。

(4)在电积槽底部应该设置一个地坑和地坑泵。

(5)应该是使用不锈钢永久阴极，有一套剥片机组设备，但工艺流程中没有表现。

附 2.3　CDM 公司湿法炼铜工艺流程特点说明

附 2.3.1　选矿系统

CDM 公司没有自己的矿山，是以收购矿为主。由于收购的矿石中有的矿还含有一定量的金属钴，该公司在浸出系统也有浸出钴的工艺。

“民采矿”就是从当地人手中买来的，是人工采的，什么的都有(经水洗的是粉的，没洗的是原生态的)。

“浮选精矿”是 MIKAS 公司生产的浮选精矿，这个公司是 CDM 公司的一个子公司。

“原尾矿”也是外购矿的一种，是比较细的，原设计时配有一个浮选精矿车间，但是没有实施。

(1)该公司没有矿山，也就没有矿石处理设备，第一道工序就是各种矿浆过滤，然后直接送到浸出系统。

(2)和 LASH 公司一样，在浸出系统没有设置专门的调浆槽，减少了很多设备，工艺也简单多了。

(3)第1#和2#浸出槽浸出民采矿浆，第3#～5#浸出槽浸出浮选精矿浆，第6#～8#浸出槽浸出原尾矿矿浆，最后都在浸出泵前槽汇合，用泵送到浸前脱水系统。

实际上，从第一个浸出槽加进硫酸开始，从高处往下溢流，后面加进的各种矿浆都在进行浸出反应。矿石品位比较高的矿浆从前面的浸出槽加入，浸出时间就长些，矿石品位比较低的矿浆从后面的浸出槽加入，浸出时间就短些，最后从浸出泵前槽出来时，矿石中的铜应该大部分都浸出来了。

(4)和LASH公司一样，为了提高浸出率，在浸出系统通入蒸汽，这样做会增加设备的腐蚀，没有太大的必要。

(5)和MKM公司一样，当矿石中含有钴时，就往浸出槽中通入SO_2气体，浸出钴。浸出槽中肯定还有剩余的SO_2气体，这里也是用鼓风机向槽内通风，然后又用抽风机将这些有毒的气体抽走，用碱液去中和。

(6)在逆流洗涤工序，和MKM公司一样，用四台浓密机进行逆流洗涤，占地面积太大，若停电则存在压耙的危险，但运行成本低。

(7)在浸出工序产出两种不同品位的浸出液，LASH公司和MKM公司的处理方式都一样，就是先都送到萃取系统去，在萃取系统分开萃取，先萃取低品位的浸出液，后萃取高品位的浸出液。

CDM公司是将这两种不同品位的浸出液都送到同一个浸出液贮池，两者进行混合后再送去萃取。

SMCO是将低品位的浸出液返回到浸后浓密机，再由浸后浓密机的料液泵送到萃取系统去。

作者认为这几种方式都要比SMCO的好。

(8)料液在进入萃取前先用西恩料液过滤器进行过滤，去掉了大量的杂质，使以后的三相将会少得多。

附2.3.2 萃取系统

(1)CDM公司在萃取系统将有机相进行了两级洗涤，没有太大的必要。

(2)电富液槽、电贫液槽都省掉了，没有看见电贫液调酸的地方。

(3)将电富液再次用西恩公司的料液过滤器进行过滤，对电积系统肯定是好的，但有无必要值得考虑。

(4)电富液、萃余液都没有经过相应的隔油槽处理。这些溶液中的油没有回收，会造成有机相的浪费。另外，有机相带到电积系统也不利于电积。

(5)三相处理系统过于简单，可能难以完成三相中有用物料的回收。

(6)CDM公司中和工序实质上是另外一个浸出工序。钴会存在于萃余液中，当含钴很高时就进入此工序，将萃余液再送去进行浸出，以回收萃余液中的金属钴。

附2.3.3 电积系统

(1)电积系统设计了一台螺旋板式换热器，用蒸汽对电积的富铜液进行加热。对于气温比较高的地区，估计这台设备也是多余的。

(2)图中只说明在电积液里加了添加剂，但不知道是哪一种添加剂。

(3)有一个电解贫液槽，在后面又设置一个电解贫液贮槽，是否多余。

(4)在电积槽底部应该设置一个地坑和地坑泵。

(5)使用不锈钢永久阴极，有一套剥片机组设备。

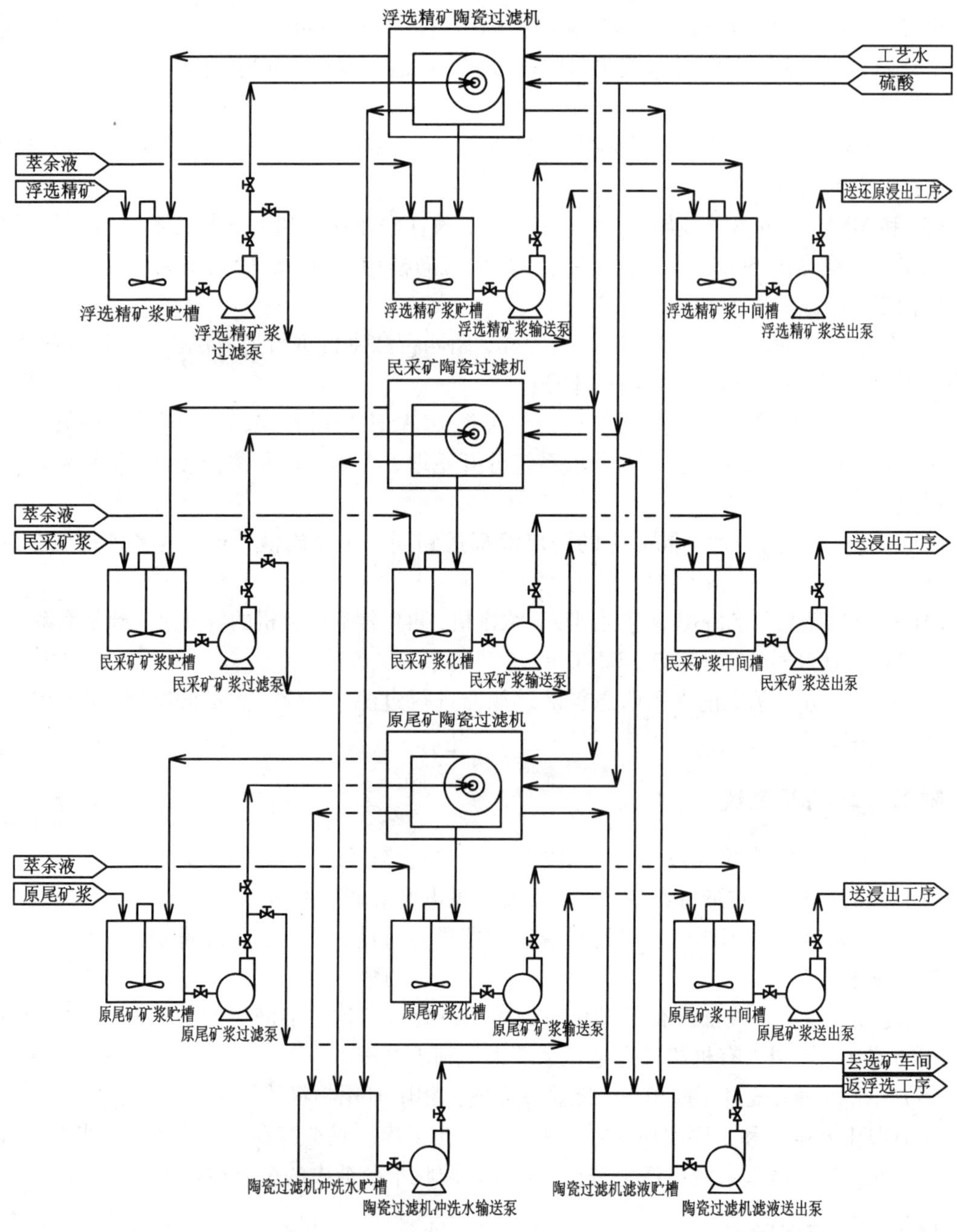

附图 2－17　CDM 公司过滤工序工艺流程图

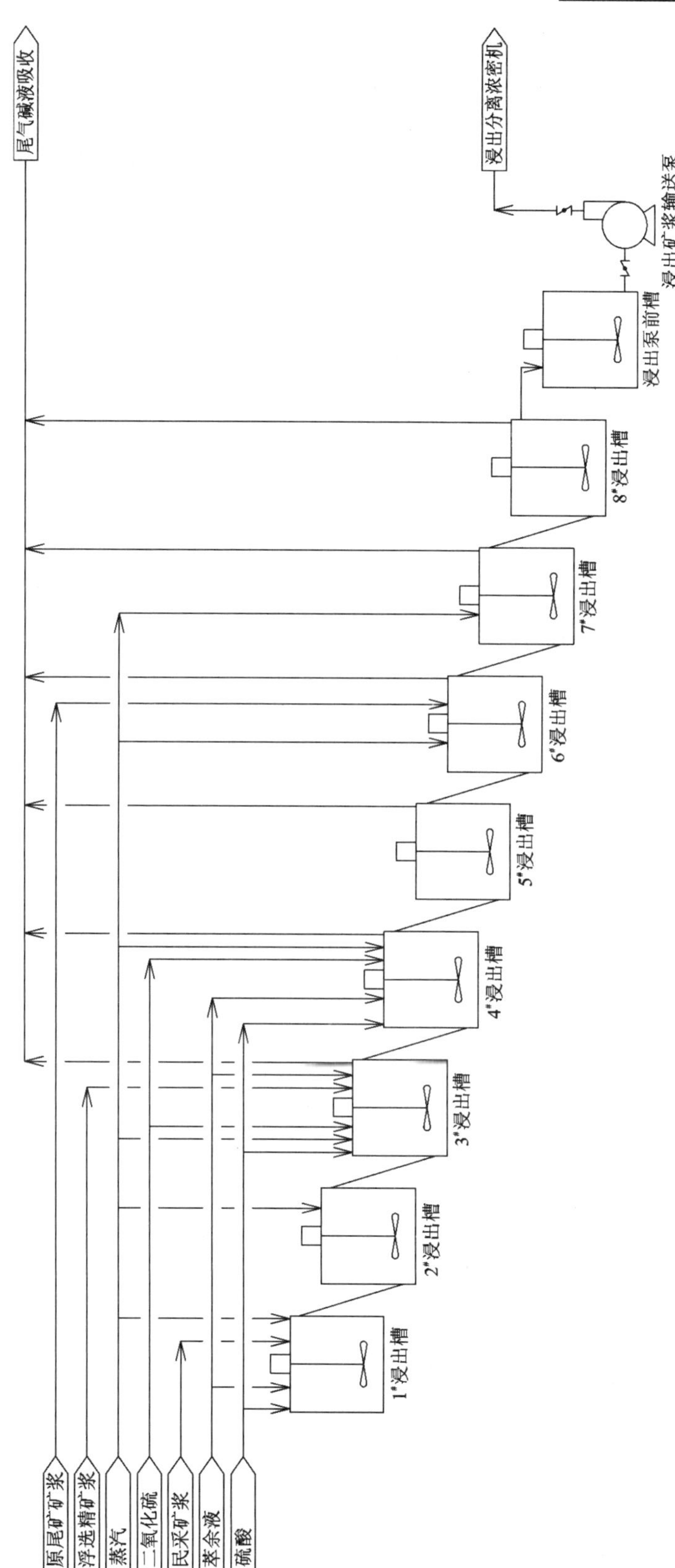

附图2-18　CDM公司浸出系统工艺流程图

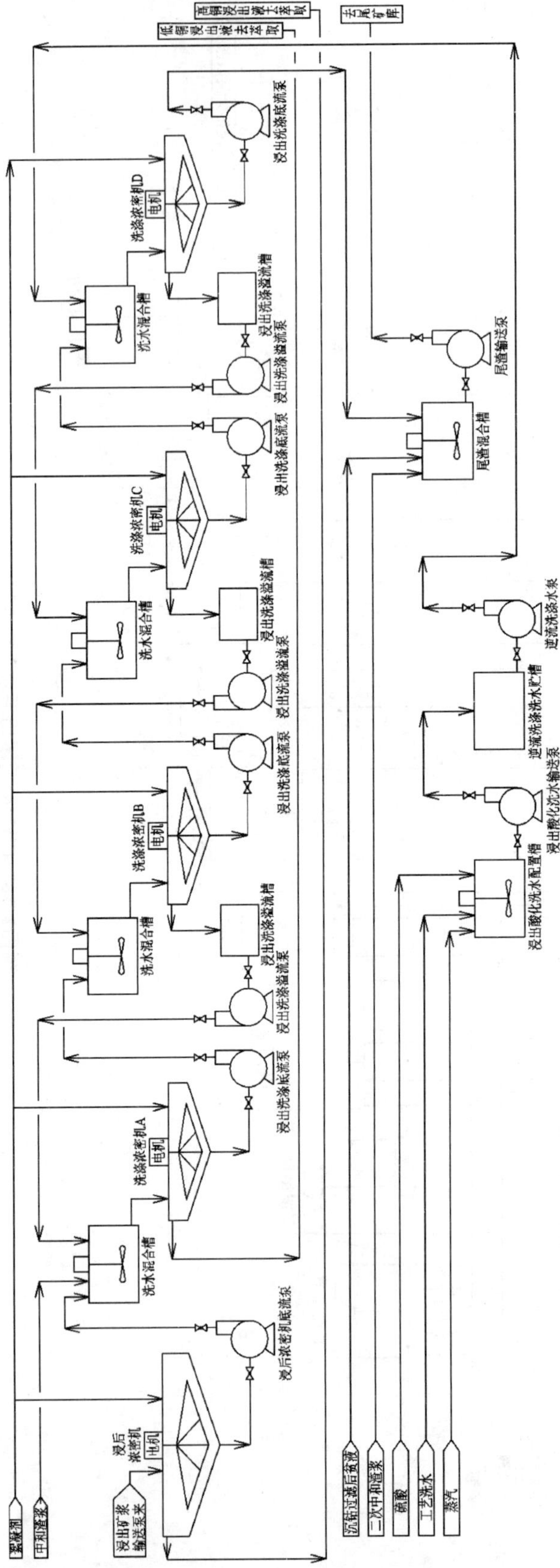

附图2-19 CDM公司逆流洗涤系统工艺流程图

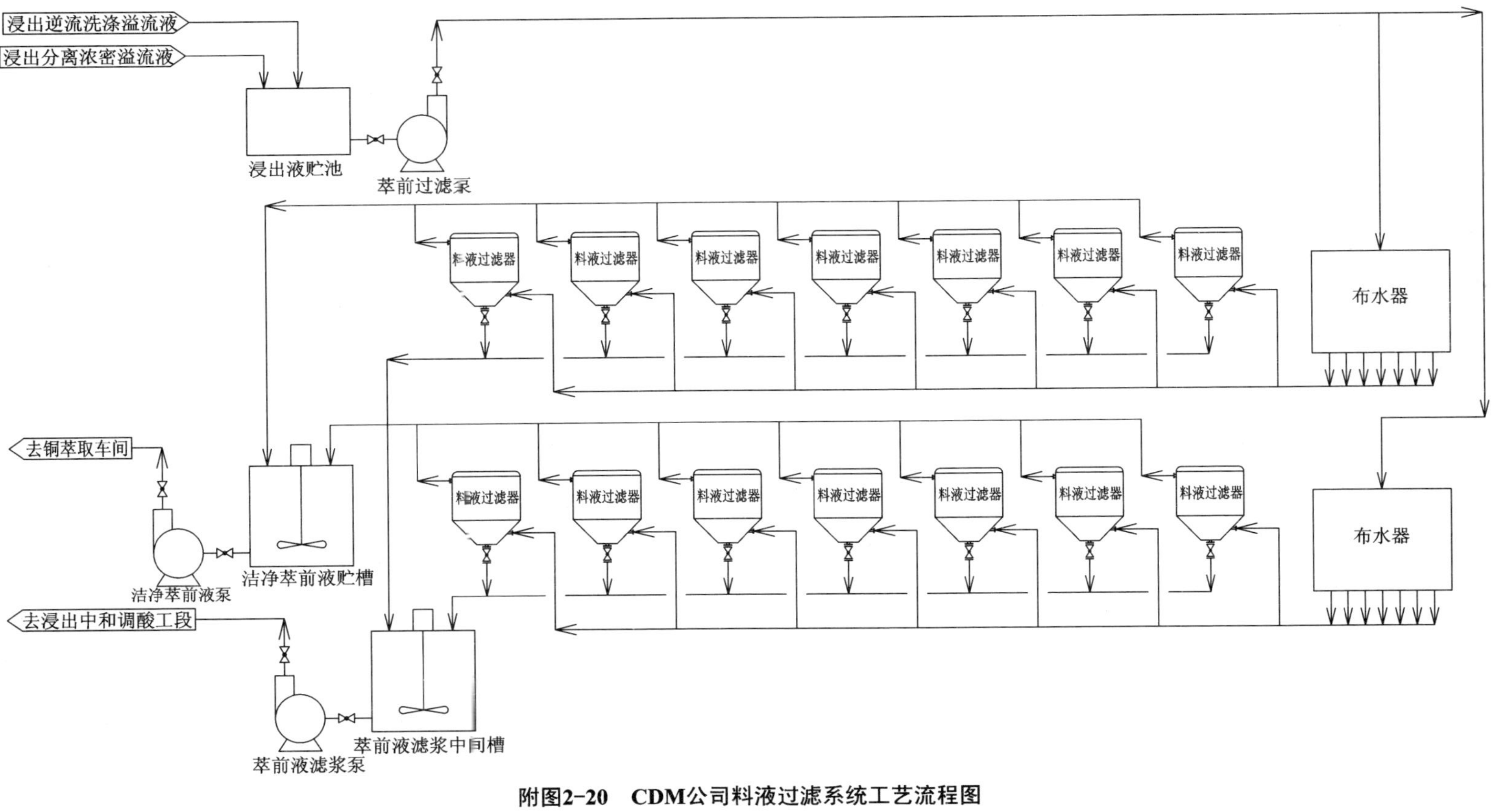

附图2-20　CDM公司料液过滤系统工艺流程图

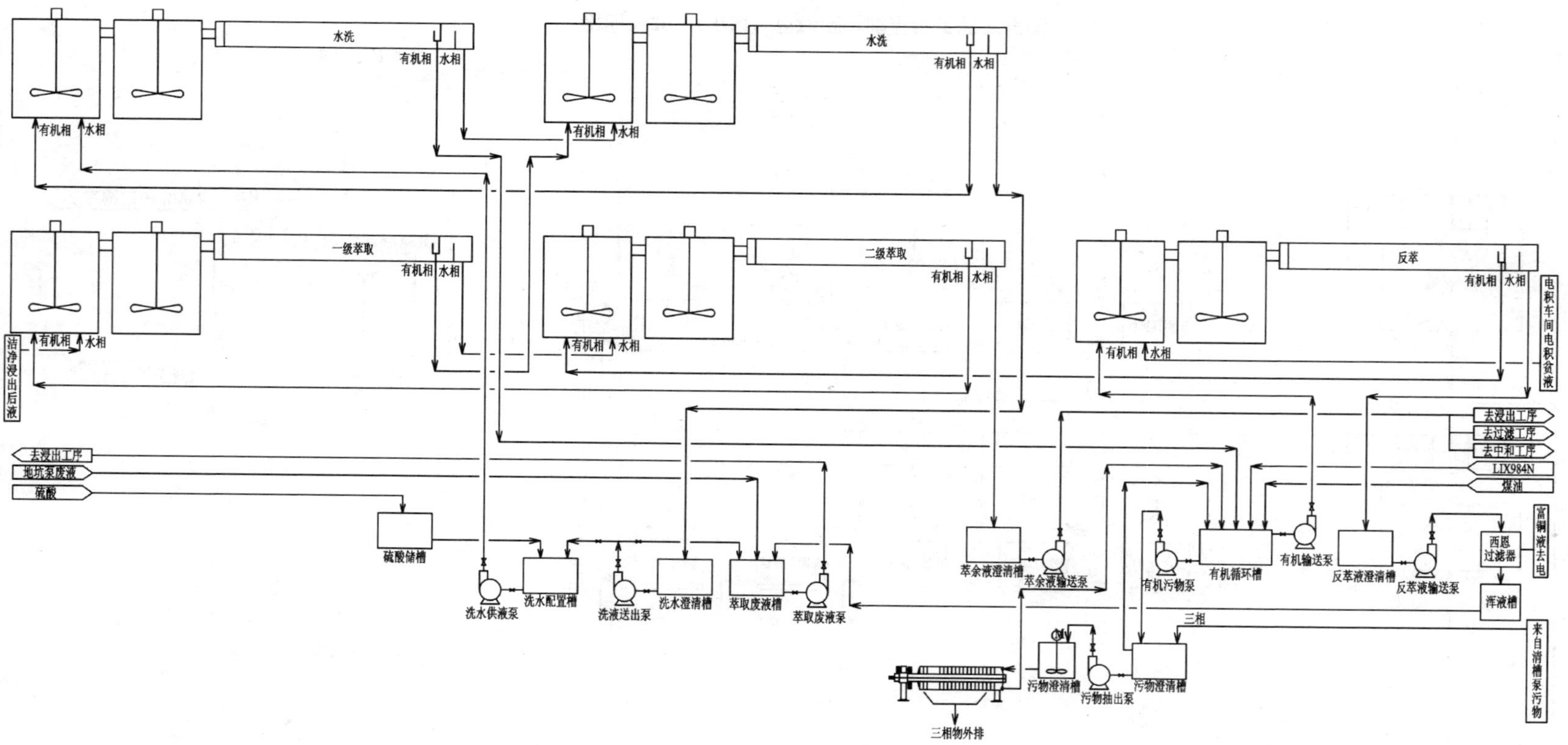

附图2-21 CDM公司萃取系统工艺流程图

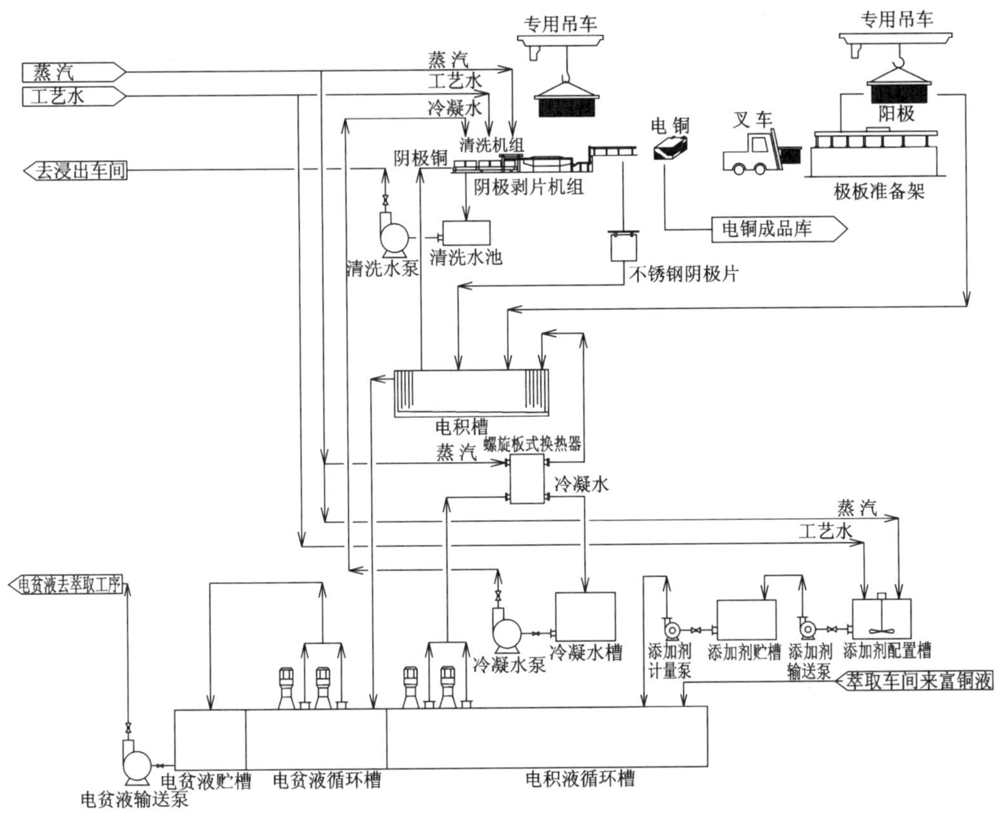

附图2－22　CDM公司电积系统工艺流程图

附2.4　HAME公司湿法炼铜工艺流程特点说明

HAME公司是一个小的湿法铜冶炼厂，只有年产约3000 t阴极铜，由于矿石的品位比较低，该公司只有堆浸浸出，没有搅拌浸出。从工艺流程图可以看出，工艺比较简单，设备也很少。

附2.4.1　选矿系统

(1)原矿石用棒条给料机给料，颚式破碎机破碎，产品(小于100 mm)通过1#皮带输送机，送给圆振筛进行分级。

圆振筛中间的产品(小于50 mm)用3#皮带输送机送到细料仓，作为堆浸用矿石。

圆振筛上面的产品(大于50 mm)用2#皮带输送机送到一个中碎缓冲仓，再经圆锥破碎机破碎后，返回1#皮带输送机，构成系统闭全回路。

圆振筛下面的产品粒度过小，不适宜用于堆浸，则弃之不用。工艺流程图见附图2－23。

附2.4.2　萃取系统

HAME公司萃取系统工艺流程图见附图2－24。

(1)HAME公司的萃取工艺是标准的二级萃取、一级洗涤、一级反萃。

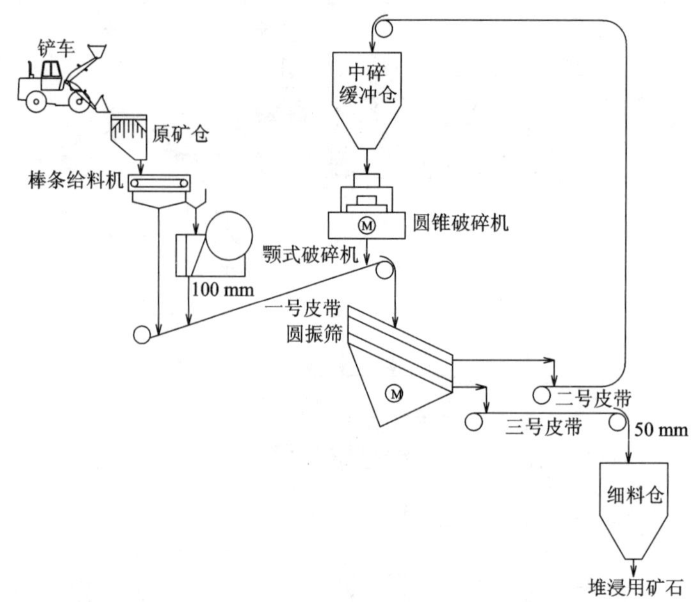

附图 2－23　HAME 公司破碎系统工艺流程图

(2)由于 HAME 公司处于相对温度比较低的区域，浸出液的温度太低将不适宜萃取，故在萃取之前用钛板加热器将浸出液进行加热。

(3)在堆浸料液进入萃取系统之前，没有对料液进行过滤，除去杂质。可能在萃取的过程中会产生大量的三相。

(4)在电贫液回路加了一个箱式压滤机，定期抽一部分电贫液进行压滤，然后再返回电贫液槽，这样可以保证在反萃系统杂质少。

(5)通常是在电贫液槽里加酸，调整 pH 值，保证在一定酸度下，从负载有机相中将铜反萃出来。但 HAME 的流程图中却是在电积前液槽加酸，不知是否是笔误。

(6)三相处理系统设计各厂家基本是一样的，设计上也是没有问题的，但实际效果不理想。它们在以后的生产实践中还得进行大规模的改造，才能达到处理三相的良好效果。

(7)图中没有看见回收浮油的装置。

2.4.3　电积系统

HAME 公司电积系统工艺流程图见附图 2－25。

(1)由于厂小，在电积系统没有使用不锈钢永久阴极，而是使用传统的始极片方式。

(2)由于 HAME 公司处于相对温度比较低的区域，电积液的温度太低将不适宜电积，故在电积之前用钛板加热器将电积液进行加热。

(3)没有电积循环槽、电积后液槽。电积前液直接由萃取的电积前液泵送到电积系统的高位槽，电积后液直接由电积槽溢流到萃取系统电积后液槽。这样的设计理论上是没有问题，但对两个生产车间都没有一点缓冲余量，一个车间停了，另外一个车间马上就要停。

也可能这样的设计适合于这些小型的湿法铜冶炼厂。

(4)流程图中将电积槽的溢流管和地坑泵的输出管共用一根，这种画图的方法是极不可取的。

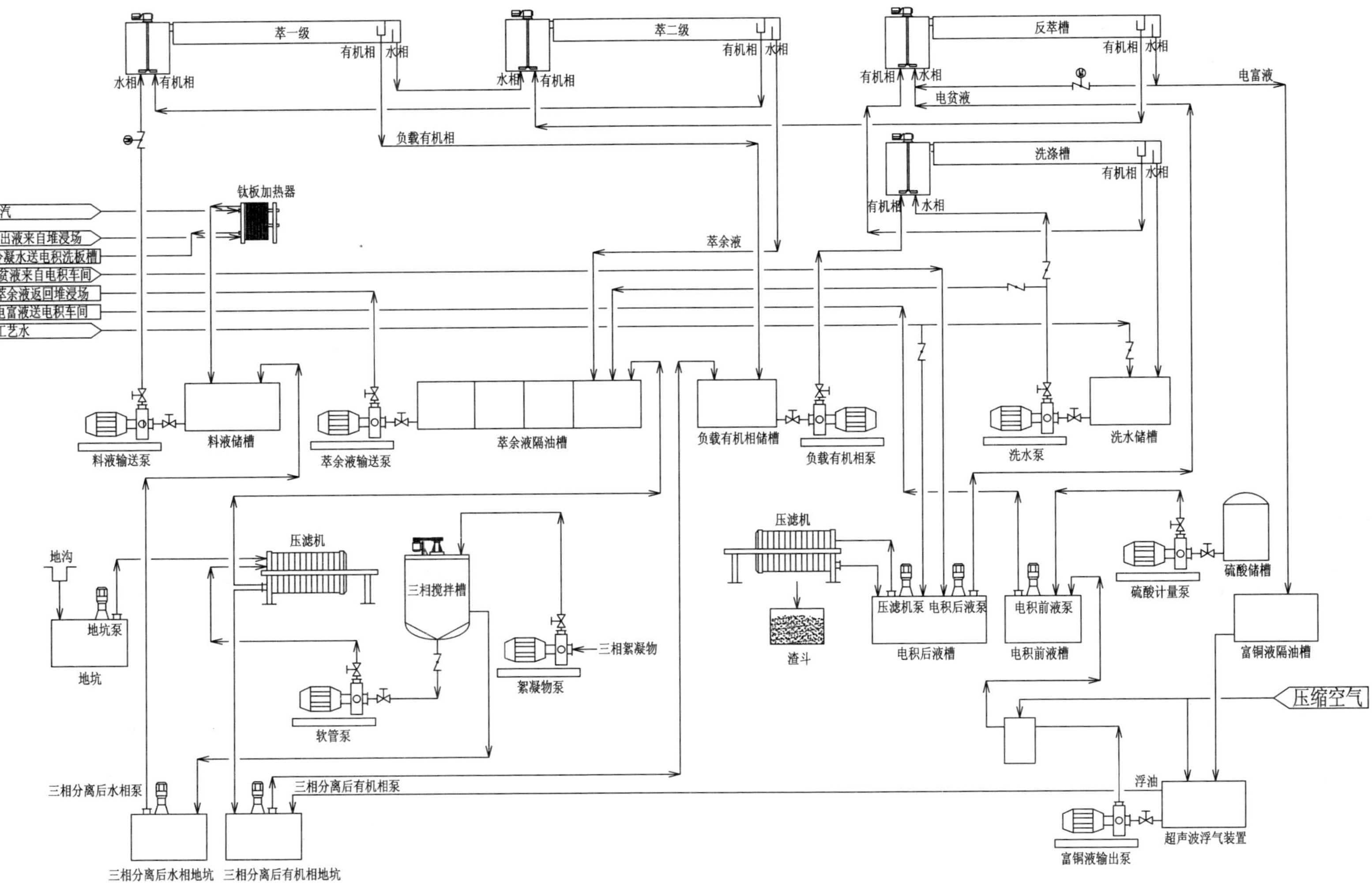

附图2-24　HAME公司萃取系统工艺流程图

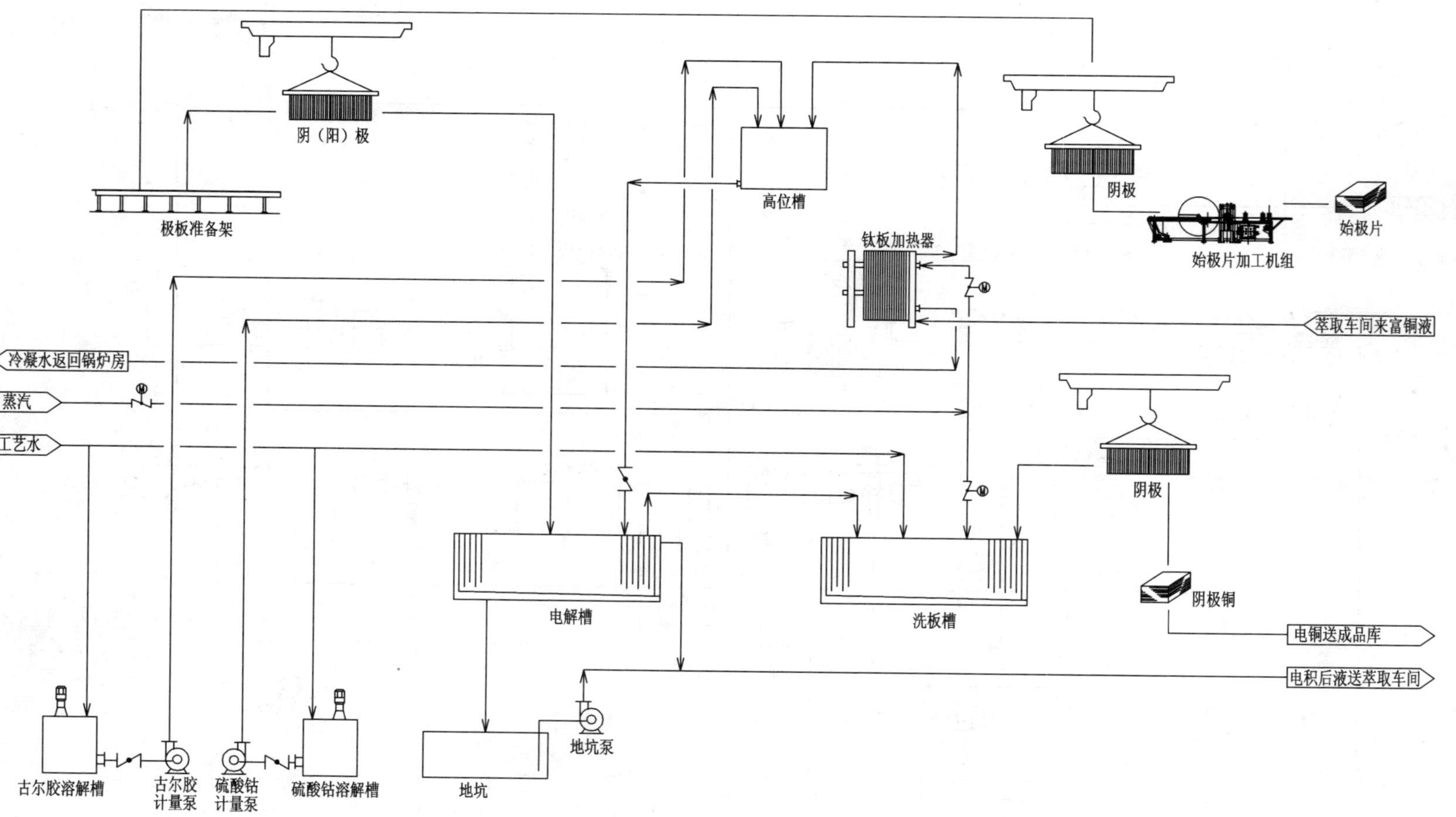

附图2-25 HAME公司电积系统工艺流程图

附录 3　矿浆浓度计

在选矿车间，检测浆化槽矿浆浓度对生产有着非常重要的意义，但目前市面上并没有合适的仪表对此浓度进行检测，为了解决生产急需，作者设计了一种适合浆化槽矿浆浓度检测的仪表——吹气式矿浆浓度计。

测量原理——阿基米德定律，即物体在溶液里所受到的浮力等于该溶液的密度和深度的乘积。

根据力学原理：$\Delta p = H \times D$

式中：Δp——浮力（或称压力）；

H——高度；

D——密度。

由此公式可看出：Δp（浮力）与 H（槽内溶液的高度）和 D（溶液的密度）都成正比，由于槽子的高度（H）是固定不变的，故 Δp 就只与 D（溶液的密度）成正比，测量出此压差 Δp，就能知道溶液的密度，也就知道溶液的浓度了。

测量方法：（参见浆化槽浓度检测系统原理图）

将长短不一的两根不锈钢管分别插入浆化槽的溶液里面，并向吹气管中通入一定量的经过过滤、减压的压缩空气。

当浆化槽内有溶液时，两根吹气管内的压缩空气要克服溶液的阻力才能逸出液面：当溶液浓度增大时，吹气管内的压缩空气要增加压力，以克服溶液浓度增高而带来的阻力，才能逸出液面；当溶液浓度降低时，吹气管内的压缩空气要逸出液面则会容易得多。

由于流经吹气装置的供气流量和压力都保持恒定不变，于是吹气管内的压力也随溶液浓度的增减而变化。将此两根吹气管用三通分别接到差压变送器的正、负压侧，则差压变送器就将代表溶液密度的差压信号转换成 4 ~ 20 mA DC 电流信号，在 DCS 系统的 CRT 上，我们看到的就是溶液的密度值了。

仪表量程计算：

$$\Delta p = H \times D$$

式中：H——高度（两吹气管出气口的距离，是固定的 1000 mm，此值越大测量精度越高）；

D——被测密度（仪表量程是 1.000 ~ 2.000 g/cm^3）（由设计院提供）；

Δp——压差。

开始时，浆化槽内全部是水（密度最小值），水的密度是 1 g/cm^3，根据公式 $\Delta p = H \times D$，由于 $H = 1000$ mm（固定不变），故 $\Delta p = 1000\ mm \times 1\ g/cm^3 = 10\ kPa$，此差压信号送到差压变送器，差压变送器就将其变换成 4 mA DC 电流信号，也就是仪表的下限值（零点）；随着溶液浓度的提高，密度越来越大，其差压值 Δp 也越来越大，当密度为 2.000 g/cm^3 时（密度最大值），$\Delta p = 1000\ mm \times 2.000\ g/cm^3 = 20\ kPa$，此差压信号送到差压变送器，差压变送器就将其变换成 20 mA DC 电流信号，也就是仪表的上限值（量程）。

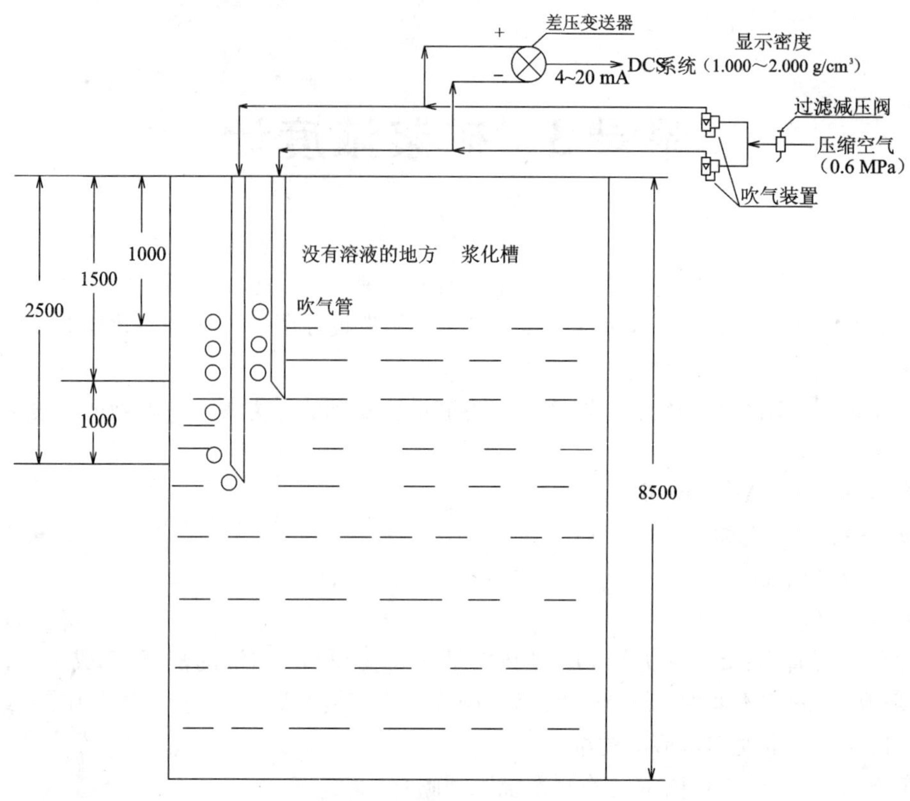

附图 3-1　浆化槽浓度检测系统原理图

故差压变送器的输入信号是 10 ~ 20 kPa，量程是 20 - 10 kPa = 10 kPa；输出的信号是 4 ~ 20 mA DC，在 DCS 系统的 CRT 上，我们看到的就是测量范围为 1.000 ~ 2.000 g/cm³ 的矿浆的密度值了。

我们知道，矿浆浓度和矿浆密度之间的关系是：

矿浆浓度 =（矿石真密度（矿浆密度 -1）/矿浆密度（矿石真密度 -1））×100%

设：矿石真密度 = X（化学分析），矿浆密度 = Y（DCS 输出）

则：矿浆浓度 = $X\times(Y-1)/Y(X-1))\times100\%$

若分析知道：$X=3.5$，DCS 系统输出 $Y=1.5$

则：矿浆浓度 = $X\times(Y-1)/Y(X-1))\times100\%=46\%$

若要在 DCS 系统显示矿浆浓度，就要利用上述公式，人工键入矿石真密度 = X，DCS 系统自己算出矿浆浓度。

使用注意事项：

(1) 要保证两根吹气管始终浸没在溶液里，这样才能保证 H 值不变，也就能确保差压信号只与溶液的密度成正比。

(2) 要防止管路系统漏气，否则会产生测量误差。

(3) 由于被测介质是高浓度的矿浆，极易堵塞吹气管，因此，不能停止压缩空气，若发生检测值超过上限，则说明是长的吹气管有堵塞，要进行清理，最简单的办法就是用压缩空气吹，若吹不通，则要拆下来用铁丝捅。

附录4 铜冶炼生产的安全环保

附4.1 安全生产

附4.1.1 基本原则

(1)安全生产管理坚持“安全第一、预防为主、综合治理”的方针。
(2)安全生产实行第一领导责任制，要做到“安全生产，人人有责”。
(3)管生产的同时必须管安全。
(4)建立防火、防爆等各种安全生产管理规章制度。
(5)确保所有的安全防护标志和装置到位。
(6)安全防护装置必须随同主机一起运行，一旦发生故障，必须立即组织抢修。
(7)岗位操作人员要懂安全防护装置机构、动作原理及使用方法。

附4.1.2 人身安全

(1)对刚进厂的职工要进行三级(厂、车间、班组)安全教育。

(2)上岗时一定要穿戴好劳动保护用品：安全帽、长袖工作服、工作鞋。当执行某些任务时，作业人员还要配备某些其他的劳保用品：如耳塞，防毒面具，特殊手套、面罩、防酸服等，以避免发生人员伤害和设备损坏事故。

(3)楼梯踏板、过道上的矿浆、油污等必须及时清理干净，以防滑倒摔跤。

(4)恶劣天气时，栅栏、楼梯、地面等因受潮或结冰而非常滑，进行户外设备检查时要抓牢扶手，小心滑倒摔跤。

附4.1.3 设备安全(运转设备点检及维护)

(1)对所有运行设备，包括各种泵、风机、搅拌机、运输螺旋、所有电机等，都要定期进行检查：检查有无异常的声音、有无异常的温度、有无异常的味道，一旦发现有不好的苗头，马上检修、更换。

(2)对上述运行设备还要加强润滑检查，一旦发现润滑油少了要马上添加，没有油润滑的设备是很快就会损坏的。

(3)设备停止使用，当环境温度低于5℃时，应注意将各用水设备及管路中的余水放尽，以免冻坏相关设备及管路。

(4)检查减速机构、内齿轮是否按规定要求加满了油。

(5)定期检查联轴器有无噪音，齿轮间隙大或有振动产生时，更应作检查。当发现轴向或角度不对中时，由于摆动而使润滑油泄漏等不良现象应及时处理。

(6)电磁离合器在使用过程中必须保持两摩擦片的清洁。

(7)当主电机启动后又停车，需再次启动时，二次启动之间的时间间隔应大于20分钟。

(8)对检修以后或重新安装的设备必须试运转，试运转时间应不小于半小时，试运转后，如无异常现象发生，并确认设备安全正常的情况下才可使用。

(9)设备停止长期不用时，每隔半月左右，应人工手动盘车转一下。

(10)泵、搅拌机不能空转，要与槽液位联锁，液位低时自动停止运转。

(11)对燃烧系统，要控制好风油比，风油比低，燃烧不完全，浪费能源，炉膛温度低；风油比太大，烟气带走的热损失大，也浪费能源。

(12)硫酸若泄漏将会对生产工人造成极大的威胁，平时加强检查是有必要的。由于使用时间长，酸管道上法兰连接处的密封垫很有可能损坏漏酸，所以用塑料布将其包起。

附4.1.4　检修安全管理规定

(1)所有检修项目，必须指定项目负责人，项目负责人即检修项目安全负责人，对检修项目的安全负全面责任。项目负责人在监督检查质量、进度的同时，还必须进行监督检查安全工作。

(2)项目管理单位必须组织检修人员进行安全教育，并督促其穿戴好劳动防护用品。

(3)对闪速炉、废热锅炉、阳极炉等炉内检修，事先必须由项目负责人和有关技术人员对其内部情况确认，在采取可靠的安全措施，消除危险因素后，才可入炉检修。

(4)严格执行动火作业证、高处作业证、设备内安全作业证、吊装安全作业证、盲板抽堵作业证等危险作业安全许可的有关规定。

(5)在进入金属容器内进行焊接作业时，必须采取防止触电的预防措施。

(6)检修机械、电气设备(含线路)时，必须严格执行“谁检修、谁挂牌、谁取牌”的制度，任何人不得“代挂代取”；检修完后在合闸前必须仔细检查，项目检修负责人确认无人检修和无危险因素存在时方可通知合闸。

(7)检修电气设备和线路时，应先办理《电力设施检修许可证》，作业前先验电，确认无电后才能检修，严禁带电作业。配电盘、控制室等吹扫工作必须由专业人员实施，且吹扫前必须断电。照明灯线的连接要由专职电工操作，临时线路要规范搭接，绝缘良好，不得随意拖放；行灯电压不得超过36 V，在金属容器或潮湿处则不得超过12 V。

(8)制氧机在停、开机及检修过程中，要注意做好系统、环境的氧分析工作，以免氧气或氮气含量过高而导致起火爆炸、使人窒息、中毒等事故。

(9)进入情况不明的下水道或密闭容器内时，事先应该进行有毒气体和氧含量的分析，并采取通风、专人监护等安全措施后才可作业。

(10)搭设脚手架时，必须严格执行《建筑安装工程安全技术规程》的规定，保证牢固可靠，特别是要做到竹板满铺，并绑扎结实，经项目负责人确认后方可使用。

(11)锅炉压力容器等特种设备应分别按照《特种设备安全监察规程》、《锅炉、压力容器安全监察规程》进行检修，大修必须由有资质的单位进行，检修后由当地技术监督局检验合格后方可投入运行。

(12)施工吊装作业开具《吊装安全作业证》，注明具体的安全措施，专人指挥，并安排专门人员进行现场安全管理，确保操作规程的遵守和安全措施的落实。

(13)人员不要在有负重的吊车下行走或站立，吊车吊物时应注意是否挂牢，应防止掉落物体的事故发生，吊车不得从人头顶上过，前方有人时需鸣号。

(14)凡进入窑、炉、罐、塔、管道、电收尘器、电除尘器、热交换器、转化器等各种容器内检修(含清扫)时，要开具《设备内安全作业证》，注明具体的安全措施，并设专人监护。

(15)凡进入禁火区域的动火作业，在作业维修前，必须办理《动火作业证》。

(16)检修过程必须严格执行“三方”确认的有关规定。

附4.2 保护环境

(1)在生产、检修中都要注意保护环境，将保护环境、消除污染列入本单位工作内容。

(2)尽可能消除生产过程中的跑、冒、滴、漏现象。

(3)对污染治理设施的运行及发生的问题，要视同生产设施，同等对待。

(4)积极开展节能降耗和清洁生产，坚决制止乱排乱放、污染环境的现象。

(5)及时发现因事故造成的环境污染，会同环保部门查明原因，并积极进行隐患整改。

(6)因生产设备停产检修、环保设施停运或其他紧急情况出现而可能引起污染物超标排放时，应事先研究，制定应急防范预案。

(7)冶炼过程产生的烟尘、废气、工艺粉尘等都必须进行除尘、净化处理，做到减量、达标排放。

(8)对于因发生事故或其他突发性事件，易排放或泄漏有毒有害气体(如二氧化硫、砷化氢、三氧化硫等)，造成或可能造成大气污染事故、危害人体健康的环保设施，使用单位必须制定事故应急预案，采取防止大气污染危害的应急措施。

(9)应当采取有效措施，防止或者减少固体废物对环境的污染。

(10)收集、贮存、运输、利用、处置固体废物的相关单位必须采取防扬散、防流失、防渗漏或者其他防止污染环境的措施。

(11)加强对重金属、废渣、废油及有毒物料的管理，严禁不采取措施任意堆放或处置，严禁将固体废物倒入下水道或排水系统。

(12)冶炼渣和其他工业固体废物应贮存于专门的场所。

参考文献

[1] 朱屯.现代铜湿法冶金[M].北京：冶金工业出版社, 2002.
[2] 杨国才.闪速炼铜工艺与控制[M].长沙：中南大学出版社, 2010.